国家职业资格培训系列教材

育 婴 师
（中、初级）

主　　编　杨　静

主　　审　黎　梅　刘国伟

副 主 编　廖烨纯　黄　艳　张兴平

编　　者　（按姓氏汉语拼音排序）

　　　　　陈　静　陈明秀　黄　艳　廖烨纯

　　　　　徐　丹　杨　静　张兴平

科学出版社

北　京

内 容 简 介

　　育婴师是国家人力资源和社会保障部最新颁布的新兴职业,是一门专业化护理与教育职业。其职业定位是为0~3岁的婴幼儿和母亲提供服务和指导。本书采取理论知识和实际操作技能相结合的方式编写。内容分为八章,主要包括:绪论、婴幼儿生长发育基础、婴幼儿营养学基础、婴幼儿养育家庭护理技术、婴幼儿保健与护理、常见疾病的家庭护理、婴幼儿早期教育和训练、家庭养育指导、育婴师的职业道德与相关法规等。为方便读者掌握本书的重点内容,每章后附有测试题及答案,用于检验和巩固所学知识与技能。

　　本书可作为育婴师职业技能培训与鉴定考核教材,也可供职业院校师生,以及相关从业人员参加岗位培训、就业培训使用。

图书在版编目(CIP)数据

育婴师:中、初级 / 杨静主编 . —北京:科学出版社,2014. 3
　国家职业资格培训系列教材
　ISBN 978-7-03-039905-2

　Ⅰ. 育… 　Ⅱ. 杨… 　Ⅲ. 婴幼儿-哺育-资格考试-教材 　Ⅳ. TS976. 31

中国版本图书馆 CIP 数据核字(2014)第 038598 号

责任编辑:邱　波　袁　琦/责任校对:钟　洋
责任印制:徐晓晨/封面设计:范璧合

科 学 出 版 社出版
北京东黄城根北街 16 号
邮政编码:100717
http://www.sciencep.com

北京虎彩文化传播有限公司 印刷
科学出版社发行　各地新华书店经销
*
2014 年 3 月第 一 版　　开本:787×1092　1/16
2019 年 3 月第五次印刷　　印张:12 1/2
字数:291 000
定价:31. 00 元
(如有印装质量问题,我社负责调换)

国家职业资格培训系列教材建设指导委员会

前 言

　　育婴师是国家人力资源和社会保障部新颁布的新兴职业,是经过专业培训、持证上岗,属于职业技术人员。其职业定位是为0~3岁的婴幼儿进行专业化护理与教育,并为家庭养育婴幼儿提供服务和指导。为了使每个孩子都能成长为身心健康的合格人才,进一步推进国家就业准入制度,提高从业人员素质、逐渐实现对从业人员的规范化管理,我们以国家人力资源和社会保障部制定的《育婴师国家职业标准》为指导,根据0~3岁婴幼儿生理、心理发育的特点,采取理论知识和实际操作技能相结合的方式,编写了《育婴师(中、初级)》这本教材。

　　本教材紧紧围绕中、初级育婴师的工作特点,从强化培养操作技能、掌握一门实用技术的角度出发,较好地体现了本职业当前最新的实用知识与操作技术,对于提高从业人员基本素质、掌握育婴师的核心知识与技能有直接的帮助和指导作用。可作为育婴师(国家职业资格四级)职业技能培训与鉴定考核教材,也可供职业院校师生以及相关从业人员参加岗位培训、就业培训使用。

　　本教材编写体例新颖,充分体现职业教育特色。以培养学生实践能力为目标,以"任务引领,实践导向"为主体的课程模式,采用项目模块的编写方式,以考核要点–案例导入–项目知识–项目实践–项目练习为主线进行编写。全书内容分为九章,主要包括:绪论、婴幼儿生长发育基础、婴幼儿营养学基础、婴幼儿养育家庭护理技术、婴幼儿保健与护理、常见疾病的家庭护理、婴幼儿早期教育和训练、家庭养育指导、育婴师的职业道德与相关法规等。本书为方便于读者掌握本教材的重点内容,每章后附有测试题及答案,用于检验和巩固所学知识与技能。

　　本教材由贵州省毕节市卫生学校组织编写,教材编写工作得到学校教材建设委员会各位领导、各位专家及方天海、刘勇、李诗华、罗锴、陈永会、何先亮等老师的大力支持,在本教材出版之际,编写组全体同志谨向各位领导、各位专家表示崇高的敬意和衷心感谢! 同时也感谢科学出版社的帮助,在此一并致谢!

　　本教材编写由于时间紧,不足之处在所难免,欢迎读者对教材提出宝贵意见及建议,以使教材修订时补充更正。

教材编写组

2013 年 12 月

目　　录

第一章 绪 论

一、育婴师的定义

1. 什么是育婴师 育婴师是国家人力资源和社会保障部新颁布的新兴职业,主要针对 0～3 岁儿童进行生活照料、护理及教育;根据婴幼儿发展水平制订个性化的教学计划,锻炼孩子的运动、认知、语言、社会交往等各方面能力,完成其动作技能训练、智力开发、社会行为及人格培养等多方面的任务。

2. 育婴师应掌握的专业技能 育婴师应掌握的专业技能主要分为生活照料、日常生活保健与护理和教育三个部分。基础知识方面内容为:0～3 岁婴幼儿生理发育特点、心理发育特点、婴幼儿营养、婴幼儿教育等。

二、育婴师的社会需求

0～3 岁是人一生中身体和大脑发育最迅速的时期,每个家庭都希望自己的孩子聪明、健康,所以育婴师这个职业应运而生。在宝宝刚出生时就可以找育婴师了,育婴师能指导婴幼儿父母及其家属掌握正确的保健方法和育婴方法,传播正确的育婴观念。因为有育婴师的指导,宝宝的成长环境会更健康,比如新生儿什么能吃、什么不能吃,新妈妈对新生儿要怎样养育、怎样护理,都是育婴师的服务范围。要让孩子能够赢在起跑线上,最好就是找一个专业的育婴师来培养宝宝的各个方面的才能。

哪些人需学习育婴师知识呢?在幼儿园、亲子园等机构从事早教的教学和管理人员,拟开办幼儿园、亲子园等早教机构的投资创业人员,正在从事或准备从事母婴护理、家庭入户或社区指导的育婴职业工作人员,准备从事婴幼儿照料、护理、教育或相关专业的大中专院校应届毕业学生,希望获得婴幼儿科学照料、护理、教育知识和技能的(准)父母、(准)祖父母等,都需学习育婴师的知识。学习结束后参加国家职业技能鉴定考试,成绩合格者,可取得国家人力资源和社会保障部颁发的育婴师职业资格证书。

育婴师的发展前景广阔,就业范围比较广,既可以进入家庭提供服务,也可以进入早教机构和社区工作,目前市场对育婴师的需求量很大。由于人们的生活水平提高了,一些发达城市开始将育婴师请回家,帮助自己的孩子健康成长。随着我国社区职能的多元化,育婴师的工作也会逐渐进入大型社区,为 0～3 岁婴幼儿的早期教育和综合发展提供科学的、适宜的指导。

三、育婴师应具备的素质

育婴师的职业要求从业人员热爱本职工作,对婴幼儿具有高度的爱心、耐心和责任感,口齿清楚,有良好的表达能力和沟通能力,动作协调、灵活,以良好的心理素质、广博的知识、端庄的仪表、亲切的态度服务婴幼儿及其家庭,为 0～3 岁的婴幼儿的健康成长作出应有的贡献。

四、育婴师上岗须知

（1）带齐个人日常用品,包括:入户工作服一套、拖鞋、毛巾、住宿所需衣物及洗漱用品等。

（2）养成良好的个人卫生习惯,勤洗澡、勤洗头、勤剪指甲,进门要洗手,换好工作服再抱宝宝。

（3）不得浓妆艳抹,不要戴戒指,防止划伤宝宝。

（4）宝宝的专用物品,不得混用,并要勤晾晒、勤消毒。奶瓶一类用品消毒过的不得随便用手抓拿,要用专用夹具,以保证宝宝的身体健康。

（5）在育儿工作中遇到疑难问题时,要及时与公司取得联系,遇到异常症状要首先向家长汇报。遇到急诊症状要及时通知到家长实行解决,不得误事。

（6）不得抱着宝宝长时间看电视。

（7）不得带宝宝到超出规定的范围去游逛。

（8）在没有人看护宝宝的情况下不得从事其他家务,以确保宝宝的安全。

（9）不经同意不得使用用户电话,不得打长途电话,不得上网。

（10）不得带自己的亲朋好友进入用户家中,更不得让陌生人进门,以确保用户财产安全。

（11）入户时不要多带个人财物,照料环境卫生时,不要乱翻乱动用户用品,不得向用户索要东西。

（12）不得向用户提出与《协议》相违背的要求或附加条件,有任何问题都应向公司反映以求问题得到妥善解决。

（13）做好日常的工作日记,每个月要请用户做一次小结,并向公司汇报,以进一步提高服务质量。

（14）如遇生病等特殊情况,不能继续工作时,应提前向公司和用户说明情况,待公司安排后方可离岗,否则应承担由此带来的损失。

（15）月工资应通过公司结算。

（16）绝不允许把宝宝交给家人以外的其他任何人代管或让其带走外出,要确保宝宝的人身安全,对用户负责。

（杨　静）

第二章 婴幼儿生长发育基础

小儿生长发育是一个连续过程,各期之间既有区别,又有联系,不能截然分开。小儿生长发育,不论在总的速度上或各器官、系统的先后顺序上,都遵循人类共同的规律性。其中小儿神经心理发育包括感知、运动、语言、性格、心理活动等方面,是反映小儿发育正常与否的重要指征。神经心理发育除与先天遗传因素有关外,还与后天所处环境及受到的教育等密切相关。

项目一 婴幼儿的生长发育

考 核 要 点

1. 根据我国的生活条件和教育情况,一般把从出生到成人之间(0~18岁)的发展过程分为新生儿期、婴幼儿期、学龄前期、学龄期、少年期和青年期六个阶段。★

2. 新生儿期:指出生后自脐带结扎到未满28天,是婴儿出生后适应外界环境的阶段。★★

3. 婴幼儿期易发生消化紊乱和营养不良、感染性疾病。此期喂养十分重要,还需有计划地接受预防接种。★★

4. 儿童生长发育的规律。★★

5. 影响生长发育的因素。★★

6. 体格发育指标。★★

7. 体格发育评价的标准、常用的评价指标和方法。★

案 例 导 入

患儿,男,8个月。出生时,体重2.5kg,身长45cm,头围33cm,胸围32cm,后囟闭合,前囟2.5cm×2.5cm。现体重7.1kg,身长60cm,头围41cm,胸围40cm,前囟2cm×2cm。牙齿萌出1颗。能独坐片刻,出现持物换手与敲捶等动作,能哭能笑,不能发声。

思考:1. 该婴儿出生时各项生长发育指标是否异常?

2. 现患儿各项生长发育指标是否正常?

项 目 知 识

联合国儿童基金会将儿童期定为0~18岁。根据我国的生活条件和教育情况,一般把从出生到成人之间(0~18岁)的发展过程分为新生儿期、婴幼儿期、学龄前期、学龄期、少年期和青年期六个阶段。婴幼儿在每个年龄阶段都有相对稳定和独立的特点。

一、婴幼儿各期特点

1. 胎儿期 从精卵细胞结合,到胎儿娩出为止,贯穿整个妊娠过程。胎儿完全依靠母体而生存。由于胎盘和脐带异常或其他原因引起的胎儿缺氧、各种感染、不良理化因素以及孕妇营养不良、吸烟酗酒、精神和心理创伤等不利因素均可导致胎儿生长发育障碍,严重者可致死胎、流产、早产或先天畸形等后果。

2. 新生儿期 指出生后自脐带结扎到未满 28 天,是婴儿出生后适应外界环境的阶段。此时小儿开始独立生活,由于内外环境发生了巨大变化,而其生理调节和适应能力还不够成熟,因此发病率高,死亡率也高,这一时期是生命周期中最为脆弱的时期。

3. 婴儿期 指婴儿出生至未满 1 周岁,是婴儿出生后生长发育最为迅速的时期。由于生长迅速,婴儿对营养素和能量的需要量相对较大,但其消化吸收功能尚未发育成熟,因此容易发生消化紊乱和营养不良;后半年因从母体所获得的被动免疫力逐渐消失,易患感染性疾病。此期喂养十分重要,还需有计划地接受预防接种。

4. 幼儿期 1 周岁以后至 3 周岁。此期幼儿生长速度稍减慢但活动范围增大,接触周围事物增多,故神经心理发育较快,语言、思维和人际交往能力逐步增强,但对各种危险的识别能力不足,应注意防止意外伤害。由于活动范围增大而自身免疫力尚不够健全,故应注意防止传染病。

二、儿童生长发育的规律

生长是指儿童身体各器官、系统的长大,可用相应的测量值来表示其量的变化;发育是指细胞、组织、器官的分化与功能成熟。儿童生长发育不论是在总的速度还是各器官、系统的发育顺序,都遵循一定的规律。

1. 生长发育是连续的、有阶段性的过程 生长发育在整个儿童时期不断进行,不同年龄阶段生长速度不同。如体重和身长在生后第一年为生后的第一个生长高峰,至青春期出现第二个生长高峰。

2. 各系统器官生长发育不平衡 人体各器官系统的发育顺序遵循一定规律。如神经系统的发育较早,生殖系统发育最晚。其他系统如心、肝、肾、肌肉的发育基本与体格生长相平行。

3. 生长发育的一般规律
(1) 由上到下:先抬头,后抬胸,再会坐、立、行。
(2) 由近到远:从臂到手,从腿到脚的活动。
(3) 由粗到细:从全掌抓握到手指拾取。
(4) 由低级到高级:从会看、听、感觉事物,认识事物,发展到有记忆、思维、分析、判断。
(5) 由简单到复杂:先画直线,后画圈、画图形。

4. 生长发育的个体差异 儿童生长发育虽按一定的总规律发展,但在一定范围内受遗传、环境的影响,存在着相当大的个体差异,每个人生长的"轨道"都不完全相同。

三、影响生长发育的因素

1. 营养 儿童的生长发育,包括宫内胎儿生长发育,需充足的营养素供给。当营养素供给比例恰当,加之适宜的生活环境,可使生长潜力得到最好的发挥。

2. 疾病 疾病对生长发育的阻挠作用十分明显。急性感染常使体重减轻;长期慢性疾病则影响体重和身高的发育;内分泌疾病常引起骨骼生长和神经系统发育迟缓;先天性疾病,如先天性心脏病则引起生长迟缓。

3. 母亲情况 胎儿在子宫内的发育受母亲生活环境、营养、情绪、疾病等各种因素的影响。母亲妊娠早期的病毒性感染可导致胎儿先天畸形;妊娠期严重营养不良可引起流产、早产和胎儿体格生长以及脑的发育迟缓;妊娠早期受到某些药物、X线照射、环境中有毒物和精神创伤的影响,可使胎儿发育受阻。

4. 生活环境　生活环境对儿童健康的重要作用往往易被家长和儿科医生忽视。良好的居住环境,如阳光充足、空气新鲜、水源清洁、无噪音、居住条件舒适,以及良好的生活习惯、科学护理、良好教养、体育锻炼、完善的医疗保健服务等都是促进儿童生长发育达到最佳状态的重要因素。

5. 遗传因素　父母双方的遗传因素决定了小儿生长发育的"轨道"或"特征"、潜力趋向。种族、家庭的遗传信息影响深远,如皮肤和头发的颜色、面型特征、身材、性发育的迟早、对传染的易感性等。

四、体格发育指标的意义及测量

一般常用的体格生长指标有体重、身高(长)、坐高(顶臀长)、头围、胸围、上臂围、皮下等。

1. 体重　体重为各器官、组织及体液的总重量,是反映儿童生长与营养状况的重要指标。儿童年龄越小,体重增长越快。婴儿出生体重平均为3kg,1岁时体重约为出生时的3倍(9kg),是生后体重增长的第一个生长高峰;2岁时体重约为12kg;2岁至青春前期体重增长减慢,每年约增加2kg。小儿体重可按以下公式粗略估计。

1~6个月:体重(kg)=出生体重(kg)+月龄×0.7(kg)

7~12个月:体重(kg)=出生体重(kg)+月龄×0.5(kg)

2~12周岁:体重(kg)=年龄×2(kg)+8(kg)

体重测量方法:6个月以内的婴儿每月测量一次,7~12个月的婴儿每两个月测一次,13~36个月的婴儿每3个月测一次。0~3岁时用婴幼儿磅秤称量,3岁以上时用杠杆式体重秤称量。测量前,小儿应排大小便,脱鞋、袜、帽子和外面的衣服,仅穿背心(或短袖衫)、短裤衩。婴幼儿卧于秤盘中(无婴儿磅秤者可于台秤上放一个固定重量的箩筐,称重后减去箩筐重),1~3岁小儿可采用坐位测量。

2. 身长(高)　身长(高)指头部、脊柱与下肢长度的总和,是反映骨骼发育的重要指标。身长(高)的增长规律与体重相似。年龄越小增长越快,出生时身长平均为50cm,1岁时身长约为75cm;2岁时身长约85cm;2岁以后身高每年增长5~7cm。2岁至青春期身高粗略计算公式为:身高(cm)=年龄×7+70(cm)。

身高测量方法:3岁以下小儿取卧位。小儿去鞋袜,仅穿单裤,仰卧于量床底板中线上,助手固定小儿头使其接触头板。测量者位于小儿右侧,左手握住两膝,使两下肢互相接触并贴紧底板,右手移足板,使其接触两侧足跟,读数。3岁以上小儿和青少年量身高取立位。

3. 头围　头围的测量在2岁以内最有价值。头围的增长与脑和颅骨的生长与双亲的头围有关。出生时头相对大,平均32~34cm,1岁时头围约为46cm;2岁时头围约48cm;2~15岁头围仅增加6~7cm。较小的头围常提示脑发育不良;头围增长过速往往提示脑积水。

头围测量方法:小儿取立位、坐位或仰卧位,测量者立于被测者之前或右方,用左手拇指将软尺零点固定于头部右侧齐眉弓上缘处,软尺从头部右侧经过枕骨粗隆最高处而回至零点,读至0.1cm。量时软尺应紧贴皮肤,左右对称,长发者应先将头发在软尺经过处向上下分开。

4. 胸围　胸围代表肺与胸廓的生长,也是评价营养状况的指标。婴儿出生时胸围约32cm,略小于头围1~2cm。1岁左右胸围约等于头围。以后胸围超过头围,胸围与头围的差数等于实足年龄数。

胸围测量方法:小儿取卧位或立位,被测者应处于平静状态,两手自然平放(卧位时)或下垂,两眼平视,测量者立于其前或右方,用左手拇指将软尺零点固定于被测者胸前乳头下缘,右手拉软尺使其绕经右侧后背以两肩脚下角下缘为准,经左侧而回至零点。注意前后左右对称,取呼、吸气时的中间值。

5. 上臂围 上臂围代表肌肉、骨骼、皮下脂肪和皮肤的生长,是评价营养的简易指标。1 岁以内上臂围增长迅速,1～5 岁增长缓慢,1～2cm。1～5 岁儿童上臂围 12.5～13.5cm 为中等,小于 12.5cm 表示营养状况低下,超过 13.5cm 为营养良好。

上臂围测量方法:被测者上肢放松下垂,在肱二头肌最突出处进行测量。测处系肩峰与尺骨鹰嘴连线中点,周径与肱骨成直角。测量时软尺只需紧贴皮肤即可,勿压迫皮下组织。

五、体格发育评价

1. 评价的参照标准 体格发育评价的标准常用身长和体重两个指标。采用按年龄的身长、按年龄的体重以及按身长的体重三种方法进行评价,参照标准有"中国九市儿童体格发育衡量数字"(简称中国九市标准)和世界卫生组织(WHO)推荐的"国际生长标准"。一般常用后者。

2. 正常范围 对照参照标准,可以确定一个正常范围,采用统计学上的离差法,即用平均数±2 个标准差为正常范围,这个正常范围包含了 95% 的儿童。儿童的体重值或身长值在正常范围内,就评定为正常,超出正常范围就是不正常(过低或过高)。

3. 体格发育评价指标和方法 正确测量儿童的身长、体重、头围后,对照参照标准进行评价。常用的评价指标和方法有以下几种。

(1) 按年龄的体重:根据不同年龄的体重标准进行评价的指标,体重值小于平均数-2 个标准差(即体重$<\bar{x}-2SD$)为低体重;体重值大于平均数+2 个标准差(即体重$>\bar{x}+2SD$)为体重超重,有肥胖的倾向。

(2) 按年龄的身长:根据不同年龄的身长标准进行评价的指标。身长值小于平均数-2 个标准差(即身长$<\bar{x}-2SD$)为生长迟缓即矮小。

(3) 按身长的体重:不论年龄,根据不同身长的体重标准进行评价的指标,也就是指身长有多高,体重应该有多重,是评价儿童养育状况的可靠指标。按身长的体重小于平均数-2 个标准差(即体重$<\bar{x}-2SD$)为消瘦。如超过平均数 20% 即为肥胖。

(4) 头围:按照不同年龄的头围标准进行评价的指标。头围小于平均数-2 个标准差(即头围$<\bar{x}-2SD$)为小头;头围大于平均数+2 个标准差(即头围$>\bar{x}+2SD$)为大头。

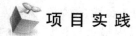

项 目 实 践

案例分析

正常婴儿出生体重平均为 3kg,身长平均为 50cm,头围平均为 32～34cm,胸围约 32cm。该患儿出生体重、身长为异常;头围、胸围正常。现患儿各项生长发育指标正常。

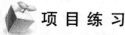

项 目 练 习

一、选择题

1. 我国对儿童期的发展过程的划分是

  A. 新生儿期、乳儿期、婴儿期、幼儿期、学龄期和少年期

  B. 新生儿期、婴儿期、学前期、学龄期、少年期和青年期

  C. 乳儿期、婴儿期、学前期、学龄期、少年期和青年期

D. 乳儿期、婴儿期、婴儿后期、学龄期、少年期和青春期

E. 胎儿期、婴儿期、婴儿后期、学龄期、少年期和青春期

2. 婴儿发展生理方面发生大小变化的有

A. 言语词汇、记忆力、认知能力不断提高

B. 身高、体重、器官

C. 推理和社会交往能力不断提高

D. 思维、大脑、胸围不断提高

E. 头围、胸围、运动能力不断提高

3. 婴儿生长发育的顺序规律为

A. 由远到近　　　　B. 由下到上

C. 由细到粗　　　　D. 由低级到高级

E. 又复杂到简单

4. 婴幼儿测量体重错误的是

A. 小儿必须卧位测量

B. 6 个月以内的婴儿每月测量一次

C. 7～12 个月婴儿每两个月测一次智商

D. 13～36 个月幼儿每三个月测一次

E. 小儿应排大小便，脱鞋、袜、帽子和外面的衣服

5. 影响儿童生长发育的因素有

A. 营养、疾病　　　　B. 母亲情况

C. 遗传因素　　　　D. 生活环境

E. 以上均是

6. 在生长发育评价中，最容易变化的指标是

A. 身高　　　　B. 坐高

C. 体重　　　　D. 胸围

E. 头围

7. 每次测量连续测量三次，用两个相近的数字的平均数作为记录数字，测量的数字记录到小数点后一位的是

A. 体重　　　　B. 头围

C. 身长　　　　D. 胸围

E. 年龄

二、是非题

1. 年龄越小，生长速度越快，是婴儿发展的特点之一。

2. 婴儿期是生后生长发育最为迅速的时期，也是神经心理发育较快时期。

3. 人体测量学是研究儿童生长发育的一个基本方法。

4. 婴儿生长发育是一个连续的过程，各系统发育不平衡，生殖系统发育最早，神经系统发育最晚。

5. 疾病是 1～4 岁儿童的第一位死亡原因。

三、简答题

1. 婴幼儿生长发育的主要特点有哪些？

2. 婴幼儿生长发育的一般规律是什么？

答　案

一、选择题　1. B　2. B　3. D　4. A　5. E　6. C　7. C

二、是非题　1. √　2. ×　3. √　4. ×　5. ×

三、简答题　略

（陈明秀）

项目二　婴幼儿心理发展

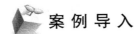

考 核 要 点

1. 婴幼儿心理发展的特点：连续性、阶段性、稳定性和可塑性。★

2. 运动发育的规律是：由上而下，由近而远，由不协调到协调，由粗糙到精细。★★

案 例 导 入

一个健康儿体重 7.5kg，身长 62cm，会翻身，能独坐很久，不会爬，能发出"爸爸"、"妈妈"等复音，但无意识，能听懂自己的名字。

思考：该婴儿月龄最可能有多大？

项目知识

婴幼儿心理发展既是一个连续的过程,又是一个可以划分出年龄阶段的过程。婴幼儿心理发展包含许多方面,其中,感知觉能力、记忆能力、思维能力、想象能力、交往能力、注意特性、情绪和情感特点、意志特征、气质特点、自我意识水平等都是发展的重要方面。与上述诸多方面密切相关的语言发展状况、动作和行为发展状况对儿童心理的发展也有重要作用。

一、婴幼儿心理发展的特点

1. 心理发展的连续性及阶段性 婴幼儿心理发展是一个连续的过程,且这一过程有其自身的发展规律,同时也表现出年龄阶段特点,每一年龄阶段都有最典型的特征,以区别于其他阶段。

2. 心理发展的稳定性和可塑性 婴幼儿心理发展的每一年龄阶段特点,都具有相对的稳定性。从一阶段向后一阶段过渡的时间可能略有早晚,但阶段不能跳跃,顺序是一致的;在每一阶段,各种心理发展变化的过程或速度会有个体差异,但差异是在量的水平上,而不是在质的水平上。

3. 婴幼儿心理发展是整个儿童心理发展的早期阶段 婴幼儿时期是心理发展和生长发育最快的时期,婴幼儿心理发展为儿童成熟期的心理发展奠定了基础。人的基本语言能力、典型动作和行为方式与能力、各种心理能力,基本情绪和情感获得等,都是在这一阶段初步形成的。

二、婴幼儿心理发展的规律

1. 感知觉能力的发展 感觉能力和知觉能力是两种不同的能力,但又密切相关。感觉是反映当前客观事物的个别属性的认识过程,例如,物体的声、色、冷、热、软、硬等。知觉是反映当前客观事物整体特征的认识过程,它是在感觉的基础上形成的。任何一个客观事物,都包含多方面的属性,单纯靠某一种感觉是不能把握的。

(1) 感觉能力的发展:最早出现的是皮肤感觉,其后逐步表现出敏锐的视觉、听觉、味觉和嗅觉。

1) 视觉:视觉与整个心理发育关系较大,视觉缺陷可造成学习障碍。其视觉发展情况如下。

新生儿:已有瞳孔对光反射和短暂的原始注视,目光能跟随近距离缓慢移动的物体,能在20cm处调节视力和两眼协调。

1个月:开始出现头眼协调,眼在水平方向跟随物体在90°范围内移动。

3个月:调节范围扩大,头眼协调好。仰卧时水平方向视线可跟随物体在180°范围内移动。

4个月:颜色视觉开始发育。

6个月:视线跟随在水平及垂直方向移动的物体转动。能看到远距离的物体,如飞机、汽车,并能主动观察事物。

8个月:开始出现视深度感觉。

9个月:能较长时间地看相距3~3.5m以内的人物活动,喜欢鲜艳的颜色。

18个月:能区别形状。

2 岁:会区别直线与横线,喜欢看图画。

3 岁:能区别基本颜色(红、黄、蓝、绿)。

2)听觉:新生儿已有良好的听觉敏感度,听到声音可有眨眼、呼吸的改变。3 个月时能感受不同方位发出的声音,头转向铃声;4 个月听悦耳声音时会微笑;6 个月对母亲语音有反应;9 个月会寻找来自不同声调的声源;1 岁能听懂自己的名字;2 岁能听懂简单的吩咐;3 岁后可精确区别不同声音。

3)味觉:新生儿对不同味觉物质已有不同反应,半个月左右即对甜味作吸吮动作,露出愉快表情,对苦、酸、咸的物质则表现出不安、皱眉、闭眼、恶心等表情。3 ~ 4 个月对味觉敏感。

4)嗅觉:新生儿对有气味的物质已能发生各种反应,如面部表情、脉搏改变、不规则的深呼吸、打喷嚏等。3 个月左右已能对不同气味进行分辨。

5)皮肤感觉:皮肤觉(包括温、痛、触觉)是最早出现的感觉。新生儿对冷、热的感觉敏感,但对痛觉反应较迟钝,2 个月后对痛刺激才表示痛苦。

(2)知觉能力的发展:半岁左右能坐起来时,可以较好地完成眼手协调的活动。在视觉的调节下,手在视野范围内完成操纵、摆弄物品的活动,这是利用知觉能力综合认识物品的特性。半岁左右知觉开始出现萌芽,1 岁认识物体永存,2 岁掌握物体名称,3 岁开始辨别上下、大小。半岁到 3 周岁左右是各种知觉能力快速发展的时期。

2. 运动能力的发展　随着大脑皮质功能逐渐发育以及神经髓鞘的形成,婴幼儿运动发育渐趋完善。运动发育的规律是:由上而下,由近而远,由不协调到协调,由粗糙到精细。运动的发育可分粗大运动和精细运动。

(1)粗大运动:粗大运动包括抬头、翻身、坐、爬、立、走、跑等方面。婴幼儿粗大运动发展顺序如下。

新生儿:动作主要为自发性运动,动作无规律,不协调。俯卧位能将脸从一边转向另一边以避免窒息。仰卧位可出现颈紧张姿势。

1 个月:俯卧位抬头片刻。

2 个月:俯卧位抬头45°,从仰卧位拉至坐位,头后仰。

3 个月:俯卧位抬头90°,垂直位能抬头,但控制尚不稳定,出现头晃动。

4 个月:仰卧头向中央,四肢对称;俯卧抬头高,并以肘支撑抬起胸部。

5 个月:腰肌继颈肌发育,能直腰靠坐。扶腋下直立时,双下肢可支持体重。

6 个月:喜欢扶腋下跳跃,会翻身。

7 个月:俯卧位能向左右旋转追逐物体,能独坐片刻。

8 个月:长时间稳坐,会爬。

9 个月:扶着栏杆能站立。

10 个月:会自己从坐位扶栏杆站起,推着小车能走几步。

11 个月:会扶栏行走或牵着一手走。

12 个月:会独立片刻,约 1/4 婴幼儿能独立行走。

15 个月:会独走(一般 13 ~ 15 个月会独走),能自己开步、停步,能弯腰捡物并站起。

18 个月:行走快,很少跌倒,会扶着栏杆上楼梯,能拖拉玩具前进及后退。

21 个月:会踢球,会爬到椅子上再爬下来,由成人牵一手能下楼梯。

2 岁:会双脚并拢原地跳起,跑步笨拙,能扶栏杆上下楼梯。

2 岁半:能立定跳远20cm。

3 岁:能两脚交替登楼,独足站立片刻,跑步比较熟练。

（2）精细运动:指手及手指的功能,如取物、搭积木、绘图、扣纽扣等。视觉的发育是精细运动发展的必要基础。新生儿手接触物体时出现握持反射。3 个月左右随着握持反射的消失,出现了主动握抓。5~6 个月以后出现了以视觉为线索的抓握,并进而出现手、眼及其他部位肌肉的协调。手的功能发展:先用手掌尺侧握物,后用桡侧,再用手指;先会用手掌以一把抓方式取物,后会用拇指、食指捏取;先会抓握,后能主动放松。婴幼儿精细运动发育顺序如下。

新生儿:两手握拳。

出生至 2 个月:紧握触手物。

2 个月:能短暂留握如拨浪鼓一类的物体。

3 个月:两手放松,常拉自己的衣服及大人的头发。

4 个月:两手在胸前玩弄,见到新鲜物体两臂会活动起来。

5 个月:会伸手抓物,主动伸手抓起拨浪鼓。

6 个月:双手能各拿一块边长 2.5cm 左右的方木。

7 个月:可在两手间传递玩具,能用手掌以一把抓方式取到小糖丸。

8 个月:出现捏弄、敲打及抛掷玩具的动作。

9 个月:拇指、食指能配合用钳形动作拾小糖丸,但近尺侧腕部仍贴在桌面,即平指拾物。

10 个月:能伸出手指拨弄小糖丸。

11 个月:能从杯中取出方木。

12 个月:拇指、食指用钳形动作取小糖丸时已不需要近尺侧腕部的支持,称为"垂指摘"。

15 个月:能搭方木 2~3 块,能将小糖丸放入小瓶中。

18 个月:能搭方木 3~4 块,会将小糖丸从瓶中倒出以取得小糖丸,开始用笔在纸上乱画。

21 个月:能用蜡笔在纸上画直线,搭方木 5~6 块。

2 岁:能搭方木 6~7 块,能逐页翻书,会用蜡笔乱涂画。

2 岁半:能搭方木 8 块,搭桥,用蜡笔画横线、竖线。

3 岁:能搭方木 10 块,模仿画圆圈,会用筷子夹花生。

3. 言语的发展　言语是人类特有的机能活动,它在人的意识起源和发展上起着重要的作用。言语是引导儿童认识世界的基本手段之一。它不是生来就有的,而是后天培养的。0~3 岁是言语发展的早期阶段。

0~1 岁:为言语的发生期,包括牙牙学语、开始听懂别人讲话和自己说词的三个阶段。新生儿会啼哭;2 个月能发元音"a、o";4 个月会笑出声;6 个月会发出唇音;8 个月会发出无意识重复音节（baba,mama）;9~10 个月会模仿发音,懂得成人某些要求并作出反应;12 个月懂得某些人及物体名称,约 50% 能有意识地叫爸爸、妈妈。

1~3 岁:为婴幼儿言语的发展期。

第一阶段（约从 1 岁到 1 岁半）:主要是理解语言的阶段。婴幼儿对成人所说语言的理解不断发展,但其本身积极的言语交际能力却发展得比较慢。1 岁婴幼儿能懂得成人说出的某些词,1 岁以后能说出某些词,但数量很少;1 岁半能听懂 50 个词左右,会讲个 10 个左右有意义的词,但个体差异较大。

第二阶段(约从1岁半到3岁):是儿童积极的言语活动发展阶段。儿童的积极言语表达能力发展很快,词汇量增加,词类范围明显扩大,言语结构也更加复杂化。1岁半后言语能力迅速发展。在宝宝18~24个月的时候,开始说出包含两三个单词的句子,这种句子被称之为电报式言语。2岁能讲300~500个词,能讲2~3个词构成的简单句;3岁掌握词汇达1000个左右,能说出姓名、性别等复合句,会唱简单儿歌。

4. 记忆能力的发展　记忆分感觉记忆、短时记忆和长时记忆三个系统。通常提到的记忆,大多是指长时记忆。长时记忆有再认和重现两种。再认指以前经历过的人和物再次呈现并作用于主体时能认出。重现指以前感知过的人或物、思考过的事情和体验过的情绪在头脑中再次呈现并加以确定的心理过程。再认和重现的时间随年龄增加而延长。

1岁以前记忆能力比较差,只有再认而无重现。5~6个月时仅能再认妈妈,且记忆保持的时间短。在反复出现的情况下,可以逐步认识周围所熟悉的事物,保持对事物的记忆。1岁时能再认相隔几天或十几天的人与物。

1岁以后:随着年龄的增长,活动范围扩大,认识的事物增多,会记住越来越多的东西。但是,这时的记忆无意性很大,主要凭借兴趣认识并记住自己喜欢的事物,记忆过程缺乏明确的目的。

2岁左右:可以有意识地回忆数天前的事件,不过这种能力还很弱。这种能力的出现和发展与语言的发展密切有关。

3岁左右:能再认3个月前的人与物,但重现仅限于几星期前的事。

5. 思维能力的发展　人的思维有几种不同的方式,在成人头脑中是并存的。但是,从发生、发展的程序看,它们有先后的顺序,并不是同时发生的。它们从发生到发展、成熟,大约要经历18~20年的时间。

0~1岁是婴幼儿思维方式的准备时期。凭借手摸、体触、口尝、鼻闻、耳听、眼看,发展起感觉、知觉能力,并在复杂的综合知觉的基础上,开始产生萌芽状态的思维现象。

1~3岁阶段主要产生的是人类的低级思维形式,即感知动作思维,又称直觉行动思维。感知动作思维是指思维过程离不开直觉感知的事物和操纵事物的动作的思维方式,婴幼儿只有在直接摆弄具体事物的过程中才能思考问题。具体形象思维是一种依靠事物或情景的表象及表象的联想进行的思维活动。例如,在游戏中扮演不同的角色,并且依角色的身份进行表演;在绘画中,依据事先想好的形象去塑造、绘画。3岁左右在感知动作思维的基础上,逐步发展起具体形象思维,并在3~6岁的思维活动中逐步占有主导地位。

6. 想象能力的发展　想象是对已有的表象进行加工改造,建立新形象的心理过程。人类的想象活动总是借助于词汇实现的,是对已有的表象所进行的带有一定创造性的分析综合活动。新生儿没有想象能力。1周岁之前的婴幼儿尚无想象活动。1~2岁,由于个体生活经验不足,头脑中已有的表象有限,而表象的联想活动也比较差,再加上言语发展程度较低,所以只有萌芽状态的想象活动。他们能够把日常生活中某些简单的行动,反映在自己的游戏中。例如,喂娃娃吃东西或者抱娃娃睡觉等。

3岁左右,随着经验和言语的发展,可以产生带有简单主题和角色的游戏、能够反映婴幼儿模仿成人社会生活情节的想象活动。例如,装扮成护士打针、老师上课等。3岁以前的婴幼儿想象的内容也比较简单,一般是他所看到成人或其他婴幼儿的某个简单行为的重复,属于再造想象的范围,缺乏创造性。这个年龄阶段的想象经常缺乏自觉的、确定的目的,只是零散、片段的东西。

7. 注意力的发展　注意是一种心理特性,而非独立的心理过程,通常总是伴随着感知觉、记忆、思维、想象等活动表现出来。例如,注意听、看,全神贯注地想或记等。注意可分为无意注意和有意注意两种:无意注意是一种事先没有预定的目的,也不需要努力的注意;有意注意是一种主动地服从于一定活动任务的注意,为了保持这种注意,需要一定的意志努力。

3个月左右可以比较集中注意于某个感兴趣的新鲜事物,5~6个月时能够比较稳定地注视某一物体,但持续的时间很短。

1~3岁时,随着活动能力的发展,活动范围的扩大,接触的事物及感兴趣的东西越来越多,无意注意迅速发展。如2岁多时对周围的事物及其变化,对别人的谈话都会表现出浓厚的兴趣。对有兴趣的事物,1岁半时能集中注意5~8分钟;1岁9个月时能集中注意8~10分钟;2岁时能集中注意10~12分钟;2岁半时能集中注意10~20分钟。

3岁前有意注意刚刚开始发展。由于言语的发展和成人的引导,开始把注意集中于某些活动目标。例如,注意看少儿电视节目,如果节目引不起兴趣,他们的注意便会转移。在整个0~3岁阶段,无意注意占主导的地位,有意注意还处于萌芽状态。

8. 人际交往关系的发展　婴幼儿的人际交往关系有一个发生、发展和变化的过程。首先发生的是亲子关系,其次是玩伴关系,再次逐渐发展起来的是群体关系。0~3岁阶段主要发生的是前两种交往关系。

0~1岁阶段主要建立的是亲子关系,即婴幼儿同父母的交往关系。父母是婴幼儿最亲近的人,也是接触最多的人。在关怀、照顾的过程中,与婴幼儿有充分的体肤接触、感情展示、行为表现和语言刺激,这些都会对婴幼儿的成长产生深刻的影响。

1岁以后,随着动作能力、言语能力的发展,活动范围的扩大,开始表现出强烈的追求小玩伴的愿望,于是出现玩伴交往关系。玩伴交往关系在人一生的发展中起着至关重要的作用。它不排斥亲子关系,也不能由亲子关系所代替。一个人没有玩伴或朋友,就不会有健康的心理。3岁前建立的玩伴关系,常常是一对一的活动,要建立群体的玩伴交往关系还有一定的困难。

9. 自我意识的发展　自我意识是意识的一个方面,包括自我感觉、自我评价、自我监督、自尊心、自信心、自制力、独立性等。它的发展是人的个性特征的重要标志之一。

婴幼儿1岁左右时,在活动过程中,通过自我感觉逐步认识作为生物实体的自我。

从2岁到满3岁时,在不断扩大生活范围,不断增长社会经验和能力,不断发展言语的帮助下逐步把握作为一个社会人的自我意识。

10. 情绪和情感的发展　0~3岁婴幼儿的情绪和情感,对其生存与发展起着至关重要的作用。另外,情绪和情感也是激动心理活动和行为的驱动力。良好的情绪和情感体验会激发婴幼儿积极的探求欲望与行动寻求更多的刺激,获得更多的经验。0~3岁婴幼儿的情绪和情感的最大特点是:冲动、易变、外露,年龄越小特点越突出。婴幼儿的情绪更多受外在的影响,而不是被稳定的主观心态来左右。

11. 意志力的发展　新生儿的行为主要受本能的反射支配,没有意志力,饿了就要吃,困了就要立即睡。在1~12个月阶段,开始产生一些不随意运动,进而有随意运动,即学会的运动。例如,玩弄玩具,摆弄物品,向着某个目标的爬行和走路等。初步的运动能力的掌握和运动的目的性,为婴幼儿意志力的产生准备了条件。

1~3岁阶段,随着言语能力的飞速发展,各种典型动作能力的形成以及自我意识的萌芽,婴幼儿带有目的性的、受言语调节的随意运动越来越多。开始是由成人言语调节婴幼儿的行为。"我要"干什么,"我不要"干什么,这种具有明显独立性的行为更多在 2～3 岁阶段发生。当婴幼儿开始能在自己的言语调节下有意识地行动或抑制某些行动的时候,这就出现了意志的最初形态。这时婴幼儿的意志力水平极差,只处于萌芽状态,虽然可以控制自己的某些行为,但时间极短,有很大的冲动性。

12. 气质特征　气质是人的心理活动的稳定的动力特征,表现在心理活动的强度、速度、灵活性及指向性上。研究表明,气质是由个体先天的生理功能决定的,从个体出生起就有气质,但气质也会在环境因素影响下发生变化,受环境、人际关系、接受刺激和活动条件的影响。气质既是稳定的,又是可变的;在出生后的最初一段时间表现得最充分。经过观察,可以发现新生儿的睡眠规律、活动水平、是否爱哭、哭声大小等有明显的个体差异。婴幼儿表现出的情绪性、活动性不同,对陌生人是接近还是回避,对入托的新环境是否适应,也各有不同。这些在婴幼儿早期已经表现出来的个人特点,就是气质。气质只表现个人特点,并无好坏之分。心理学上根据情绪和活动发生的强度与速度方面的特点,把气质可以划分为以下四种类型。

（1）多血质:这种气质的特点是活泼、好动、敏感、反应迅速、喜欢与人交往、注意力容易转移、兴趣容易变换。

（2）胆汁质:这种气质的特点是直率、热情、精力旺盛、易冲动、动作剧烈。

（3）黏液质:这种气质的特点是安静、稳重、动作缓慢、不易激动、情绪不容易外露。

（4）抑郁质:这种气质的特点是孤僻、行动迟缓、体验深刻、能觉察出别人觉察不到的细微事物。

除此以外,还有以上四种类型的多种变型。

婴幼儿气质特征是儿童个性发展的最原始的基础,其特点具有先天的性质,父母是无法选择的。但在气质基础上,儿童个性的形成受后天环境、教育条件的影响极大。充分了解婴幼儿的气质特征,并有针对性地采取良好的、适宜的环境刺激,施加相应的教育影响,会促进婴幼儿的良好气质特征的发展。

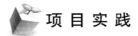 项 目 实 践

案例分析

根据该婴儿体重 7.5kg,身长 62cm,会翻身,能独坐很久,不会爬,能发出"爸爸"、"妈妈"等复音,但无意识,能听懂自己的名字等特点,其月龄最可能有 7 个月大。

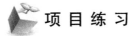 项 目 练 习

一、选择题

1. 婴幼儿的智力发展的奠基时期是

　A. 0～6 岁　　　　　B. 0～5 岁

　C. 0～3 岁　　　　　D. 0～7 岁

　E. 0～2 岁

2. 婴儿心理方面发生变化的表现为

　A. 动作技能、思维发展

　B. 身高、体重、器官的增长

　C. 头围、臀围、胸围发生变化

　D. 言语词汇、记忆力、认知、推理和社会交往能力不断提高

　E. 头围、臀围、胸围发生变化及思维发展

3. 婴幼儿最早出现感觉的是

　A. 皮肤感觉　　　　　B. 听觉

　C. 味觉　　　　　　　D. 视觉

　E. 嗅觉

4. 粗大运动不包括

　A. 抬头　　　　　　　B. 翻身

C. 坐和爬　　　　D. 抓握

E. 立、走

5. 1 岁半的幼儿能集中注意的时间是

 A. 5～8 分钟　　　　B. 8～10 分钟

 C. 10～20 分钟　　　D. 15～20 分钟

 E. 20～30 分钟

6. 不属于言语初步发展期三个阶段的内容

 A. 词汇的发展　　　　B. 句式的掌握

 C. 说电报句　　　　D. 口语的表达能力

 E. 模仿发音

7. 0～6 个月婴儿精细动作发展训练的重点是

 A. 拍打、抓握、推拉等练习

 B. 拼插、堆积等练习

 C. 投掷、拼图等练习

 D. 发音、微笑等练习

E. 堆积、画圆圈等练习

二、是非题

1. 婴儿期以短时记忆为主。

2. 玩伴关系可由亲子关系来代替。

3. 婴儿的语言、认知能力的发展受其咀嚼功能发育的间接影响。

4. 婴儿语言发展的四个阶段是单字句,电报句,简单句,复合句。

5. 婴儿社会适应能力是通过与父母、其他家庭成员和小伙伴的交往中逐渐形成的。

6. 认知和判断包括在语言活动两个方面。

7. 思维是指大脑对客观事物进行的间接的和概括的反应,是一种高级认识过程。

三、简答题

 简述婴幼儿心理发展的主要特点。

答　案

一、选择题　1. C　2. D　3. A　4. D　5. A　6. C　7. A

二、是非题　1. ×　2. ×　3. ×　4. √　5. √　6. ×　7. √

三、简答题　略

(陈明秀)

第三章　婴幼儿营养学基础

婴幼儿的生长发育离不开营养,年龄越小,生长发育越快,营养需求越高。营养从食物中得到,正确喂养可使小儿获得充足的营养物质,有利于小儿的健康成长。营养包括能量及营养素两部分。能量是维持人体生理功能的重要因素,其来源于膳食中能产生热能的营养素。营养素是指食物中所含的能维持生命和健康,并能促进机体生长发育的化学物质,包括蛋白质、脂肪、糖类、矿物质(无机盐)、维生素、水和纤维素七类。

项目一　能量及营养素

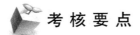 **考 核 要 点**

1. 能量

(1) 婴幼儿能量需要的特点。

1) 基础代谢所需:婴幼儿基础代谢所需能量较成人高。★

2) 生长发育所需:婴幼儿生长发育需要消耗能量,这是小儿能量需求所特有的。所需的能量与生长发育速度成正比,生长发育速度越快所需能量越多。★

3) 活动所需:婴幼儿活动所需能量随年龄的增长逐渐增加,并与活动持续时间、活动类型、活动强度及身材大小有关。★

4) 食物特殊动力作用。

5) 排泄的消耗:

(2) 能量的供给量。

1) 能量的供给量根据年龄、体重、生长发育速度来估计。★

2) 能量摄入过多会引起肥胖;摄入过少可导致生长发育迟缓、体重不增或增加减慢、消瘦、活动力减弱或消失,甚至死亡。★★

2. 营养素

(1) 七类营养素的生理作用。★

(2) 七类营养素缺乏或过多的危害。★★

(3) 七类营养素的食物来源。★

案 例 导 入

1岁零6个月的幼儿,食欲不好,夜间睡眠不安,枕后秃发,双腿呈罗圈状。

思考:1. 该幼儿可能患了什么疾病?

2. 导致该疾病的原因可能是什么?

3. 如何对该幼儿进行治疗及护理?

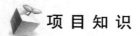 项 目 知 识

一、能 量

（一）能量的需要

小儿所需能量包括以下几个方面。

1. **基础代谢所需** 是指在清醒、安静、空腹状态下(环境温度为 18～25℃)，维持人体基本生理活动所需的最低热量。婴幼儿基础代谢所需能量较成人高。婴幼儿时期基础代谢的需要占总需能量的 50%～60%。

2. **生长发育所需** 婴幼儿正处在不断生长发育阶段，年龄越小生长越迅速，体格快速增长、各组织器官逐渐长大成熟，都需要消耗能量，这是小儿能量需求所特有的。生长发育所需的能量与生长发育速度成正比，生长发育速度越快所需能量越多。此项和活动所需能量占总能量的 32%～35%。

3. **活动所需** 是指肌肉活动所需的能量。婴幼儿活动所需能量随年龄的增长逐渐增加，并与活动持续时间、活动类型、活动强度及身材大小有关。

4. **排泄消耗所需** 指排泄大小便所消耗的能量，约占能量的 10%。

5. **食物特殊动力作用** 此为消化和吸收食物所需的能量，占能量的 7%～8%。

（二）能量的供给量

每克蛋白质、糖类、脂肪提供的能量分别是 16.74J、16.74J、37.67J。能量的供给量根据年龄、体重、生长发育速度来估计，按每日每千克体重计算，1 岁以内小儿为 460.46J，以后每三岁减去 41.86J。

能量摄入过多会引起肥胖；摄入过少可导致生长发育迟缓、体重不增或增加减慢、消瘦、活动力减弱或消失，甚至死亡。

二、营 养 素

（一）蛋白质

1. **生理作用**

（1）构造细胞及组织，并修补组织：蛋白质是构成人体的主要材料，人体的所有细胞及组织都含有蛋白质，如人的大脑、神经、皮肤、肌肉、内脏、血液，甚至指甲、头发都是以蛋白质为主要成分构成的。身体的生长发育、衰老组织的更新、损伤后组织的新生修补，都离不开蛋白质。

（2）参与调节各种生理功能：蛋白质构成酶、激素、抗体等生理活性物质，参与调节肌肉收缩、血液循环、神经传导、能量转化等，并能增强机体抵抗力。此外，蛋白质还能调节酸碱平衡及渗透压，维持机体内环境的稳定。

2. **缺乏或过多的危害** 婴幼儿缺乏蛋白质，可造成生长发育迟缓或停止，免疫力下降，严重者会引起营养不良，甚至死亡。过量的蛋白质对婴幼儿也有危害，易引起消化不良、增加肝肾负担，造成形体消瘦和免疫力下降等。

3. **推荐摄入量** 中国营养学会曾推荐蛋白质摄入量婴儿为 1.5～3g/(kg·d)，1 岁为 35g/(kg·d)，2 岁为 40g/(kg·d)，3 岁为 45g/(kg·d)。

4. **食物来源** 有两种，一种来源于动物蛋白质，如肉(畜、禽、鱼)、蛋、奶制品；另一种来源于植物蛋白质，如豆制品及粮食谷物类食物。

（二）脂肪

1. 生理作用

（1）供能、储能：脂肪在体内氧化后释放的能量约为等量的蛋白质或糖类的 2.2 倍。由此可见脂肪是体内能量的重要来源，同时也是体内重要的储能物质。

（2）构成人体组织：脂肪是人体组织细胞的重要成分，尤其是脑神经细胞的主要成分。

（3）隔离和保护作用：皮下脂肪是保护身体的隔离层，有隔热、保温和御寒的作用。内脏器官周围的脂肪垫可固定脏器，缓解外力冲击，减少内脏器官之间的相互摩擦，从而起到保护内脏的作用。

（4）提供必需脂肪酸：脂肪的重要组成成分是脂肪酸。必需脂肪酸对婴幼儿大脑及视网膜的发育、成熟具有非常重要的作用。

（5）促进脂溶性维生素的吸收：维生素 A、维生素 D、维生素 E、维生素 K 都必须溶解于脂肪才能被吸收利用。

（6）促进食欲、耐饥作用：脂肪可改善食物口味，促进食欲；同时还可延长食物在胃中停留的时间，起到明显的耐饥作用。

2. 缺乏或过多的危害　婴幼儿脂肪供给不足，则能量摄入不足，可发生营养不良，生长发育迟缓和各种脂溶性维生素缺乏症；若供给过多，易引起消化不良、肥胖等。

3. 推荐摄入量　中国营养学会曾推荐，0～6 个月婴儿的脂肪摄入量应占总能的 45%～50%，6～12 个月为 35%～40%，2～6 岁为 30%～35%。

4. 食物来源　有两种，一种来源于动物性脂肪，如动物油、奶油等；另一种来源于植物性脂肪，如植物油，包括菜油、花生油、芝麻油等。

（三）糖类

1. 生理作用

（1）提供能量：糖类是为机体提供能量的主要来源，糖类提供的能量能维持机体正常生理功能，如糖原氧化提供的能量不仅可维持肌肉、心脏的正常活动，同时也是维持大脑正常活动的唯一能量；肝脏内的糖原充足，可保护肝脏免受伤害，并可保持肝脏正常的解毒功能。

（2）是构成机体的重要物质：机体的每个细胞都含有糖类，糖类以多种形式参与机体成分的构成：如核糖参与遗传物质 DNA 的构成；糖脂参与神经组织和生物膜的构成等。

（3）避免蛋白质消耗：糖类是能量的主要来源。如果糖类供应充足，可防止蛋白质被作为能量来源而消耗，从而保证蛋白质的重要生理功能不受影响。

2. 缺乏或过多的危害　糖类摄入不足的婴幼儿可表现为疲乏、无力、体温较低，严重者还可导致生长发育迟缓、智力低下等。糖类摄入过多，可导致小儿身体虚胖和免疫力低下；吃糖太多易发生龋齿，甚至影响食欲，从而影响小儿的生长发育。

3. 推荐摄入量　婴幼儿时期的糖类摄入量应占总热能的 55%～60%。

4. 食物来源　主要来源于谷类(如水稻、小麦、玉米、大麦、燕麦、高粱等)和薯类食物。

（四）矿物质

1. 钙

（1）生理作用：钙是构成骨骼和牙齿的主要成分；同时也是维持机体生理功能所必需的物质，如在神经传导、肌肉运动、血液凝固和新陈代谢等方面都需要钙质的参与。

（2）钙缺乏的危害：钙供应不足或吸收不良可使婴幼儿发生佝偻病、手足抽搐症等，影响小儿的生长发育。

(3)食物来源:来源于奶制品、豆制品、鱼、虾、海带等。多晒太阳,可促进钙的吸收。

2. 铁

(1)生理作用:①构成血红蛋白和肌红蛋白,参与氧的运输。血红蛋白具有携带氧和输送氧的功能,能保证组织内氧的正常输送;肌红蛋白的基本功能是在肌肉组织中起转运和储存氧的作用。②是构成体内多种代谢酶的重要成分。铁参与细胞色素酶、过氧化酶等多种酶的组成,在生物氧化、还原等代谢过程中起着十分重要的作用。

(2)铁缺乏的危害:铁是人体血红蛋白和肌红蛋白的重要原料,铁缺乏可发生缺铁性贫血,从而影响婴幼儿的正常生长发育。

(3)食物来源:有两种,一种来源于动物性食物,如动物肝脏、肾脏、瘦肉、蛋黄等;另一种来源于植物性食物,如菠菜、芹菜、油菜、黄花菜等绿叶蔬菜,杏、桃、李等水果中含铁也较多。其中,动物性食物中的铁较植物性食物易于吸收和利用。

3. 锌

(1)生理作用:锌是体内很多酶的重要组成成分,参与核酸和蛋白质的合成,与细胞生长、分裂、分化有关,从而促进机体生长发育(尤其是脑细胞的生长发育)与组织再生。此外,锌还能维持人体正常食欲,增强机体免疫力。

(2)锌缺乏的危害:缺锌可导致婴幼儿生长发育迟缓,甚至智力发育不良。此外,还可导致厌食、抵抗力低下等。

(3)食物来源:贝壳类海产品、乳类、肉类、动物肝脏和坚果等食物中锌含量较丰富。

4. 碘

(1)生理作用:参与甲状腺素的合成,维持机体正常代谢,促进婴幼儿的生长发育。

(2)碘缺乏的危害:可影响婴幼儿的生长发育,导致智力低下、反应迟钝、体格发育迟缓等。

(3)食物来源:海产品的含碘量最高,如海带、紫菜等,还可食用碘盐。

(五)维生素

维生素参与机体许多重要的生命过程,是维持机体生命不可缺少的重要物质,正处于生长发育旺盛时期的婴幼儿对各种维生素需要量较大,应当注意补充。

维生素分为脂溶性维生素和水溶性维生素两类。前者包括维生素 A、维生素 D、维生素 E、维生素 K 等,后者有维生素 B 和维生素 C。

1. 维生素 A

(1)生理作用:维持正常视力;维持上皮组织的完整性,增加皮肤黏膜的抵抗力;促进生长发育。

(2)缺乏及过量的危害:维生素 A 缺乏可导致夜盲症、结合膜干燥症,同时感染机会增多,生长发育迟缓。维生素 A 摄入过多,会在体内蓄积引起中毒。

(3)食物来源:来源于母乳、全脂奶粉、鱼肝油、动物肝脏、胡萝卜、绿叶蔬菜等。

2. 维生素 D

(1)生理作用:促进钙、磷在肠道内吸收,调节钙、磷的代谢,维持骨骼、牙齿的正常发育和健康。

(2)缺乏及过量的危害:婴幼儿缺乏维生素 D 时,肠内钙、磷吸收障碍,血中钙、磷降低,引起钙磷乘积降低,影响钙盐沉积于骨质,骨样组织钙化不良,骨骼生长障碍、变形从而导致佝偻病的发生。佝偻病主要表现为骨骼改变(如方颅、鸡胸、罗圈腿等)、肌肉松弛和神经系统症状(如哭闹、睡眠不安、枕后秃发等)。维生素 D 摄入过多,会在体内蓄积引起中毒。

（3）食物来源：维生素 D 有外源性和内源性两种，外源性维生素 D 来源于食物，如鱼肝油、蛋黄、动物肝脏、乳制品等。内源性维生素 D 由皮肤中的 7-脱氢胆固醇经日光中紫外线照射后合成，是维生素 D 的主要来源。因此，婴幼儿期应进行适当的户外活动，多晒太阳，以增加维生素 D 的合成。

3. 维生素 B_1（硫胺素）

（1）生理作用：对糖代谢有重要影响，参与体内的物质代谢和能量代谢，维持神经、心脏、消化道的功能，促进生长发育。

（2）缺乏的危害：维生素 B_1 缺乏时，可引起脚气病，表现为多发性神经炎、心功能失调及消化不良等。婴幼儿维生素 B_1 摄入不足可出现厌食、呕吐、腹泻或便秘，患儿性情烦躁、爱哭闹、声音嘶哑、神志淡漠，甚至可发生昏迷、惊厥及心力衰竭。

（3）食物来源：维生素 B_1 多存在于动物肝脏、肉类、谷物、豆类等食物中。

4. 维生素 B_2（核黄素）

（1）生理作用：是体内多种重要辅酶类的组成成分，是蛋白质、糖类、脂肪代谢所必需的物质。能促进生长发育，维持眼睛、口腔、皮肤的健康。

（2）缺乏的危害：可引起口唇干裂、口角炎、口腔溃疡、角膜炎、结膜炎，眼睛易疲劳，生长发育迟缓等。

（3）食物来源：来源于动物内脏（肝、肾、心）、奶、瘦肉、蛋、大豆、米糠及绿叶蔬菜。

5. 维生素 C

（1）生理作用：参与新陈代谢过程，促进抗体、酶、红细胞的生成，增强机体抵抗力，维持细胞间的黏合功能。此外，维生素 C 还能促进铁剂的吸收。

（2）缺乏的危害：当维生素 C 缺乏时，胶原蛋白合成障碍，引起毛细血管通透性增加，引发出血倾向，表现为皮肤有散在性出血点、齿龈出血、骨膜下出血、关节附近出血等。此外，婴幼儿还可表现为易激惹、厌食、体重不增、面色苍白、倦怠无力等。

（3）食物来源：主要来源于新鲜蔬菜、水果。

（六）水

1. 生理作用 水是生命的源泉，是人体最重要的营养素。水是细胞和体液的重要组成部分；参与新陈代谢的全过程。水是营养素的溶解剂，所有物质必须溶于水才能被吸收、输送到各组织器官，代谢产物必须通过水才能被排出体外；能维持体温的恒定；水不仅能滋润皮肤，而且还能作为关节、器官的润滑剂。

2. 缺乏或过多的危害 摄水量过少，可影响食物的消化、营养物质的吸收，甚至导致婴幼儿脱水，造成水、电解质紊乱及酸中毒；摄水量超过正常需要量，可发生水中毒。

3. 食物来源 水来源于各种流质食物，如奶、汤汁、稀饭等，也可饮用开水。

（七）膳食纤维

1. 生理作用 膳食纤维是一种不能被人体消化吸收的食物营养素，与人体健康密切相关。膳食纤维能促进胃肠蠕动，刺激消化液的分泌，有助于食物的消化、营养物质的吸收；能吸附肠腔内的有害物质，吸收并保持大量水分，使粪便体积增大、变得松软易于排出，达到清洁、排毒、防治疾病的目的。

2. 适量摄入的益处及过多摄入的危害 摄入适量的膳食纤维，能维持正常的胃肠功能，有助于婴幼儿建立正常的排便规律，可防治疾病的发生。膳食纤维不能被身体内的消化酶所分解，也不能被肠道吸收，不能提供能量。若膳食纤维吃得太多，一方面会引起其他食物摄入不足,另一方面还会引起腹胀、腹痛、排便次数增加,影响食物中蛋白质、矿物质(尤其是钙、锌、铁)等营养素的吸收,从而造成营养不良。

3. 食物来源　主要来源于谷类食物,如玉米、燕麦、小麦、高粱、大米等,水果、蔬菜、大豆等也能提供。

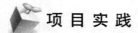 **项 目 实 践**

案例分析

从临床表现来看,该幼儿可能患了佝偻病。该病的发生与维生素 D 缺乏有关,使体内钙、磷代谢障碍,骨样组织钙化不良,骨骼生长障碍、变形。

治疗及护理措施:经常带患儿到户外活动,多晒太阳;让患儿多食富含维生素 D 及钙质的食物,如牛奶、豆制品、鱼肝油、蛋黄、动物肝脏、鱼、虾、海带等。

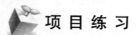 **项 目 练 习**

一、选择题

1. 以下哪项不是脂肪的生理功能
   A. 提供能量　　B. 促进脂溶性维生素溶解
   C. 保护器官　　D. 预防心血管疾病
   E. 维持体温

2. 以下哪项缺乏可导致夜盲症
   A. 维生素 A　　B. 维生素 B_1
   C. 维生素 B_2　　D. 维生素 C
   E. 维生素 D

3. 以下哪项可促进钙的吸收
   A. 维生素 B_2　　B. 维生素 D
   C. 维生素 C　　D. 胡萝卜素
   E. 膳食纤维

4. 关于能量的需要,为小儿所特有的是
   A. 基础代谢所需　　B. 生长所需
   C. 活动所需　　D. 食物特殊动力作用
   E. 排泄所需

5. 为机体提供能量的主要是
   A. 蛋白质　　B. 脂肪
   C. 糖类　　D. 矿物质
   E. 维生素

二、是非题

1. 蛋白质摄入越多越好。

2. 脂肪可引起肥胖,导致智力低下,婴幼儿应少摄入为好。

3. 水是所有营养素的溶解剂。

4. 膳食纤维最易被消化、吸收。

5. 小孩喜欢糖果,糖类营养素又有许多重要作用,婴幼儿可大量摄入。

三、简答题

简述婴幼儿能量需要的特点。

 **答　案**

一、选择题　1. D　2. A　3. B　4. B　5. C
二、是非题　1. ×　2. ×　3. √　4. ×　5. ×
三、简答题　略

(徐　丹)

项目二　婴幼儿营养状况评价

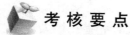 **考 核 要 点**

1. 婴幼儿营养评价的目的:了解婴幼儿各项营养指标水平,针对原因采取相应防治措施,达到防治营养不良、维持婴幼儿健康成长的目的。★

2. 婴幼儿营养评价的方法:生长发育状况的评价、膳食状况的评价、实验室检查结果的评价。★★

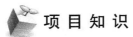 **项 目 知 识**

一、营养状况评价的目的

合理的营养是婴幼儿健康成长的重要条件。对婴幼儿进行营养状况评价,一方面可了解婴幼儿各项营养指标水平,从而判断婴幼儿的实际营养状况;另一方面可针对原因采取相应防治措施,达到防治营养不良、维持婴幼儿健康成长的目的。

二、营养状况评价的方法

婴幼儿营养状况评价的方法包括生长发育状况的评价、膳食状况的评价、实验室检查结果的评价。

(一) 生长发育状况的评价

可通过测量婴幼儿身长、体重等体格发育指标评价婴幼儿生长发育状况,若这些指标是正常的,提示婴幼儿营养状况良好,膳食状况合理。

(二) 膳食状况的评价

可记录婴幼儿每天摄入食物的种类、数量,计算出膳食提供的能量和各种营养素的摄入量,再和参考值比较,评价膳食状况是否合理,若不合理,应制定出改进方案。

(三) 实验室检查结果的评价

通过实验室检查结果判断婴幼儿是否缺乏营养素,若有缺乏,则采取相应的治疗措施,并制定出合理的膳食方案。

 **项 目 练 习**

一、选择题

1. 婴幼儿营养状况评价的目的不包括
    A. 了解婴幼儿各项营养指标水平
    B. 针对原因采取相应防治措施
    C. 达到防治营养不良的目的
    D. 达到治疗肺炎的目的
    E. 达到维持婴幼儿健康成长的目的

2. 婴幼儿营养状况评价的方法不包括
    A. 生长状况的评价　　B. 发育状况的评价
    C. 智力状况的评价　　D. 实验室检查结果的评价
    E. 膳食状况的评价

二、是非题

1. 合理的营养是婴幼儿健康成长的重要条件。

2. 通过对婴幼儿进行营养状况评价,可了解婴幼儿各项营养指标水平,从而判断婴幼儿的实际营养状况;另一方面可针对原因采取相应防治措施,达到防治营养不良、维持婴幼儿健康成长的目的。

3. 评价膳食状况是否合理,主要是看鸡蛋、瘦肉等吃得多不多。

答　　案

一、选择题　1. D　2. C
二、是非题　1. √　2. √　3. ×

(徐　丹)

第四章　婴幼儿养育家庭护理技术

项目一　母乳喂养及技巧

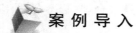
考核要点

1. 母乳中蛋白质、脂肪、乳糖、无机盐、维生素和水分等主要成分的比例，最适合婴儿机体的需要，最易于小儿消化和吸收，并能诱发良好的食欲，促进小儿的生长发育。★★

2. 母乳中的不饱和脂肪酸含量较高且颗粒小，易于消化，对婴儿大脑的发育非常重要。★

3. 母乳中特别是初乳中含有大量的免疫活性细胞及多种免疫球蛋白。★★

4. 新生儿出生后半小时内让其吸吮母亲乳头，以及早建立催乳反射和排乳反射，促进乳汁分泌。★

5. 鼓励按需哺乳。★★

6. 婴儿含接乳头时吸入乳头和大部分乳晕。★★

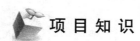
案例导入

某产妇正常分娩后觉疲乏，未与新生儿皮肤接触。给新生儿喂糖水后小儿安睡。第二天，乳汁分泌少，欲给新生儿补充牛奶。

思考：1. 母乳不足的原因是什么？

2. 应如何指导喂养？

项目知识

一、母乳喂养的优点

母乳喂养婴幼儿是自然界赋予人类的本能。母乳喂养有着其他任何喂养方法所无法比拟的优点。

（1）母乳中含有新生儿生长所需要的全部营养成分。其中的蛋白质、脂肪、乳糖、无机盐、维生素和水分等主要成分的比例，最适合婴儿机体的需要，最易于小儿消化和吸收，并能诱发良好的食欲，促进小儿的生长发育。母乳中的不饱和脂肪酸含量较高且颗粒小，易于消化，对婴儿大脑的发育非常重要。

（2）母乳中特别是初乳中含有大量的免疫活性细胞及多种免疫球蛋白，可避免小儿受各种微生物的侵袭，所以母乳喂养儿在 6 个月以前比人工喂养和混合喂养的小儿不易受各种疾病的威胁。

（3）母乳是由母亲的乳腺直接分泌的，温度适宜，对胃、肠道毫无刺激，而且污染机会少，哺乳方便。

（4）在哺乳过程中母子肌肤密切接触，可以增强母子之间的感情，并且母亲可以及时感觉婴儿体温是否正常,及早发现某些疾病。

（5）新生儿吮奶可刺激母亲的垂体泌乳素的分泌,促进泌乳,并能促进子宫的收缩,有利于产妇的子宫复旧和排尽恶露,减少产后出血和其他感染性疾病的发生。

总之,母乳喂养婴儿不但可以使婴儿获得必需的营养,而且可以获取精神上的满足,因而,母乳应是婴儿的最佳食品。可是,有的年轻母亲不了解或忽视母乳喂养的这些好处,而为了自身的健美和方便,不采取母乳喂养婴儿,在婴儿一生下来就完全用人工喂养代替母乳喂养,这对婴儿的生长发育极为不利。世界卫生组织明确指出,婴儿至少要喂满4个月的母乳。因此,若非母亲有病或母乳缺乏等客观原因,母乳喂养婴儿是不可轻视的,更不可以人工喂养代替母乳喂养。

二、母乳喂养新观点

1. 皮肤早接触、早吸吮　新生儿出生后半小时内或剖宫产妇在其意识清醒后半小时,便应让婴儿吸吮母亲乳头,以便早建立催乳反射和排乳反射,促进乳汁分泌。

2. 实行母婴同室　分娩后实行24小时母婴同室,便于母亲哺乳及学会新生儿护理。

3. 鼓励按需哺乳　婴儿啼哭时(表示他饿了)或母亲奶涨了即可哺乳,不限时,不限量。

4. 不在开奶前喂养其他代乳品　下奶前不必给新生儿喂白开水、糖水或牛奶等,坚持并频繁吸吮母乳,使新生儿既能吃进乳汁,又可促进早下奶。实在没奶时,也可用小塑料管,一头插到奶瓶内,一头贴于母亲乳头处,便于吃奶时也吸吮乳头,有利下奶。

5. 不空吸奶嘴儿　为避免新生儿对乳头产生错觉,不要让其空吸吮干奶嘴儿,也避免吞咽过多气体,影响消化功能。

三、常用的几种喂奶体位

母乳喂养时,乳母可采取各种体位,但不管采取何种体位,重要的是要让乳母舒适、放松,帮助婴儿正确含接(含进整个乳头和大部分的乳晕),做到有效吸吮。

1. 坐位　坐床或坐椅。坐椅最好用带扶手的椅子,椅子的靠背要硬,高度合适,喂奶时乳母背部紧靠椅背,以使乳母背部和双肩肌肉放松。膝上用枕支托婴儿,足底用脚凳以帮助乳母身体放松,有利于排乳反射。乳母抱婴儿贴紧自己,将婴儿头枕在乳母一只手的前臂上(使婴儿的脸朝着乳房,婴儿的鼻尖对着乳头),婴儿下方的手放在乳母的腋下,若体重轻或刚出生几天的新生儿应尽量托住其臀部,使婴儿有安全感。

2. 侧卧位　乳母将身体转向一侧,母婴相对、身体紧贴,将婴儿的上半身抬高与乳房成水平线,使婴儿的脸朝着乳房。婴儿的头不要枕在母亲的手腕上,母亲用上面的手托乳房,下面的手绕过婴儿的头部托住其肩背,或用上面的手护住婴儿,下面的手放于枕下托着自己的头。

3. 环抱式　适用于乳腺管阻塞,婴儿含接有困难,双胎儿及剖宫产儿。

让乳母坐在椅子上,身体斜靠着床沿,然后在乳母身旁放一个枕头或衬衫以托起婴儿,嘱母亲用床沿的胳膊护住婴儿,以手的前臂托住婴儿的身体,手掌托住婴儿的肩颈部,手指托住婴儿的枕部,另一只手托着乳房,让婴儿的脸对着乳房。

四、正确的哺乳姿势

（1）婴儿的头与身体成一直线。

（2）母婴相对,身体紧贴(刚出生的孩子则应托着他的臀部)。

（3）婴儿的脸朝着乳房。

（4）婴儿的鼻尖对着乳头。

五、帮助婴儿含接

（1）乳母用乳头触碰刺激婴儿的嘴唇。

（2）让婴儿产生觅食反射,张开大嘴时顺势将乳头和大部分乳晕送入婴儿口腔。

六、婴儿正确的含接姿势

（1）婴儿的嘴张得很大,吸入乳头和大部分乳晕。

（2）婴儿的下颌紧贴着乳房,面颊饱满。

（3）含接时可见到上方的乳比下方露得稍多点(工作人员观察到)。

（4）能看到婴儿吸吮的动作和听到吞咽的声音。

七、乳母正确托乳房的姿势

（1）将大拇指与其他4个手指分开。

（2）食指至小指4个手指并拢并紧贴在乳房下的胸壁上,向上托起乳房。

（3）用大拇指轻压乳房的上部,以免堵住婴儿鼻孔而影响其呼吸。

（4）托乳房的手不要离乳头太近,以免影响婴儿的含接。

八、哺乳期的乳房保健方法

（1）每次喂哺前须常规清洁双手。

（2）不必常规的清洁乳头,切忌用肥皂或乙醇之类物品,以免引起局部皮肤干燥、皲裂,如需要可用专用的湿揩奶巾清洁乳头和乳晕。

（3）哺乳时要柔和地按摩乳房,利于刺激排乳反射。

（4）喂哺时,乳母掌握正确的哺乳技巧,以使婴儿有效吸吮。

（5）每次哺乳应左右乳房交替喂,先喂空一侧,再喂另一侧,如另一侧未吸完,待下次喂哺时先喂,这样可促使乳汁分泌增多,预防乳腺管阻塞及两侧乳房大小不等。同时婴儿还可得到所需的奶量和全部营养。

（6）哺乳结束时,不要强行用力拉出乳头,因在负压情况下拉出乳头,易局部疼痛或皮损,应让婴儿自己张口或用食指轻轻按压婴儿下颏,使乳头自然从婴儿口中脱出。

（7）每次喂完奶后,常规挤1~2滴乳汁均匀地涂在乳头与乳晕上。因乳汁具有抑菌作用,且含有丰富蛋白质,能起到修复表皮的作用,因而可预防乳头皲裂或感染。

（8）哺乳期间乳母应佩戴合适的棉质胸罩,以前胸开扣为宜,以起支托乳房和改善乳房血液循环的作用。

九、挤　　奶

在许多情况下挤奶是有益的,重要的是它使得乳母能够开始母乳喂养或继续母乳喂养,因此,应让所有乳母都学会挤奶,使她们在一旦需要的时候知道如何做。

1. 挤奶的目的

（1）缓解奶胀或解除乳腺管及乳汁淤积。

（2）喂养低体重儿（不会吸吮）或病婴（吸吮力差）。

（3）在乳母或婴儿生病时，需保持泌乳。

（4）在乳母因工作或外出时，留母乳给婴儿。

（5）防止乳头及乳晕干燥、皲裂。

2. 挤奶前的准备

步骤1：让乳母喝一杯热饮料，如"果珍"等。

步骤2：让乳母把双手彻底清洗干净。

步骤3：先用温热水清洁双乳，然后再温热敷双侧乳房3~5分钟。

步骤4：让乳母坐或站着均可，以她自己感到舒适为准。

步骤5：乳母的身体略向前倾，将大口径的、清洁的盛奶容器放在乳房下方。

步骤6：让乳母用手将乳房托起，乳头对着容器的开口。

3. 挤奶的操作手法

（1）乳母将拇指和食指分别放在乳房的上下方，距乳头根部2cm的乳晕上。

（2）将拇指与食指先向胸壁方向（内侧）轻轻下压，压力应作用在拇指与食指间乳晕下方的乳窦上，然后向外有节奏地挤压，放松，放松时手不应离开皮肤。如此数次，重复进行。

（3）以逆时针的顺序沿着乳头，依次按照同样挤奶的手法将乳晕下方乳窦内的乳汁挤出。

4. 挤奶操作时应注意的护理问题

（1）挤奶应让乳母自己做，不应让他人代劳。只是在示教时方可轻轻触摸其乳房（事先应征得同意），动作要轻柔。

（2）操作不应引起疼痛。否则说明操作方法不正确。

（3）挤奶时，不要挤压乳头，因为乳汁是储存于乳晕下方的乳窦内，故挤乳头是无用的。

（4）一侧乳房至少挤压3~5分钟，待乳汁少了，就挤另一侧乳房。如此反复交替进行，双手可交换使用，以免疲劳。

（5）由于分娩后的头几天，泌乳量有限，因此一次挤奶的时间以15~30分钟为宜。

十、母乳量是否足够的评价

1. 喂乳次数　出生头1个月至2个月的婴儿，每天喂乳8~12次。3个月的婴儿，24小时内哺乳次数至少有8次。哺乳时尚可听见婴幼儿吃奶的吞咽声。如喂奶次数过多，喂养过度，婴儿会出现肚子不舒服、溢奶。

2. 排泄情况　每天可换婴儿尿布6块或更多湿尿布。有少量多次或大量一次质软的大便。

3. 睡眠　在出生头1个月至2个月内，两次哺乳之间婴儿很满足及安静。常见3个月婴儿在吸吮中入睡，直到自发放弃乳头。

4. 体重　每月增长>500g。出生两周后，如体重低于出生体重，说明母乳量不足。

5. 神情　可见婴儿眼睛明亮，反应灵敏。此外，哺乳前乳母有乳房充满感，哺乳时有下乳感，哺乳后用手触乳房有松软感。

十一、母乳不足怎么办

1. 寻找原因　详细了解母乳喂养中的不合理现象，如喂奶次数少，夜间不喂奶，喂奶前添加水或牛奶等。寻找引起母乳不足的其他因素,如母亲和婴儿有否生病,母亲的乳头是否异常,喂哺技巧掌握的熟练程度,母亲的饮食、休息和对哺乳的信心。

2. 建立足够乳量的要点

(1)促进乳量增多最有效的方法是增加对乳头的刺激,但乳汁分泌多少与母亲情感等变化也是密切相关的。应重视整体护理,多给母亲一些良性刺激(支持鼓励乳母树立信心,保持精神愉快),建立一个来自社会、家庭、亲朋邻里和医务人员的支持系统。

(2)乳母坚持按需哺乳和夜间哺乳。

(3)掌握正确的喂哺技巧。做好乳房保健,合理营养和休息,不给婴儿过早添加辅食。

(4)对于个别确实下奶过晚的母亲,建议采用一次性的哺乳补充装置。这样,既可满足婴儿需求,又不减少对乳头的吸吮次数,帮助母亲度过短暂乳量过少的危机。一旦乳量稍增多,即可拆除装置。

只要按上述要点坚持哺乳,乳汁分泌量一定会随婴儿月份增加而逐渐增多,直到纯母乳喂养(4~6个月)婴儿取得成功。

十二、母乳喂养常见问题

1. **胃-结肠反射** 小儿肠管相对比成人长,一般为身长的5~7倍,小肠的主要功能包括运动、消化、吸收及免疫力保护。由于小儿大脑皮质功能发育不完善,进食时常引起胃-结肠反射,产生便意,所以喂奶时会出现边吃奶边排大便的现象,这属于正常现象,不必特别处理。

2. **黄疸** 母乳喂养性黄疸也称为"缺乏"母乳的黄疸,属于早发性黄疸,一般发生在出生后3~4天,持续时间一般不超过10天,胆红素最高峰256.5~342μmol/L,多见于初产妇的孩子,每天哺乳的次数较少。

(1)病因

1)添加了口服葡萄糖溶液:不少研究表明,给刚出生的新生儿添加糖水和葡萄糖溶液的做法,往往可使小儿血中的胆红素超过了纯母乳喂养的水平。

2)不经常哺乳可使新生儿胆红素升高。

3)胎粪排出延迟:有些新生儿常有胎粪排出不正常或延迟的情况,这也是出现黄疸原因之一。

(2)预防

1)白天和夜间都要勤哺乳。24小时中应哺乳8~12次或更多。

2)仔细观察新生儿是否确实有效地吸吮到乳汁,双侧乳房都要有足够的被吸吮时间。如果新生儿在出生后24~48小时内不能频繁地吸吮时,母亲应当把乳汁挤出来用小杯或滴管喂他(不要用奶瓶),直到新生儿可以直接在乳房上吸吮为止。

3)限制辅助液体的添加。

4)注意大便性状,对胎粪排泄延迟的新生儿,应到医院就诊。

3. **溢奶** 溢奶也称为漾奶。喂奶后不久就有少量的奶漾出就是漾奶。如果喂奶后有大量的奶瓣吐出就是吐奶。溢奶是一个自然发生的现象,特别是在生后头6个月内。溢奶可以采取下述方法避免:每次喂奶后竖起孩子,让孩子头靠母亲肩部趴着,轻拍背部,排出吞咽下的空气(打嗝)。头不要向下低,避免让孩子哭闹,加重漾奶。婴儿期不少疾病都伴有呕吐,因此,发现呕吐应去看医生。

4. **便秘** 母乳喂养的孩子很少会发生便秘情况,一般多见于人工喂养的孩子,但由于个体的差异,有些母乳喂养的小儿会两天排一次大便,如大便是黄软的,且又有规律属于正常现象。但在母乳不足,婴儿吸吮次数较少(每日少于 8 次),又没有及时补充水与饮食的情况下,母乳喂养的婴儿也会发生便秘现象。

项 目 实 践

案例分析

1. 寻找原因　该例个案中的母乳喂养有不合理现象,如喂奶次数少,夜间不喂奶,喂奶前添加糖水等。

2. 指导方法

(1) 促进乳量增多最有效的方法是增加对乳头的刺激,但乳汁分泌多少与母亲情感等变化也是密切相关的。应重视整体护理,多给母亲一些良性刺激,支持鼓励乳母树立信心,保持精神愉快,建立一个来自社会、家庭、亲朋邻里和医务人员的支持系统。

(2) 乳母坚持按需哺乳和夜间哺乳。

(3) 掌握正确的喂哺技巧。做好乳房保健,合理营养和休息,不给婴儿过早添加辅食。

(4) 对于个别确实下奶过晚的母亲,建议采用一次性的哺乳补充装置。这样,既可满足婴儿需求,又不减少对乳头的吸吮次数,帮助母亲度过短暂乳量过少的危机。一旦乳量稍增多,即可拆除装置。

项 目 练 习

一、选择题

1. 母乳成分含量较少的是

　　A. 蛋白质　　　　　B. 脂肪

　　C. 乳糖　　　　　　D. 铁

　　E. 水分

2. 促进母乳喂养的新观点错误的是

　　A. 皮肤早接触、早吸吮

　　B. 新生儿出生后半小时内吸吮母亲乳头

　　C. 实行母婴同室

　　D. 出生后前可先喂养糖水

　　E. 不空吸奶嘴儿

3. 正常喂奶姿势不正确的是

　　A. 婴儿的嘴张的很大,吸入全部乳头

　　B. 婴儿的下颌紧贴着乳房

　　C. 能看到婴儿吸吮的动作和听到吞咽的声音

　　D. 吸奶时面颊饱满

　　E. 含接时可见到上方的乳比下方露得稍多点

4. 母乳量不够的表现是

　　A. 3 个月的婴儿,24 小时内哺乳次数至少有 8 次

　　B. 每天可换婴儿尿布 6 块或更多湿尿布

　　C. 出生头 1 个月至 2 个月内,两次哺乳之间婴儿很满足及安静

　　D. 每月增生 <500g

　　E. 婴儿眼睛明亮

5. 建立足够乳量的要点

　　A. 不要对乳头过度的刺激

　　B. 母亲多做家务

　　C. 掌握正确的喂哺技巧

　　D. 坚持按时哺乳

　　E. 婴儿 2 个月需添加辅食

6. 防止婴儿溢奶可采取的方法是

　　A. 喂奶后将婴儿横抱数分钟

　　B. 喂奶后将婴儿轻放在床上,让其尽快入睡

　　C. 喂奶后将婴儿竖立抱起即可

　　D. 让婴儿向右侧趴着,轻拍其背部,帮助排出咽下的空气

　　E. 每次喂奶后竖起孩子,让孩子头靠母亲肩部趴着,轻拍背部,排出吞咽下的空气

二、是非题

1. 母乳中蛋白质、脂肪、乳糖、无机盐、维生素和水分等主要成分的比例,最适合婴儿机体的需要。

2. 母乳中的饱和脂肪酸含量较高,易于消化,对婴儿大脑的发育非常重要。

3. 母乳中特别是初乳中含有大量的免疫活性细胞及多种免疫球蛋白。

4. 新生儿出生 1 小时后便让婴儿吸吮母亲乳头,以促进乳汁分泌。

5. 鼓励按需哺乳。

6. 婴儿含接乳头时吸入乳头和大部分乳晕。

三、简答题

　　母乳喂养不足怎么办?

答　案

一、选择题　1. D　2. D　3. A　4. D　5. C　6. E

二、是非题　1. √　2. ×　3. √　4. ×　5. √　6. √

三、简答题　略

(杨　静)

项目二　人工喂养及混合喂养

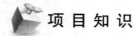

考核要点

1. 奶制品是 3 岁以下婴幼儿的主要食物。★★

2. 婴儿配方奶是首选的适宜婴幼儿的奶制品。★★

3. 婴儿配方奶去除牛奶中部分饱和脂肪酸,加入与母乳同型的亚油酸和不饱和脂肪酸等必需脂肪酸;提高乳糖含量;钾∶钠、钙∶磷比例恰当。★

4. 婴儿配方奶缺少母乳中含有的免疫活性物质和酶,故不能代替母乳。★

5. 新鲜牛奶中由于酪蛋白高和矿物质高,不容易消化。

6. 全脂奶粉按容积比例进行冲调,1 匙奶粉加 4 匙水,或按重量比例为 1∶8 冲调即为全脂奶。★★

7. 全脂奶粉的营养成分不适合婴儿喂养,适应于较大儿童喂养。

8. 最好选择让婴儿喝白开水。★★

9. 大量喝冰水容易引起胃黏膜血管收缩。★★

项目知识

根据中国营养学会提出的《中国居民膳食宝塔》的标准和要求,奶制品是 3 岁以下婴幼儿的主要食物。

一、适宜婴幼儿的奶制品

1. 婴儿配方奶——首选　婴儿配方奶是以母乳的组成成分为标准,再按儿童不同年龄阶段的需求,调整奶粉的组成而制成的。其主要改变是去除中部分酪蛋白,用乳清蛋白补充,使酪蛋白和乳清蛋白的比例接近母乳,去除牛奶中部分饱和脂肪酸,加入与母乳同型的亚油酸和不饱和脂肪酸等必需脂肪酸;提高乳糖含量;脱去牛奶中含量较高的钙、磷和钠,使钾、钠、钙、磷比例恰当;并且强化了维生素 A、维生素 B_2、维生素 C、维生素 K 和微量元素铁、锌、碘、镁等。

配方奶虽然在营养成分上接近母乳,甚至弥补了母乳的某些不足,但缺少母乳中含有的免疫活性物质和酶,故不能代替母乳,只是作为人工喂养时的首选食物。

2. 特殊婴儿配方奶粉

(1)适合早产儿营养的早产儿配方奶粉。

(2)限制某种氨基酸(如苯丙氨酸)或乳糖的奶粉,适用于苯丙酮尿症和乳糖不耐受的婴儿应用。

(3)适合于对牛奶过敏或乳糖不耐受的奶粉,如以大豆植物蛋白为主的豆基配方奶、不含乳糖的配方奶。

二、有适宜婴幼儿的奶制品

1. 新鲜牛奶　新鲜牛奶中由于酪蛋白高和矿物质高，不容易消化，会增加婴儿肾脏的负担。在没有配方奶粉供应的地区才可采用新鲜牛奶。使用新鲜牛奶时需要加水稀释，加糖煮沸。出生2周内的婴儿用3:1牛奶(3份牛奶加1份水)，2~4周用4:1牛奶，满月后用全奶不用稀释，同时应加2%~8%的糖。

2. 全脂奶粉　在无配方奶的地区可采用全脂奶粉。全脂奶粉按容积比例进行冲调，1匙奶粉加4匙水，或按质量比例为1:8(30g奶粉加水到240ml)。按这种比例冲调即为全脂奶。全脂奶粉的营养成分不适合婴儿喂养，适应于较大儿童喂养。

3. 炼乳　含糖量过高(约40%)，含蛋白质量低。

4. 麦乳精　含糖量过高，是以糖为主的食品。

5. 豆浆　豆浆是植物蛋白质，吸收利用较差。

6. 酸奶　有的酸奶是在新鲜牛奶中加入乳酸剂制成的，有的酸奶是加入乳酸杆菌，使奶中的乳糖变化成乳酸，有利于肠道吸收，并可调节肠道菌丛。因乳糖已被酵解成乳酸，适用喂养乳糖不耐受症、消化不良的儿童。但因其营养成分都低于牛奶，因此不能作为婴幼儿主食喂养，可在配方奶的基础上食用。

7. 豆制代乳粉　以大豆为基础，与谷类、蛋黄配制，并强化了部分维生素、钙、铁等营养素，其成分不及牛乳，适用于对牛乳过敏的婴儿喂养。

三、母乳与三类代乳品的比较

为了指导科学地选择婴儿奶制品，将母乳和三类代乳品作一比较，见表4-1。

表4-1　乳与三类代乳品的比较

内容	母乳	婴儿配方奶	普通奶粉	鲜奶
免疫物质	有	无	无	无
各种营养素	种类多、易吸收	添加了大部分	低	低
无机盐含	合适	合适	较高	较高
不易消化吸收的酪蛋白凝块	无	无	较细软	有
冲调方法	不需要冲调	冲调方便	冲调方便	需加热，加糖，小婴儿需要稀释
保存	随吃随喂	容易保存	容易保存	不易保存

四、人工喂养奶量

1岁内婴儿的平均每次奶量，见表4-2。

表4-2　1岁内婴儿的平均每次奶量

婴儿月龄	平均每次奶量(ml)	婴儿月龄	平均每次奶量(ml)
1~2周	60~90	4~6个月	150~180
2~4周	90~120	6~12个月	180~210
1~3个月	120~150		

五、混合喂养

混合喂养是在确定母乳不足的情况下,以其他乳类或代乳品来补充喂养婴儿。混合喂养虽然不如母乳喂养好,但在一定程度上能保证母亲的乳房按时受到婴儿吸吮的刺激,从而维持乳汁的正常分泌,婴儿每天能吃到 2~3 次母乳,对婴儿的健康仍然有很多好处。

混合喂养每次补充其他乳类的数量应根据母乳缺少的程度来定,喂养方法有两种,一种是补授法,适用于 6 个月以前的婴儿。其特点是,婴儿先吸吮母乳,使母亲乳房按时受到刺激,保持乳汁的分泌。另一种是代授法,适合于 6 个月以后的婴儿。一次或几次完全由配方奶喂养,这种喂法容易使母乳减少,逐渐地用牛奶、配方奶、稀饭、烂面条代授,可培养孩子的咀嚼习惯,为以后断奶做好准备。混合喂养不论采取哪种方法,每天一定要让婴儿定时吸吮母乳,补授或代授的奶量及食物量要足,并且要注意卫生,注意食品安全,母乳以外的替代品的选择要慎重。

六、科学饮水

1. 婴儿水的需要　水是人类机体赖以维持最基本生命活动的物质,人体每日摄入的水量应与排出体外的水量保持大致相等。婴儿生长发育旺盛,对水的需求相对比成人高得多,每天消耗水分占体重的 10%~15%,小儿每日的需水量与年龄、体重、摄取的热量及尿的比重均有关系。婴幼儿水的来源主要是饮水,也包括汤和各种流质食物,各种饮料及摄入的固体食物中的水。由于生长速率不同,摄入液量的 0.5%~3% 用于生长发育,如果急性丢失体内水量 20% 可迅速致死,如果无水摄入几天便可致死。所以我们一定要注意幼儿饮水的习惯,每天都给他们补充足够的水。

2. 培养科学喝水的习惯

(1)新生儿不能喂过甜的水:用高浓度的糖水喂新生儿,最初可加快肠蠕动的速度,但不久就转为抑制作用,使孩子腹部胀满。喂新生儿的糖水浓度以成人品尝时在似甜非甜之间即可。

(2)最好选择让婴儿喝白开水:饮料里面含有大量的糖分和较多的电解质,喝下去后不像白开水那样很快就离开胃部,而会长时间滞留,对胃部产生不良刺激。孩子口渴了,只要给他们喝些白开水就行,偶尔尝尝饮料之类,也最好用白开水冲淡再喝。

(3)饭前不要给孩子喂水:饭前喝水可使胃液稀释,不利于食物消化,喝得胃部鼓鼓的,也影响食欲。恰当的方法是,在饭前半小时让孩子喝少量水,以增加其口腔内唾液的分泌,有助于消化。

(4)睡前不要给孩子喂水:年龄较小的孩子在夜间深睡后,还不能自己完全控制排尿,若在睡前喝水多了,很容易遗尿。即使不遗尿,一夜起床几次小便,也影响睡眠。

(5)不要给孩子喝冰水:大量喝冰水容易引起胃黏膜血管收缩,不但影响消化,甚至有可能引起肠痉挛。

除此之外,家长还要教育孩子喝水不要暴饮,否则可造成急性胃扩张,有碍健康。

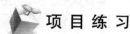

项 目 练 习

一、选择题

1. 除母乳外 3 岁以下婴幼儿的主要食物是

　A. 水果　　　　B. 蔬菜

　C. 米粉　　　　D. 奶制品

　E. 面条

2. 适宜婴幼儿的奶制品首选

A. 配方奶　　　　B. 鲜牛奶

C. 全脂奶粉　　　D. 麦乳精

E. 豆奶

3. 全脂奶粉按容积比例进行冲调,1 匙奶粉加水

　　A. 1 匙　　　　　　B. 2 匙

　　C. 3 匙　　　　　　D. 4 匙

　　E. 8 匙

4. 根据婴儿的月龄掌握进奶量:3 个月大的婴儿每次喂奶量的平均值为

　　A. 90 ~ 120ml　　B. 150 ~ 180ml

　　C. 160 ~ 180ml　　D. 180 ~ 210ml

　　E. 210 ~ 250ml

5. 混合喂养是指

　　A. 牛奶与固体食物混合喂养

　　B. 母乳与固体食物混合喂养

　　C. 各种食物混合喂养

　　D. 母乳与其他代乳品混合喂养

　　E. 蔬菜与水果混合喂养

6. 婴儿每日水的主要来源是饮水,除此以外还包括

　　A. 水果中的水分　　B. 蔬菜中的水分

　　C. 各种流质食物　　D. 泥糊状食物

　　E. 以上都对

二、是非题

1. 婴儿配方奶加入与母乳同型的亚油酸和不饱和脂肪酸;提高乳糖含量;钾、钠、钙、磷比例恰当。

2. 婴儿配方奶含有的免疫活性物质和酶,能代替母乳。

3. 新鲜牛奶中由于酪蛋白高和矿物质高,不容易消化。

4. 全脂奶粉全脂奶粉按重量比进行冲调,1 匙奶粉加 4 匙水冲调即为全脂奶。

5. 全脂奶粉的营养成分不适合婴儿喂养,适应于较大儿童喂养。

6. 由于生长速度的不同,婴儿摄入液量的 0.5% ~ 3% 用于生长发育。

7. 婴儿喝冰水易引起胃黏膜血管收缩。

8. 婴儿不能自己完全控制排尿,因此,睡前喂水易造成遗尿。

9. 配方奶调制简单、使用方便,比较适合婴儿健康和营养的需要。

10. 喂养不足的程度与持续的时间决定婴儿的症状表现。

三、简答题

　　全脂奶粉应如何冲调成全脂奶?

答　案

一、选择题　1. D　2. A　3. D　4. A　5. D　6. E

二、是非题　1. √　2. ×　3. √　4. ×　5. √　6. √　7. √　8. √　9. √　10. √

三、简答题　略

（杨　静）

项目三　食物添加期的喂养

考核要点

1. 食物添加期是指婴儿从母乳或配方奶喂养为主向固体食物喂养为主过渡的一段时期,也称为换乳期。★★

2. 泥糊状食物是液体食物与固体食物之间的过渡食物。★★

3. 添加泥糊状食品不当,婴儿可能会出现厌食。★★

4. 添加泥糊状食物促进咀嚼功能发育。★

5. 辅食添加应由稀到稠、由细到粗,添加的量由少到多,循序渐进。★★

6. 夏季不开始,患病不添加,出现不良反应要暂停,更换保姆时不添加。★

7. 喂养不足的程度与持续时间决定了临床表现。★

8. 喂养过度常见症状有漾奶、呕吐等。★

9. 食物过敏常有湿疹、荨麻哮喘、支气管炎、呕吐、腹泻等症状。★

10. 豆类、贝类等食物可引起暴发性荨麻疹。★★

11. 新食物的试食量开始要少,一般 5~10ml,主要观察婴儿有无过敏,以后可逐渐增大食量至 30~40ml。★★

12. 婴儿辅食品绝对不要加盐和味精等调味品。★

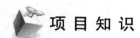

案例导入

宝宝 6 个多月了,可以开始给她添加辅食了。但婆婆只给宝宝吃米糊、面条,说以前都是这样带小孩的。

思考:这样对吗?要怎样添加辅食才是正确的?

项目知识

一、食物添加期的概念

1. 食物添加期是指婴儿从母乳或配方奶喂养为主向固体食物喂养为主过渡的一段时期,也称为换乳期。这阶段时期内液体食物(母乳和婴儿配方奶)仍然是主要的营养来源,泥糊状食物是液体食物与固体食物之间的过渡食物。从物理性状来说,泥糊状食物是指含液体量介于液体食物与固体食物之间的、不干不稀的稠粥状食物,如粥、米糊、菜泥、水果泥、肉泥等。它不是"副食",也不是辅食,是婴儿由液体食物向固体食物过渡阶段的主要食物。泥糊状食物阶段也是婴儿学会吞咽、咀嚼的一个特殊的生理发展过程。

2. 婴幼儿时期的三种食物阶段

(1) 液体食物期:出生后立即开始母乳喂养或配方奶喂养(一级火箭)。

(2) 泥糊状食物期:4~6 个月后的换奶期添加泥糊状食品(二级火箭)。

(3) 固体食物期:从 10 个月左右起多种食物相互搭配(液体、半固体和固体食物)到天然均衡膳食阶段(三级火箭)。婴儿期三种食物喂养的过程像发身三级火箭一样,哪一级都不能出问题,任何一级喂养念头都会影响婴幼儿生长发育,而致使在下阶段无法弥补。

二、添加泥糊状食物

泥糊状食物期是人类生长发育不可缺少的一个营养阶段。泥糊状食物阶段孩子没喂好,就不能达到生长发育潜能所提供的是最佳发育水平,添加泥糊状食品不当,婴儿可能会出现厌食,以致会出现身材矮小、体弱多病,语言发育差,认知能力发育迟缓,偏食、挑食、拒食等问题。

1. 添加泥糊状食物的时间 4~6 个月的宝宝应该开始添加乳汁以外的其他食物了,这一阶段添加的食物应是泥糊状态的食物,才能符合婴儿的生理要求。

2. 添加泥糊状食物的作用

(1) 补充母乳的不足:母乳只能满足 6 个月内宝宝生长发育的全部需要,6 个月后婴儿生长发育很快,需要的营养多,母乳已经不能满足婴儿的需要,必须添加其他食物来弥补,才能满足孩子的营养需要。

(2) 咀嚼功能发育的需要:学吃泥糊状食物的关键期是出生后 4~6 个月,学习咀嚼的关键期为出生后 7~9 个月,咀嚼功能的发育完善有助于语言能力(构音、单词、短句)和认知功能的发育,且食物添加过程也是锻炼胃肠的功能逐渐成熟的关键期。如果错过了关键期,即使提供充分的营养,孩子也无法充分表达已被压抑的生长潜能。

(3)婴儿心理发展的需要:学吃泥糊状食物是宝宝减少对母亲的依赖,进行精神断奶的开始。从食物添加至完全断离母乳,是孩子心理逐渐成熟、迈向独立的重要转折期。学吃泥糊状食物是促进孩子心理成熟的重要过程。

(4)刺激感知发展的需要:接触新的食物可刺激孩子各种感知(视觉、听觉、嗅觉、味觉、触觉等)的发展,从而促进开启智力发育的目的。看到大人吃东西时,孩子会盯着食物,张开小嘴,兴奋地等着大人来喂,甚至会有咀嚼动作,一旦新食物进入口中,舌头即开始体验食物的性状、软硬和颗粒大小;鼻子开始闻食物的香气;味蕾开始品尝食物的味道,随后,这些感觉将传到中枢神经系统,促进大脑的发育。婴幼儿握勺学吃饭的过程,是手眼协调、精细动作的练习过程,也有利于智力发展。

(5)为断乳作准备:母乳喂养可以持续到婴儿出生后的第二年,断奶的过程是补充食物的过程,多样化、美味的食品,让孩子享受到了吃的快乐,从而养成了不挑食、不偏食的好习惯,为断乳做好了充分的准备。

三、添加食物的选择

添加食物应适合婴儿不同月龄咀嚼和吞咽的生理功能及消化能力。

(1)4～6个月:菜汤、奶糕、鸡蛋黄、烂粥、菜泥、水果泥、鱼肉泥、动物血。

(2)7～9个月:蒸蛋、豆腐、肝泥、肉沫、烂面、饼干、碎菜、鱼、烤馒头。

(3)10～12个月:厚粥、软饭、挂面、馒头、面包、碎肉、豆制品。

四、添加食物的注意事项

1. 循序渐进　辅食的添加要从少到多,从稀到稠,从细到粗,从软到硬,从泥到碎,逐步适应婴儿消化、吞咽、咀嚼能力的发育,按照月龄大小和实际需要来添加。

2. 购买食品要注意出厂日期、保质期、保存条件和生产批号,尤其应注意是否符合孩子的年龄阶段。

3. 少量多餐,一种种添加　添加一种辅食后,要观察几天,如不适应,就暂时停止,过几天再试。如果宝宝拒绝吃,也不要勉强,等几天再吃,但不要失去信心,让宝宝慢慢适应。

4. 夏季不开始　夏季宝宝食量减少,消化不良,添加辅食如果宝宝不吃,就等到天气凉爽些再添加。

5. 患病不添加　添加辅食要在婴儿身体健康,心情愉快的时候进行。当宝宝患有疾病时,不要添加从来没有吃过的辅食。

6. 出现不良反应要暂停　在添加辅食的过程中,如果婴儿出现了腹泻、呕吐、厌食等情况,应暂时停止辅食的添加。等到宝宝消化功能恢复,再重新开始,但数量和种类都要比原来减少,然后逐渐增加。

7. 更换保姆时不添加　等到宝宝适应新换保姆时再添加。

8. 不要强求宝宝　当有的婴儿不喜欢吃某种事物时,父母不要强求,没有非吃不可的食物。而且宝宝不吃某种食物也是暂时的,要尊重宝宝的个性,培养宝宝不偏食的饮食习惯。

9. 灵活掌握　添加辅食不能照本宣科,而要根据具体情况,及时调整辅食的数量和品种,这也是添加辅食时最值得父母注意的一点。

五、婴幼儿喂养常见问题

1. 喂养不足

(1) 原因:常见于以下情况:休息不好,常哭闹,每次吃奶不能吸空奶瓶或乳房,得不到足够的食物。喂养中次数太少,喂养姿势不正确,奶嘴孔的大小和位置不合适,母亲疲劳,心情不愉快。小儿可能有器质性疾病。

(2) 症状:喂养不足的程度与持续时间决定了临床表现,可能出现的症状有:便秘,入睡困难,烦躁不安,不停地哭,体重不增或增重不足,出生后前半年每月增长不足700g,皮肤干皱,婴儿面容像"老人"。

(3) 处理方法:提供充足的奶、肉、蛋、蔬菜、水果。家长学会正确喂养的技术。如果怀疑孩子生病,尽快找医生诊治。

2. 喂养过度

(1) 原因:家长给孩子喂的数量或质量过多。一般说来,小儿不能接受过量食物,但是,如果一直给他过量喂养,小儿也就慢慢适应,而且越吃越多。

(2) 常见症状:有漾奶、呕吐等。过量喂养脂肪,引起腹胀、过度增重、肚子不舒服。喂的碳水化合物多,引起腹胀、放屁多、体重增加过快。生后第1~2周内喂的含糖、油过多的食物,可以引起拉稀、大便过多。

(3) 处理方法:提供多样、平衡、适量的营养,保证充足的肉、奶、鱼、蛋、蔬菜和水果,并掌握正确的喂养技术。建议家庭每周称体重1次,1~6个月的孩子应每月去医院做体格检查,并进行营养与喂养咨询。

3. 食物过敏 食物过敏是指某些食物引起的反复规律发作的婴儿身体过敏的病症,常有湿疹、荨麻疹、哮喘、支气管炎、呕吐、腹泻等症状。

(1) 原因:由于婴儿体内某种蛋白质的结构的变异缺陷或功能的发育迟缓而使婴幼儿不能耐受某些食物。常见引起过敏食物有牛奶、小麦粉、蛋类、豆类、贝类等,有的食物添加剂如谷氨酸单钠、苯甲酸酯可引起荨麻疹等。

(2) 症状:个体对食物敏感有很大差异,有些婴儿对豆类、贝类等食物很敏感,即使进食极少,亦可引起剧烈反应,表现为暴发性荨麻疹;有些婴儿只有在过量进食某种食物时,如草莓才出现过敏现象,而适量进食不产生过敏问题。

(3) 处理方法

1) 有食物过敏史的婴幼儿实施母乳喂养,适当延缓添加泥糊状食品的时间。

2) 预防宝宝过敏,要注意辅食添加的顺序。应先添加米粉类食物以及蔬菜、水果。确保营养平衡。对婴儿添加食物应经试食—适应—喜欢这一过程后,再转入新食物的试食。这样可以发现婴儿有无食物过敏,减少盲目性带来的不良后果。

3) 同时新食物的试食量开始要少,5~10ml,主要观察婴儿有无过敏,以后可逐渐增大食量至30~40ml。但同一食物一次不要喂得太多,过量的进食单一食物也是诱发食物过敏的原因之一。

4) 过量的糖、脂肪、化学添加剂、盐、味精对婴儿均有百害无一利,通常牛奶中含钠较高,帮母乳代奶粉应进行脱钠处理才能喂婴儿。因此,婴儿辅食品绝对不要加盐和味精等调味品,而应尽量选用高钾低钠的食物作为婴儿的营养补充。

5) 发现过敏症状要及时去医院咨询或就诊。

项 目 实 践

案例分析

给宝宝添加辅食要注意均衡。烂面条、各种粥类属于主食。如果宝宝是母乳喂养的话,这一类主食可以吃得少一点,更多的应该给宝宝尝试其他辅食,比如各种鱼肉、蔬菜、水果泥。这样膳食均衡,才有利于宝宝的健康发育。

项 目 练 习

一、选择题

1. 换乳期是婴儿生长过程的必然阶段,换乳期通常是指
   A. 婴儿脱离乳类食物的过程
   B. 添加半固体食物的过程
   C. 添加"副食"的过程
   D. 以母乳或配方奶喂养为主逐步过渡到固体食物喂养为主
   E. 牛奶换羊奶的时期

2. 婴儿达到最佳生长需要在三种食物段进行科学喂养,其三种食物段的正确表述是
   A. 第一段哺乳期,第二段自然食物均衡膳食期,第三段喂养固体食物期
   B. 第一食物段,出生后立即开始的母乳喂养期,第二食物段泥状食物添加期,第三食物段固体食物期
   C. 母乳喂养期→配方奶和泥糊状食物添加期→固体食物到自然食物均衡膳食期
   D. 配方奶喂养期→泥状食物期→固体食物期
   E. 母乳喂养期→配方奶→牛乳

3. 添加泥糊状食品不当,婴儿可能会出现
   A. 嗜睡   B. 厌食
   C. 喜动   D. 兴奋
   E. 遗尿

4. 添加泥糊状食品时,要经过试食,以利于
   A. 通便的作用
   B. 让婴儿适应后而喜欢
   C. 吊起婴儿的胃口
   D. 提高婴儿对味道的辨别能力
   E. 消化吸收

5. 添加新食物时要试食,如无过敏反应可增至
   A. 15～20ml   B. 20～30ml
   C. 30～40ml   D. 40～50ml
   E. 50～60ml

6. 下列哪种情况会引起喂养过度
   A. 喂奶时的速度过快
   B. 给婴儿的食物过杂
   C. 给婴儿喂养的次数过多
   D. 给婴儿喂食了不宜消化的食物
   E. 喝水过多

7. 下面反映出婴儿喂养过度症状的是
   A. 呕吐、便秘、入睡困难
   B. 烦躁不安、哭闹、便秘
   C. 肚子不舒服、溢奶
   D. 过度增重、虚胖
   E. 身长过长

8. 可引发婴儿患暴发性荨麻疹的食物是
   A. 牛奶、蛋类   B. 巧克力、牛奶
   C. 豆类、贝类   D. 水果类
   E. 蔬菜

9. 训练婴儿正确地"吃",是为了培养婴儿的
   A. 吞咽功能   B. 吸吮功能
   C. 味觉功能   D. 咀嚼功能
   E. 排泄功能

二、是非题

1. 添加新的食品时宜在更换保姆时进行。

2. 喂养不足的程度与持续时间决定了临床表现。

3. 添加泥糊状食物促进咀嚼功能发育。

4. 辅食添加应由稠到稀、由粗到细,添加的量由多到少,循序渐进。

5. 食物过敏常有湿疹、荨麻哮喘、支气管炎、呕吐、腹泻等症状。

6. 新食物的试食量开始要少,5～10ml,主要观察婴儿有无过敏。

7. 婴儿辅食品不要加盐和味精等调味品。

三、简答题

宝宝4个月了,一直母乳喂养,简述应如何添加辅食。

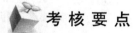

答 案

一、选择题 1. D 2. C 3. B 4. B 5. C 6. C 7. C 8. C 9. D

二、是非题 1. × 2. √ 3. √ 4. × 5. √ 6. √ 7. √

三、简答题 略

（杨 静）

项目四 婴幼儿睡眠、大小便

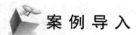

考 核 要 点

1. 婴幼儿睡眠的重要性及睡眠模式的特点。★

2. 培养建立良好的睡眠习惯。★★

3. 睡眠不安的预防。★★

4. 正常和异常大小便的基本知识。★

5. 大小便习惯的培养。★★

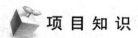

案 例 导 入

妈妈带 1 岁半的宝宝去游乐场玩了一天,晚上回来后,在妈妈怀里睡了约一个小时,哭着醒来后怎么哄也不睡了,爸爸也因为被吵醒坐在旁边的沙发上吸烟。

思考:1. 影响婴幼儿睡眠的原因有哪些?

2. 如何解决?

项 目 知 识

一、婴幼儿睡眠

（一）睡眠的重要性

睡眠是人体的生理需求,是恢复人体精神和体力的必要条件。睡眠时,身体处于低代谢、低氧耗的抑制状态,能量消耗降低,使全身组织器官,尤其是大脑得到休息,有利于大脑的发育,促进智力发展。

（二）婴幼儿睡眠模式特点

1. **睡眠状态** 有熟睡和浅睡两种状态,不断循环。1 岁之内,每一循环维持 40~45 分钟,在两次循环之间,会有短暂的清醒状态,因此,婴幼儿半夜醒来是意料中的事。同时浅睡状态时,会出现一些面部表情或肢体运动,如:微笑、皱眉、撅嘴作怪相,四肢伸展,发出哼哼声,呼吸快慢不均匀,容易被周围的声音惊动,这都是一种正常现象。

2. **睡眠规律** 婴幼儿期睡眠时间规律,见表4-3。

表 4-3　婴幼儿睡眠时间规律

年龄	全日睡眠时间（小时）	日间小睡（次）	睡眠特点
0～3 个月	15	3～4	正在适应母体外的生活环境 无明显昼夜规律 每次睡眠的时间较短,2～3 小时
3～6 个月	14～15	2～3	睡眠逐渐规律 睡眠时间逐渐集中在晚上,约占全日睡眠时间的 2/3 每次睡眠的时间与白天清醒的时间段延长
6～12 个月	13～14	2	约 60% 的婴幼儿晚上可连续睡 6 小时以上 每次日间小睡之间存 3～4 小时清醒 9 个月之后懂得自己的意愿选择睡与不睡 10 个月后晚上基本上能够一觉睡到天亮
1 岁以后	11～13	1	1 岁半以后白天只需小睡 1 次 晚上能够连续睡 10 小时

3. 睡眠的个体特点　每个婴幼儿由于自身身体状况、家庭环境的不同,睡眠规律及睡眠时间也可不一样,有的睡得多一些,有的睡得少一些,无需与别人比较,只要宝宝健康成长便可。

4. 婴幼儿睡眠充足的表现

（1）清晨自动醒来,精神状态良好。

（2）精力充沛,活泼好动,食欲正常。

（3）体重、身高能够按正常的生长速率增长。

（三）培养建立良好的睡眠习惯

1. 建立睡眠常规　注意培养婴儿的作息规律,定时休息,按时上床,按时起床,在 2～3 个月大时,即可尝试帮助建立良好的睡眠规律,让婴儿习惯每完成一些固定的活动,如洗脸、洗澡等后便是睡眠时间,然后自行入睡。

2. 自行入睡　帮助婴儿自行入睡对建立良好的睡眠习惯是很重要的,其方法是在婴儿开始有睡意之前把他（她）放在婴儿床上,让他（她）自己渐渐进入梦乡。如婴儿在吃奶中睡着了,应停止喂哺,抱回婴儿床上,不用故意弄醒,下次把喂奶时间稍提早,减少在吃奶中入睡的机会。

3. 帮助分辨昼夜

（1）卧室光线调整:日间可用窗帘遮挡使室内光线调暗,夜间可亮一盏小台灯,消除醒来时的恐惧。

（2）日夜活动有所分别:白天清醒时,多与婴儿玩耍、说话,以免因无聊在白天多睡。当婴儿眼皮下垂,头或面部在大人身上擦动或打哈欠时,说明他（她）累了,要让其休息,但尽量避免小睡超过 4 个小时。夜间的活动节奏应放缓慢,避免过度兴奋。

4. 舒适的环境

（1）卧室温度适中,室温在 18～26℃,也可将手掌放到婴儿颈背部位,如感到温暖而没有汗湿,便是婴儿感到舒服的适宜温度。

（2）卧室一般要求开窗通风,保持空气流通。

（3）适量的衣着和被褥,可用柔软的婴儿被包裹或睡袋,但不要包得太紧。

（四）睡眠不安的预防

睡眠不安在婴幼儿期主要表现为入睡困难。

1. 睡眠不安的原因　不良的睡眠习惯、睡眠环境及哺养方式是睡眠不安的主要原因，在出生后 2～6 个月没能建立好昼夜睡眠周期，在睡眠、觉醒交替过程中不能形成"自慰"的能力会表现出睡眠不安。

2. 睡眠不安的预防

（1）建立良好的睡眠习惯和睡眠周期。

（2）睡前不作安抚，如吸吮、吃奶、摇晃、轻拍、步行等进行干扰；独自睡不陪伴；夜间醒来，多作观察，不作过多的干扰。

（3）睡前排尿。

（4）不要吃得过饱或太少，一般 6～8 个月后夜间睡眠无需进食。

（5）睡眠姿势可随婴幼儿自由选择，以不使肢体、肠部受压时间过长，无不舒适感觉为佳。

（6）及时发现疾病，如发热、鼻塞等，及时治疗。

二、婴幼儿大小便排泄

（一）婴幼儿大便排泄

1. 正常婴幼儿粪便特点

（1）胎便：新生儿生后一般 12 小时内排出黑绿色黏稠大便，它是由脱落的上皮细胞，浓缩的消化液及胎儿时期吞入的羊水所组成。如果乳汁供应充分，2～3 天后转为黄色，若 24 小时不见胎便排出，应注意是否有消化道畸形。

（2）不同乳汁喂养儿的大便

1）母乳喂养儿的大便：呈金黄色，稍有酸气味，但不臭，呈黏糊状，每日排便 2～5 次。

2）牛奶喂养儿的大便：呈淡黄色、硬膏样、有臭气味，常含灰白色奶瓣，每日排便 1～2 次。

3）趋近母乳化配方奶喂养儿的大便：界于母乳和牛奶喂养儿两者之间，更接近母乳喂养儿。

2. 婴幼儿大便规律

（1）逐渐培养规律性大便：新生儿后期开始，可以进行积极主动的排便训练，当孩子使劲，脸部鼓劲，脸发红时要及时把大便；也可训练早晚大便的习惯。每次时间不可太长，不用玩具逗，其他人也不宜在其旁边，以免分散注意力；便后及时清洗臀部。

（2）练习坐盆大便：9 个月可以独坐之后，可让他（她）熟悉便盆并训练学会坐盆大便，坐盆时间应固定，可与半岁前把大便的时间相同，大约 5 分钟，不要太长，一旦孩子在便盆中大便，每次都要表扬，不要让孩子看到排泄物，应尽快冲洗。

3. 异常大便排泄的原因和预防

（1）便秘：指超过 3～4 天不排大便，粪便干硬，不易排出。

1）原因：主要是配餐不合理、生活不规律、活动少等原因。

配餐不合理：喂养不当，奶量不够，长期入量不足，致营养不良使腹肌、肠肌力量较弱；配方奶粉冲调得太浓，过早食用鲜牛奶；没有及时添加泥糊状食物或添加不够，膳食纤维量不够；饮水少，食物残渣少，大便量少变硬。

生活不规律:没有养成定时大便的习惯;环境与生活规律改变,使孩子不适应;紧张焦虑情绪等心理因素刺激。

活动少:婴儿抚触没坚持,肠蠕动减慢。

其他:发烧、营养不良、佝偻病、腹腔疾病等;过量补充钙剂、维生素 D、铁剂、利尿药、泻药等。

2)预防:母乳喂养的小孩便秘,可调整妈妈的膳食结构,多吃蔬菜、水果等食物;因吃配方奶粉引起的,要严格按照冲调说明实行,不能使奶液浓度过高;养成定时大便的习惯;多喝水,可以喝白开水、煮菜水、兑水稀释后的果汁水;5 个月龄婴儿及时添加果泥、菜泥、碎菜等较大颗粒的食品,1 岁以上的孩子可适当添加粗粮;坚持婴儿抚触、被动操,增加户外活动。

3)处理:可用消毒棉签蘸消毒过的植物油(上锅蒸 20 分钟),轻轻刺激肛门,用肥皂条、开塞露塞肛(不要常用此法,以免形成依赖性);大便前,以脐孔为中心,顺时针方向按摩腹部;便秘造成肛裂后,轻症可用加黄连素的温水坐浴,婴儿小不能坐浴的,可改用湿温纱布敷局部。坐浴后肛门涂上少量金霉素软膏,保持局部清洁。

(2)腹泻

1)原因:婴幼儿消化系统发育不够健全,免疫球蛋白偏低,正常肠道菌群尚未建立,故 3 岁以下的婴幼儿易患腹泻,依病因可分感染性和非感染性两类。其中感染性腹泻是因食物被细菌、病毒污染而引起肠道感染。非感染性腹泻主要是喂养不当,如食物过冷过热,喂的量过少过多;换奶、添加泥糊状食品不当;气温变化受凉、受热等引起。

2)预防:养成良好的卫生习惯,餐前便后洗手,餐具洗净、消毒等,防止病从口入;科学合理地添加泥糊状食物。

(3)绿色便

1)绿色便可以是正常大便,其大多数性状正常。

2)异常情况:消化不良,急性腹泻;铁剂服用过多,维生素 C 缺乏;绿色蔬菜未完全消化,从大便中排出。

(二)婴幼儿小便排泄

1. 正常婴幼儿的尿液特点　淡黄色,清亮透明,具有轻微的芳香气味。新生儿出生 24 小时内排尿,婴幼儿每天尿量小于 200ml 为少尿。

2. 婴幼儿小便排泄的生理特点　出生后最初数月排尿是一种反射性行为,5~6 个月后条件反射逐渐形成,经过训练,1~1.5 岁可养成主动控制排尿。幼儿在 2~2 岁半时虽然白天可控制排尿,夜间仍有无意识的排尿。

3. 常见的异常小便排泄

(1)婴幼儿排尿次数增加

1)幼儿期由于情绪紧张可以引发尿频、尿急(排尿次数多,大约每 15 分钟一次),而没有尿痛,这种症状有自限性,可以自愈。因此,平时要保证婴幼儿安全稳定的生活环境,使宝宝精神愉快。

2)尿道口炎,膀胱炎:排尿次数增加,可伴尿痛(尿哭)、尿急。男孩可因包皮过长,包茎污垢集聚而引起感染;女孩可因尿道短,尿道口被粪便污染而引起感染。①如果有炎症,请医生诊断后药物治疗。②每次大小便后及时清洗,女婴清洗从会阴前方向肛门方向进行,保持局部清洁干爽。不要裸露外阴,尽早穿全裆裤。③建议白天使用清洁、柔软的布尿布,夜间或外出时使用纸尿裤。纸尿裤必须是经消毒处理过,正规厂家生产的产品。

（2）婴幼儿排尿总量正常,次数过少

因玩耍或某些原因养成不良的排尿习惯,排尿的次数逐渐减少,膀胱的容量逐渐增大,可以每天仅有 2～3 次排尿,在膀胱容量膨胀极限时,常因不能及时排尿而造成急迫性尿失禁,严重的常造成泌尿系统感染,膀胱肌麻痹而排尿困难。因此,从小培养良好的生活习惯,培养良好的排尿行为是很重要的。

（3）婴幼儿排尿中的误区

1）乳白色尿:寒冷季节尿色为乳白色,或尿时清亮,过一会儿变成乳白色混浊液体,是因为天冷出汗少,婴幼儿肾脏功能不够健全,食物中蔬菜、水果中的一些无机盐成分遇冷出现结晶沉淀所致,是正常现象。

2）将尿床认为是遗尿给予治疗。幼儿在 2～2 岁半时,虽然白天可以控制排尿,但夜间仍有无意识的排尿,是一种正常生理现象,不需要治疗,长大后可主动控制夜间排尿。

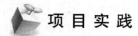 **项目实践**

案例分析

影响婴幼儿睡眠的原因:①生活规律受到破坏;②睡前精神过度兴奋;③身体不适;④睡眠姿势不正确;⑤睡眠环境被改变。

解决方法:①保持平时的生活规律,养成良好的生活习惯;②拉上卧室的窗帘,调暗灯光,放轻音乐,妈妈给宝宝讲故事,引导宝宝平静地进入睡眠。③给婴幼儿换上贴身的睡衣,给予适当的保暖;④轻轻调整姿势,不使任何肢体受压,解除不适,恢复睡眠。⑤卧室要保持空气新鲜,保持安静,减少噪音。室温以18～25℃为宜,过冷或过热都会影响睡眠。室内禁止吸烟,以免污染空气,造成婴幼儿被动吸烟。

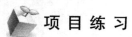 **项目练习**

一、选择题

1. 8 个月小儿全日睡眠时间为

　　A. 15～20 小时　　　　B. 14～15 小时

　　C. 13～14 小时　　　　D. 11～13 小时

　　E. 8～11 小时

2. 下列哪项不能预防睡眠不安

　　A. 建立良好的睡眠周期

　　B. 睡前排尿

　　C. 不吃得过饱

　　D. 睡前作安抚

　　E. 睡眠姿势随婴幼儿自由选择

3. 下列哪种异常排尿需处理

　　A. 乳白色尿

　　B. 2～2.5 岁尿床

　　C. 情绪紧张引发尿频

　　D. 寒冷刺激造成每次尿不能排完

　　E. 尿道口炎

4. 下列哪种异常大便可属正常

　　A. 便秘　　　　　　　B. 腹泻

　　C. 绿色便　　　　　　D. 血便

　　E. 柏油样便

5. 下列哪一时间不排胎便,应注意消化道畸形

　　A. 8 小时　　　　　　B. 10 小时

　　C. 12 小时　　　　　　D. 18 小时

　　E. 24 小时

6. 适合婴儿睡眠的室温是

　　A. 12～16℃　　　　　B. 14～16℃

　　C. 18～26℃　　　　　D. 26～30℃

　　E. 30～32℃

二、是非题

1. 帮助婴儿自行入睡对建立良好的睡眠习惯很重要。

2. 婴儿的卧室需开窗通风。

3. 可用玩具逗婴儿大便。

4. 婴儿太小,没必要养成定时大便的习惯。

5. 婴儿排绿色便时属异常大便。

6. 婴儿不能自己完全控制排尿,因此睡前喂水易造成遗尿。

7. 婴儿睡觉时要尽量多吃些食物,避免因为饥饿不能入睡。

三、简答题

1. 婴幼儿睡眠充足的表现有哪些？

2. 如何培养婴幼儿良好的睡眠习惯？

3. 如何预防睡眠不安？

答　案

一、选择题　1. C　2. D　3. E　4. C　5. E　6. C

二、是非题　1. √　2. √　3. ×　4. ×　5. ×　6. √　7. ×

三、简答题　略

（黄　艳）

项目五　婴幼儿沐浴、抚触与体格锻炼

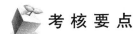

考 核 要 点

1. 婴幼儿沐浴、抚触的目的。★

2. 婴幼儿沐浴、抚触的操作步骤及手法。★★

3. 婴幼儿操、三浴锻炼的方法。★★

4. 婴幼儿沐浴、抚触与体格锻炼时的注意事项。★★

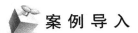

案 例 导 入

1个月的宝宝,吃奶后20分钟,育婴师为其进行抚触。不一会儿,宝宝表现得哭闹不安。

思考: 1. 宝宝哭闹的原因可能是什么?

　　　　2. 如何处理? 抚触时应注意什么?

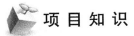

项 目 知 识

一、婴幼儿沐浴

（一）婴儿沐浴的目的

婴儿沐浴不仅可清洁婴儿皮肤,预防感染,促进血液循环,活动肢体,使之感到舒适,还可观察婴儿全身皮肤情况。

（二）操作前准备

1. 环境要求　关好门窗,调节室温至24～28℃。

2. 用物准备　洗脸盆、浴盆、热水、水温计、婴儿衣服、一次性尿裤、大浴巾、小毛巾、婴儿沐浴(洗发)液、消毒棉签、75% 乙醇溶液、皮肤护理用物(如护臀霜、婴儿爽身粉、粉扑)等。

3. 操作者准备　取下手表和饰物、更换沐浴服或系围裙、修剪指甲、洗手。

（三）操作步骤与方法

1. 将洗脸盆和浴盆内盛2/3 量热水(用水温计测试水温为38～42℃为宜)。

2. 脱去婴儿衣服,保留一次性尿裤,如有大便应先清洁更换,然后包上浴巾。

（1）脱衣步骤

1）先解开婴儿衣的衣扣,然后将左手伸入婴儿左侧衣袖内握住婴儿肘部,右手拉出衣袖。

2）同样的方法脱去右侧衣袖。

3）将脱下的脏衣服放于衣筐内待洗。

（2）脱裤步骤

1）操作者用双手先将婴儿的裤头往下拉至大腿处。

2）左手伸入婴儿左侧裤腿内，并握住婴儿左腿膝部，右手往下拉退裤腿。

3）同样的方法脱去右侧裤腿。

4）将脱下的脏裤子放于衣筐内待洗。

3. 给婴儿洗澡　操作者用左手前臂托住婴儿背部，左手掌托住婴儿头部，左腋下夹住婴儿身子。

（1）洗脸

1）洗眼：用温湿小毛巾擦洗双眼（注意从内眦至外眦）。

2）洗脸面：用温湿毛巾抹洗婴儿左侧脸面（左侧前额部、左侧鼻翼、面颊、下颏至耳后）。

3）同样方法抹洗右侧脸面。

（2）洗头部：左手掌托住婴儿头部，左手拇指和中指将婴儿两耳郭向前盖住耳孔，防止水进入耳朵。右手先用小毛巾将婴儿头发淋湿，再挤少量婴儿洗发液于右手掌，均匀地在婴儿头发上轻轻揉抹，然后洗净头部浴液、擦干。

（3）洗身躯

1）将婴儿放入浴盆内（最好使用沐浴吊袋，既安全又方便操作），操作者左手腕托住婴儿的枕部，左手轻轻抓住婴儿左上肢，先用水洗湿躯干与四肢。

2）挤少量婴儿浴液于右手掌，均匀地抹于婴儿躯干与四肢，并用用小毛巾依次擦洗婴儿颈、躯干（胸、腹、背）、上肢、腋下、腹股沟、下肢及臀部（注意洗净皮肤皱褶处）。

3）洗毕，将婴儿抱至操作台上，用大浴巾擦干婴儿全身。

4. 皮肤护理

（1）若脐痂未脱，可用 75% 乙醇溶液消毒脐部。

（2）将爽身粉扑于婴儿颈部、腋下、腹股沟等皮肤皱褶处。

（3）将护臀霜涂于婴儿臀部。

5. 更换一次性尿裤

（1）一手提起宝宝双腿，使臀部抬高，另一手将展平后的纸尿裤垫在宝宝臀下，然后放下宝宝双腿。粘贴好尿裤两端。

（2）将中指与食指并排伸入一次性尿裤上端试试松紧是否合适，并将防漏隔边往外牵拉，以防侧漏，上端向外反折叠，避免盖住脐部，诱发脐炎。

6. 给婴儿穿衣裤

（1）穿衣步骤

1）操作者用左手握住婴儿左手的腕部，右手将婴儿衣的左袖往上套。

2）操作者将右手伸入婴儿衣左袖口内，并用大拇指、食指、中指三个手指握住婴儿的手腕部，然后左手往上拉婴儿衣袖。

3）同样的方法穿好对侧衣袖。

4）系好衣服的带子或扣子，并拉伸婴儿衣服。

（2）穿裤步骤

1）操作者先将一侧婴儿裤腿捲缩至裤腿口端，并往婴儿相应侧的脚上套，一只手从裤腿口端处伸入并握住婴儿的脚踝部,并用大拇指按压住裤腿口边,另一手将裤腿往上拉至大腿处。

2）用同样的方法穿好另一侧裤腿。

3）然后双手握住婴儿裤腰端(以婴儿裤前缝为中线),并往上提拉至婴儿的腰部,系好裤腰带。

（3）整理好婴儿衣裤,将婴儿抱起来进行交流。

（四）注意事项

（1）婴儿沐浴时间应在喂奶前或后1小时进行,以防止呕吐或溢奶。

（2）先放冷水后放开水,并用水温计测试水温(水温38～42℃)。

（3）沐浴时勿使水流入耳、鼻。

（4）扑爽身粉时应注意皮肤皱褶处(颈部、腋窝、肘部、腹股沟等),要注意遮盖住眼睛、口鼻,避免爽身粉进入眼内或呼吸道。

（5）沐浴前注意观察全身皮肤有无感染,四肢活动有无异常等,如发现有异常,应及时处理,必要时应到医院看医生。

（6）沐浴操作时注意安全,动作要轻快敏捷,防止婴幼儿受凉或摔伤、烫伤等。

二、婴儿抚触

婴儿抚触是通过抚触者双手对被抚触者的皮肤和身体各部位进行有次序,有技巧的抚摩,让大量温和的良好刺激通过皮肤的感受器传到中枢神经系统,产生生理效应。

（一）婴儿抚触的目的

（1）促进母婴感情交流。

（2）加快免疫系统的完善,增加抵抗能力。

（3）有利于平复新生儿暴躁的情绪,减少哭闹。

（4）有利于婴儿生长发育(体格、智力)。

（5）促进食物吸收。

（二）操作前准备

1. 环境要求　调节室温至25～28℃,关门窗,室内环境应安静、清洁,播放柔和轻音乐。

2. 用物准备　婴儿衣服、一次性尿裤、大浴巾、大毛巾、小毛巾、婴儿润肤油、消毒棉签。

3. 操作者准备　取下手表和饰物、更换抚触服或系围裙、修剪指甲、洗手。

4. 婴儿准备　裸体(最好沐浴后),平仰卧体位于抚摸操作台上(桌上或床上)。

（三）婴儿抚触的操作步骤与方法

取适量婴儿润肤油或婴儿润肤乳液于操作者手上,保持手的润滑。每个部位操作动作重复6～8次。

1. 头面部

（1）面部

1）操作者以双手大拇指指腹交替按压婴儿眉心。

2）操作者用双手拇指指腹从婴儿前额中心处,对称性地往外推压至太阳穴处。

3）操作者双手拇指指腹从婴儿下巴、下颌处向外上滑动,划出一个微笑状。

（2）头部:操作者一手托住婴儿头部,另一手抚摸婴儿发部,划出大(从婴儿一侧前额滑向脑后至耳后)、中(从婴儿一侧侧额滑向脑后至耳后)、小(在婴儿一侧太阳穴处滑向脑后后至耳后)三个半圈。

2. 胸部

（1）操作者右手（食指和中指并拢），放在婴儿左侧肋缘，用指腹侧面向上滑向婴儿右肩肩峰，并避开婴儿的乳头，复原。

（2）左手以同样手法向对侧进行，似在婴儿的胸部划个大交叉。

3. 腹部　操作者双手指腹自婴儿右下腹—右上腹部—左上腹—左下腹作顺时针滑动。

4. 上肢

（1）操作者用一只手将婴儿的一侧上肢向上举起，另一只手握住婴儿胳膊根部，自胳膊根部经肘部至小手腕部轻轻握捏。左右手交替进行。

（2）操作者一只手握住婴儿一侧手腕，另一只手自下而上轻轻滑滚婴儿小手臂肌肉群。左右手交替进行。

（3）同样手法抚触对侧上肢。

5. 手部

（1）手掌

1）操作者用双手拇指指腹，交替自婴儿手掌根部抚摸至手掌心、手指末端，其余四指交替抚摸婴儿的手掌背面。

2）同样手法抚摸对侧手掌。

（2）手指

1）操作者用拇指、食指和中指捏往婴儿小手指根部轻轻揉捏至指尖。同样的手法依次揉捏无名指、中指、食指至拇指。

2）同样手法揉捏对侧手指。

6. 下肢

（1）操作者用一只手将婴儿的一侧下肢举起，另一只手握住婴儿大腿的根部，自婴儿大腿根部经膝部至小腿踝部轻轻握捏。左右手交替进行。

（2）操作者一只手握住婴儿踝部，另一只手自下而上轻轻滑动婴儿大腿肌肉群。左右手交替进行。

（3）用同样手法抚触对侧下肢。

7. 脚部

（1）脚掌

1）操作者用双手拇指指腹交替自婴儿脚跟部抚触至脚心、脚趾末端，其余四指指腹交替抚摸婴儿的脚背面。

2）用同样手法抚摸对侧脚掌。

（2）脚趾

1）操作者用拇指、食指和中指捏住婴儿小脚趾根部，轻轻揉捏至脚趾远端。同样的手法依次揉捏婴儿的其他脚趾。

2）同样手法揉捏对侧脚趾。

8. 背部

（1）横向抚摸：操作者将双手指腹并拢放在婴儿的背部，以婴儿的脊椎为中线，操作者双手与婴儿脊椎成平行，自婴儿的颈部向下横向抚摸背部两侧的肌肉至婴儿的小屁股。

（2）纵向抚摸：操作者用一只手从婴儿的头顶部—颈部—背部—臀部轻轻的作纵向抚

摸。左右手可交替进行。

（四）抚触的注意事项

（1）做抚触的时间应选择在婴儿半空腹、沐浴后为好。每次 15 分钟,每日 1～2 次;刚喂过奶或婴儿饥饿时均不适宜抚触。

（2）抚触操作开始时动作要轻柔,然后逐渐加力,让婴儿慢慢适应。

（3）抚触时婴儿最好能裸露全身,因此,要调试好室温(室温维持在 25～28℃)。

（4）抚触的环境要舒适,放些轻柔的音乐,使母子(操作者)情绪感到轻松、愉悦。

（5）抚触前操作者要摘下首饰以免划伤婴儿。用热水充分洗手后,取适量润肤油在手掌中搓匀后再开始操作。

（6）注意与婴儿沟通,可以对婴儿说:"笑一个,好美啊,妈妈(阿姨)爱你!"等,同时还应该注意边抚触边和婴儿用眼神和语言充分沟通。

（7）不要强迫婴儿保持固定姿势,婴儿哭闹时应设法让他安静,然后才可继续。一旦婴儿哭闹厉害要暂停抚触。

（8）4～7 个月时,婴儿开始爬行。这时婴儿有更多的活动,可减少抚触次数。

（9）注意不要将抚触油接触到婴儿的眼睛。

（10）若婴儿脐部脐痂未脱落,不要进行腹部抚触。

三、婴幼儿体格锻炼

体格锻炼指抚触、做操及"三浴"活动。通过锻炼不仅能增强婴幼儿神经、循环、呼吸、消化、运动和内分泌等器官系统的功能,促进孩子体格的生长发育及全身动作协调发展,减少常见病的发生,而且还有助于培养孩子坚强的意志、克服困难的信心及与人合作和交往能力,从而促进婴幼儿身心健康发展。

（一）婴儿操

1. 婴儿操的作用　通过育婴师定期给孩子做全身运动,不仅使婴儿的骨骼和肌肉得到锻炼,促进婴儿动作的灵活、协调发展,而且加强了婴儿循环和呼吸系统机能,增加了食欲和机体抵抗力。边做操边对婴儿说话、唱儿歌或播放音乐,增进了母婴间的交流,使婴儿感到放松和愉快,同时促进了婴儿语言和认知的发育。

2. 注意事项

（1）时间和频率:哺乳后 1 小时或哺乳前半小时进行,每次从 5 分钟开始,逐渐延长到 15～20 分钟,每日 1～2 次。

（2）做操前的准备:室内空气要新鲜,室温在 18～22℃。做操最好选在稍硬的平面上,如硬板床或桌子上,铺好褥子或毯子。可播放轻柔而有节奏的音乐,营造愉快的氛围。动作要轻柔,要与婴儿正常的活动方式相协调,使婴儿感到舒适、轻松、愉快。当婴儿表现紧张、烦躁时应暂停做操,待婴儿安静后再做。生病时应暂停做操。

（3）婴儿操是按照婴儿大运动发育规律进行编排的,如果孩子很难配合做操,应找医生咨询,不要勉强给孩子做操。

3. 具体方法　本套婴儿操是按照婴儿大运动发育规律编排的,即随年龄的增长,动作发育逐渐成熟,动作难度逐渐增加,因此共编排了一至十节,其中第一节至第七节是共同的,即 1～3 个月婴儿操;而 4～6 个月、7～9 个月、10～12 个月,根据各年龄段的动作行为,分别编排了动作要求,前一阶段是后一阶段的基础,后一阶段是前一阶段的继续。

1~3个月婴儿操

第一节　准备活动　按摩全身

预备姿势:婴儿仰卧位,全身自然放松。

动作:"一、二、三、四"拍,握住婴儿双手腕,从手腕向上挤捏4下至肩。"五、六、七、八"拍,握住婴儿双足踝,从足踝向上挤捏4下至大腿根部。"二、二、三、四"拍,自胸部至腹部进行按摩,手法呈环形。"五、六、七、八"拍,动作同"二、二、三、四"拍。

第二节　伸屈肘关节及两臂上举运动

预备姿势:两手握住婴儿双手腕部。

动作:"一"拍将两臂侧平举。"二"拍将两肘关节弯曲,双手置于胸前。"三"拍将两臂上举伸直。"四"拍还原。"五、六、七、八"拍动作同"一、二、三、四"拍。第二个八拍动作同第一个八拍。

第三节　两臂胸前交叉及肩关节运动

预备姿势:两手握住婴儿双手腕部。

动作:"一、二"拍两臂侧平举。"三、四"拍两臂胸前交叉。"五、六"拍将右臂弯曲贴近身体,由内向上、向外、再回到身体右侧做回旋动作。"七、八"拍将左臂弯曲贴近身体,由内向上、向外、再回到身体左侧做回旋动作。第二个八拍同第一个八拍。

第四节　伸屈踝关节

预备姿势:第一个八拍,左手握住婴儿左踝部,右手握住左足前掌。第二个八拍成人左手握住婴儿右踝部,右手握住右足前掌。

动作:"一、二、三、四"拍,以左足踝关节为轴,向外旋转4次。"五、六、七、八"拍,以左足踝关节为轴,向内旋转4次。"二、二、三、四"拍,以右足踝关节为轴,向外旋转4次。"五、六、七、八"拍,以右足踝关节为轴,向内旋转4次。

第五节　两腿轮流伸屈及回旋运动

预备姿势:双手握住婴儿踝关节上部。

动作:"一、二"拍伸屈婴儿左腿膝、髋关节。"三、四"拍伸屈婴儿右腿膝、髋关节。"五、六"拍将婴儿左膝关节弯曲,左大腿靠近体侧由内向外做回旋动作。"七、八"拍将婴儿右膝关节弯曲,右大腿靠近体侧由内向外做回旋动作。第二个八拍动作同第一个八拍。

第六节　屈体动作

预备姿势:将婴儿两下肢伸直平放,握住婴儿两膝关节处。

动作:"一、二"拍将两腿上举与身体成直角。"三、四"拍还原。"五、六、七、八"拍动作同"一、二、三、四"拍。第二个八拍动作同第一个八拍。

第七节　抬头运动

预备姿势:婴儿俯卧于床上。

动作:"一、二"拍成人两手位于婴儿胸下。"三、四、五、六"拍两手托起婴儿,帮助婴儿头逐渐抬起。"七、八"拍还原。第二个八拍动作同第一个八拍。

第八节　翻身运动

预备姿势:婴儿仰卧。

动作:"一、二、三、四"拍,握婴儿左上臂轻轻翻向右侧。"五、六、七、八"拍还原。"二、二、三、四"拍,握婴儿右上臂轻轻翻向左侧。"五、六、七、八"拍还原。

第九节　整理活动　按摩全身

4~6个月婴儿操

第一节~第七节　预备姿势和动作均同1~3个月的婴儿操。

第八节　坐的运动

预备姿势:婴儿仰卧位,两手紧握婴儿双手腕,让婴儿双手紧握成人的拇指。

动作:"一、二、三、四"拍,把婴儿轻轻拉起成坐位。　"五、六、七、八"拍还原。

第九节　整理活动　按摩全身

预备姿势和动作均同1~3个月婴儿操。

7~9个月婴儿操

第一节~第六节预备姿势和动作均同1~3个月的婴儿操。

第七节　爬行运动

预备姿势:让婴儿俯卧,两臂向前伸,两腿弯曲,准备爬行,在婴儿头前方约60cm处放一婴儿喜欢的玩具。

动作:诱导婴儿向前爬行拿玩具,成人按节奏用双手轻推婴儿双脚,辅助爬行。

第八节　跳跃运动

预备姿势:婴儿面对成人而立,成人两手扶婴儿两腋下。

动作:有节奏地"嘿嘿",将婴儿轻轻举起跳动。反复多次。

第九节　独站的运动

预备姿势:仰卧位时让婴儿两手握住成人拇指,成人两手握住婴儿手腕。

动作:"一、二、三、四"拍,把婴儿拉成坐位。"五、六、七、八"拍,把婴儿拉成站立。第二个八拍动作同第一个八拍。

第十节　整理运动　按摩全身

预备姿势和动作均同1~3个月婴儿操。

10~12个月婴儿操

第一节~第六节

预备姿势和动作均同1~3个月婴儿操。

第七节　走的运动

预备姿势:平卧位时让婴儿两手握住成人拇指,成人两手握住婴儿手腕。

动作:"一、二、三、四"拍,把婴儿拉成坐位。"五、六、七、八"拍,把婴儿拉成站立。"二、二、三、四、五、六、七、八"拍,拉手向前走。

第八节　拾取运动

预备姿势:让婴儿背靠成人站立,成人左手抱婴儿两膝,右手抱婴儿腰腹部,在婴儿脚前30cm左右放一玩具。

动作:　"一、二"拍婴儿俯身准备去拾玩具。"三、四、五、六"拍婴儿俯身拾起玩具。"七、八"拍起立还原。第二个八拍动作同第一个八拍。

第九节　蹲的运动

预备姿势:让婴儿背对成人,成人左手托婴儿臀部,右手抱婴儿腰腹部。

动作:"一、二"拍蹲下或跪下。"三、四"拍还原。"五、六、七、八"拍动作同"一、二、三、四"拍。第二个八拍动作同第一个八拍。

第十节　整理运动　按摩全身

(二) 三浴锻炼

"三浴"即日光浴、空气浴、水浴。通过三浴锻炼,可以提高婴幼儿呼吸系统、循环系统及消化系统功能,改善婴幼儿体温调节能力及对疾病的抵抗力,还能促进神经系统的发育,有利于孩子对周围事物的了解及对大自然的认识,同时有更多的机会与成人和小朋友进行交往,促进了孩子认知和社会交往能力的发展。

1. 日光浴　夏秋季:上午9点以前,下午4点以后;冬春季:上午10点以后,下午3点以前。开始每次10~20分钟,逐渐增加时间,一天以2个小时为宜。注意事项:日光浴时不要隔着窗户玻璃;夏秋季不应直晒,可在树阴下即可;冬春季在不受凉的情况下尽量多暴露皮肤;日光浴后可给婴幼儿喂一些白开水;婴儿生病时或遇刮风、下雨等恶劣天气时暂停日光浴。

2. 空气浴　夏秋季:上午9点以前,下午4点以后;冬春季:上午10点以后,下午3点以前。每次5~10分钟,逐渐增加到每天2个小时。注意事项:空气浴锻炼时应从新生儿期开始,循序渐进;新生儿期要保持室内空气流通,特别是寒冷季节,每天应开窗通风至少30分钟;温暖季节时半个月的婴儿、寒冷季节时满月的婴儿可在打开的窗前活动;2~3个月的婴儿即可开始去户外活动。开窗睡眠也是空气浴锻炼的适宜方法,此时可将室温维持在16℃左右,通风或开窗睡眠时,应避免对流风吹到婴幼儿。

3. 水浴　每天洗脸、脚和臀部以及每周2~3次洗澡是日常水浴锻炼的主要内容。寒冷季节要求:室温26~28℃,水温35~40℃;炎热季节要求:室温20~22℃,水温35℃左右;游泳的水温26℃左右。注意事项:根据婴幼儿的适应情况,逐渐地将洗澡水的温度降低1~5℃;从夏季开始可试着用20~25℃的自来水洗脸、冲脚,每次数秒到数分钟;当婴幼儿适应冷水洗脸、冲脚后,可带婴幼儿在标准游泳池23℃的水中游泳,开始每次5~10分钟,以后可适当延长。

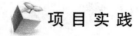 项 目 实 践

案例分析

做抚触的时间应选择在婴儿半空腹、沐浴后为好。刚喂过奶或婴儿饥饿时均不适宜抚触。婴儿哭闹时应设法让他安静,然后才可继续,一旦婴儿哭闹厉害要暂停抚触。应注意抚触操作开始时动作要轻柔,然后逐渐加力,让婴儿慢慢适应。调试好室温(室温维持在25~28℃)。环境要舒适。放些轻柔的音乐,用热水充分洗手后,取适量润肤油在手掌中搓匀后再开始操作。

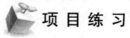 项 目 练 习

一、选择题

1. 婴儿淋浴时室温调节至
　　A. 10~14℃　　　　B. 14~18℃
　　C. 18~22℃　　　　D. 20~24℃
　　E. 24~28℃

2. 婴儿淋浴时水温调节至
　　A. 22~26℃　　　　B. 26~30℃
　　C. 30~34℃　　　　D. 34~38℃
　　E. 38~42℃

3. 婴儿淋浴的注意事项不正确的是

　　A. 先放开水后放冷水
　　B. 勿使水流入耳、鼻
　　C. 水温应保持38~42℃
　　D. 可在喂奶前或后1小时进行
　　E. 沐浴前注意观察全身皮肤有无感染

4. 关于婴儿抚触,不正确的是
　　A. 抚触时间应选择在婴儿半空腹、沐浴后为好
　　B. 最好能裸露全身
　　C. 动作始终要轻柔
　　D. 注意与婴儿沟通

E. 脐部脐茄未脱落,不要进行腹部抚触

5. 人体皮肤不具有
   A. 调节体温功能　　B. 支撑功能
   C. 保护功能　　　　D. 代谢功能
   E. 感觉功能

6. 不属于婴儿三浴锻炼的目的是
   A. 提高婴儿的自理能力
   B. 增强大肌肉群的协调性
   C. 提高神经系统的灵敏度
   D. 增强皮肤的抵抗能力
   E. 有利于婴儿的身心健康

二、是非题

1. 婴儿抚触有利于婴儿的生长发育。
2. 抚触腹部时按左下腹→左上腹→右上腹→右下腹方向滑动。
3. 婴儿洗眼时从外眦到内眦。
4. 三浴是指日光浴、空气浴和水浴。
5. 冬季寒冷,日光浴时应关窗进行。

三、简答题

1. 简述婴儿淋浴及抚触的操作步骤及方法。
2. 三浴锻炼的作用有哪些?

 **答　　案**

一、选择题　1. E　2. E　3. A　4. C　5. B　6. A
二、是非题　1. √　2. ×　3. ×　4. √　5. ×
三、简答题　略

（黄　艳）

项目六　生活制度和日常生活护理

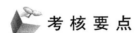 **考 核 要 点**

1. 培养婴幼儿的良好习惯。★
2. 各年龄段小儿的生活制度与生活护理。★★

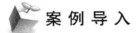 **案 例 导 入**

一个5个月的宝宝,常常在母乳过程中睡着了,妈妈害怕惊动影响宝宝睡眠,故常让宝宝躺在怀里含着乳头睡,宝宝常常溢乳。

思考: 1. 妈妈的做法好吗?
　　　　2. 导致宝宝溢乳的原因是什么?

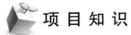 **项 目 知 识**

一、培养良好习惯的重要性与方法

婴幼儿由于自身生理特点不能自觉地调节自己的行为,哺育者可根据不同年龄的生长发育特点,用制度进行被动调节,通过饮食、睡眠、大小便、洗漱等在时间和顺序上合理安排,经过反复的训练,使其形成条件反射,让婴幼儿养成良好的习惯,有利于激发小儿积极情绪,促进生长发育。

二、饮 食 习 惯

（1）按时喂哺、进餐、添加泥糊状食品（辅食）,训练用小勺喂养。
（2）进餐环境安静、舒适,固定的地点及座位。

（3）2 岁左右可培养正确使用餐具和独立进餐的能力。

（4）进餐前避免过度兴奋或疲劳,不吃零食;进餐过程中心情愉快,专心进食,细嚼慢咽。

三、睡 眠 习 惯

（1）出生即可开始训练,日间除了喂奶、清洁卫生外均可睡眠,夜间则应任其熟睡,勿因喂奶而将其惹醒。

（2）避免形成不良的条件反射,不进行干扰,如:口含奶头、摇晃、咬被子、咬手绢等。

（3）卧室气温适宜,亮度适当,空气新鲜,安静宜人。

（4）睡前避免过度兴奋,独自自然入睡。

四、清洁卫生习惯

（1）常洗澡、洗头,大便后擦洗臀部。

（2）新生儿期可开始进行定期修剪指(趾)甲。

（3）养成漱口刷牙习惯:从第一颗乳牙萌出开始,哺育者为孩子进行口腔清洁,用手指缠上湿润干净纱布轻轻按摩孩子的牙齿和牙龈组织,开始清除菌斑;一周岁后,帮助进行刷牙;3 周岁后帮助使用牙膏。

（4）2 岁开始学习自己洗手。盥洗用具专用,毛巾晾晒在通风阳光照射处,可煮沸消毒。

五、大小便习惯

1. 小便习惯

（1）排尿习惯可从婴幼儿 2 ~ 3 个月开始训练,先减少夜间的喂哺次数,以减少夜间的排尿次数。

（2）白天在小儿睡前、睡后或吃奶后排尿,采取一定的姿势,发"嘘嘘"声,形成条件反射。

（3）9 ~ 12 个月训练坐盆排尿,每次 3 分钟左右。

2. 大便习惯

（1）当小儿有面红、使劲、发呆的表情,哺育者发出"嗯嗯"声配合把大便。

（2）在 9 ~ 12 个月可练习坐盆,每次 5 分钟。

六、自我服务习惯

生活上的自理是孩子独立性发展的第一步,是保证孩子日后全面发展的基础之一。可从一点一滴开始,如穿脱衣服、收拾玩具等。为其创造条件,如衣服的扣子大一点,鞋子不用系带式的,盥洗用具放在固定位置,以保证小儿自己取拿。帮助克服困难,不包办代替,及时给予鼓励。

七、人际交往习惯

（1）人际交往关系是小儿与周围人(包括成人与同伴)的相互交往中所表现的态度、情绪及其行为的状况,是小儿日后社会情感、社会适应能力发展的基础。

（2）小儿的交往能力是以他们本身的能力和情绪发展的倾向性为基础的,以成人和环境的要求为导向发展起来的。

（3）人际交往的发展有三个方面的表现:①自我中心;②富于模仿;③行为受情绪支配,缺乏道德认识和自控能力。

（4）培养方法

1）成人的言行示范作用,如关心、爱护、安慰、劝导、礼貌待人等,可以促进儿童的自发模仿。

2）在实践中提高交往技能和兴趣,有意识地安排交往。

3）学习分享,学习等待。

八、抱宝宝的方法

搂抱之前,轻轻和小孩说话。小儿,尤其是新生儿头颈部无力,抱起时要托住头颈和腰部,抱起后让其身体靠在你的胸前或肘弯上,用一只手支撑他的头部,另一只手托住腰和臀部,这样使小孩感到有安全感,也有的孩子喜欢面向下抱着,可让他俯卧在你的前臂上,用上臂支撑他的头部。

每次喂奶后,为避免漾奶,应将其竖抱一会儿,轻轻拍背5分钟左右,有利于胃内的空气排出。

九、合理的服装

小儿的服装应具保暖性好,穿脱方便,利于活动,易于洗涤和美观大方等特点。

1. 用料　小儿皮肤娇嫩,出汗较多,服装用料应具有柔软、吸湿、透气性能好和洗涤方便的特点,以浅色的纯棉布或纯棉针织为宜。不同季节选择不同的用料,如春秋季用羊毛及腈纶制品,外加涤棉的罩衣罩裤,轻便保暖,便于经常洗换。冬季棉衣棉裤中的棉花要保持松软,不宜过厚,这样保暖性好。夏季用薄花布制成的汗衫、短裤、背心,容易散热。

2. 式样　小儿关节和骨骼发育尚不成熟,服装式样宜简单、宽大,使穿脱容易和活动方便,不宜穿得太多、太重。新生儿时期以斜襟式最好,无领无扣,衣缝向外,以免摩擦新生儿皮肤。冬季为了保暖可将小儿包裹在包被里,但不宜捆得笔直或裹扎太紧,以免影响婴儿正常发育及自由活动,甚至引起皮肤及臀部感染,诱发髋关节脱位。上衣的袖子应宽松,袖口勿长过于手,让小儿的手外露,这样有利于小儿手的动作发展及智力的发育。

婴幼儿时期上衣以背面开口为好,利于穿脱方便,裤子可用背带式,以免用带子束住胸廓,影响胸廓的发育。应尽早训练穿着满裆裤,一般1岁半至2岁即可开始。

此外,还应穿上小袜和软鞋保暖。刚学走路的婴幼儿,骨骼发育尚不成熟,脚型有胖有瘦,足背有高有低,鞋子应根据脚型及大小来选择。穿着不合适的鞋子会影响小儿走路的姿势,还会造成足部关节受压不均匀,使关节受损并影响足部的发育。要选择柔软透气性好的鞋面,鞋底不宜太薄太软,最好前1/3可弯曲,后2/3固定不动,后跟略高,随着小儿的发育,一般以每3个月更换1次鞋子为宜。

项 目 实 践

案例分析

妈妈的这一养育习惯不好,宝宝睡眠时不能含着乳头入睡。每次喂奶后,为避免漾奶,应竖抱一会儿,此时将婴儿的头靠在母亲的肩部,面向母亲,轻轻拍背5分钟左右,有利于排出胃内的空气。

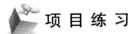

项 目 练 习

一、选择题

1. 小儿下列哪一种习惯不好

　A. 进餐前不吃零食

　B. 9～12个月训练坐盆排便

　C. 2岁开始学习自己洗手

　D. 可用玩具逗其进餐

E. 新生儿期可开始进行定期修剪指甲

2. 抱宝宝方法正确的是

　　A. 搂抱之前，不要和宝宝说话

　　B. 喂奶后应将其平抱，有利于入睡

　　C. 新生儿抱起时要托住臀部

　　D. 抱起后让其靠在你的胸前或肘弯上，用一只手支撑他的头部

　　E. 喂奶后轻拍腹部，有利于排出胃内的空气

二、是非题

1. 婴儿生活自理能力包括吃饭，穿衣这两项技巧。

2. 8 个月左右是训练婴儿独自蹲盆大小便的最佳年龄。

三、简答题

1. 如何培养小儿大小便习惯？

2. 如何培养小儿良好习惯？

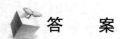

答　案

一、选择题　1. D　2. D

二、是非题　1. ×　2. ×

三、简答题　略

（黄　艳）

项目七　卫生与消毒

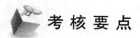

考 核 要 点

1. 清洁和消毒的概念。★

2. 家庭常用清洁和消毒方法：喷雾法、浸泡法、日光暴晒法、煮沸消毒法、擦拭消毒法。★★

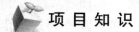

项 目 知 识

婴幼儿的抵抗力弱，容易感染各种疾病，因此，保持婴幼儿的餐具、玩具等的清洁、消毒工作，是预防疾病、保护易感儿的有效措施。

一、清洁和消毒

1. 清洁和消毒的概念

（1）清洁：消除身体表面或物品表面上的污物，如洗手、洗澡、擦洗家具等。

（2）消毒：清除或杀灭外环境中除细菌性芽孢外的各种病原微生物，达到无害化的处理过程。可分为预防性消毒和疫源性消毒，家庭以预防性消毒为主，例如玩具消毒、预防注射前的皮肤消毒等。

2. 家庭常用消毒方法

（1）喷雾法：用专用喷雾器把消毒剂喷向环境空间，达到消毒的作用，如喷杀蚊剂。

（2）浸泡法：根据需要消毒的物品稀释消毒剂，把物品浸泡其中，持续一定的时间。例如：手的消毒，用碘伏原液擦洗 2 分钟；玩具器具消毒：碘伏原液稀释 10～20 倍，浸泡 20～30 分钟。

（3）日光暴晒法

1）适用于被褥、书籍等物品的消毒。

2）方法：将物品放在直射日光下，暴晒 6 小时，定时翻动，使物体各个表面均受到日光照射。

（4）煮沸消毒法

1）适用于餐具、服装、被单、毛巾、尿布等物品的消毒。

2）方法：煮锅内的水将物品全部浸泡，盖上盖子，水沸时开始计时，至少持续 10 分钟，

计时后不得再加入物品,否则持续加热时间应从重新加入物品再次煮沸时计算。

（5）擦拭消毒法

1）适用于家具表面的消毒。

2）方法:用布浸湿消毒剂溶液,反复擦拭被消毒物的表面,静置 10～20 分钟。必要时,在作用至规定时间后,用清水擦净以减轻可能引起的腐蚀作用。

二、预防性消毒方法

1. 目的　针对传染性疾病的消毒方法,起预防性的作用。

2. 呼吸道疾病的预防性消毒方法

（1）定时开窗通风。

（2）熏蒸消毒:常用食醋 50ml,加等量洁净水,倒入容器中煮沸,关闭门窗,待食醋完全蒸发后半小时方开窗通风。

（3）喷雾消毒:采用药物性喷雾制剂,对空气进行消毒。

3. 肠道疾病的预防性消毒

（1）食具、水杯、毛巾等煮沸消毒。

（2）家具、玩具用 250ml/L 有效氯消毒剂擦拭,便盆用 500ml/L 有效氯消毒剂浸泡 30 分钟。

（3）被褥、衣服在日光下暴晒 4～6 小时。

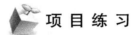 **项目练习**

一、选择题

1. 选择、购买消毒剂要有

　　A.“卫健字”字样　　B.“卫消字”字样

　　C.“卫食字”字样　　D.“卫准字”字样

　　E.“卫医字”字样

2. 来苏水与洗衣粉同用可能

　　A. 过敏　　　　　　B. 产生怪味

　　C. 减少杀菌力　　　D. 增强效力

　　E. 使衣服变色

3. 保存消毒液时,不要放在

　　A. 温度较高的地方　B. 温度较低地方

　　C. 低处　　　　　　D. 不通风的地方

　　E. 小儿拿不到的地方

4. 空气使用消毒液的同时还要注意

　　A. 日光照射　　　　B. 通风换气

　　C. 打扫卫生　　　　D. 同时使用肥皂或洗衣粉

　　E. 放置花草

二、是非题

1. 婴儿“四具”的清洁是促进其健康成长的重要环节。

2. 来苏水溶于水可杀灭细菌繁殖体和某些病毒。

三、简答题

1. 什么叫清洁、消毒?

2. 家庭常用的消毒方法有哪些?

 **答 案**

一、选择题　1. B　2. C　3. A　4. B

二、是非题　1. √　2. √

三、简答题　略

（黄　艳）

第五章 婴幼儿保健与护理

婴幼儿身体发育不完善,容易受外界环境的影响,如果护理不当,会影响婴幼儿的正常发育。婴幼儿保健与护理包括很多方面,如新生儿护理、婴幼儿生长监测、计划免疫、婴幼儿沐浴抚触、高危儿护理、常见小儿危重病症的表现、常见疾病的护理等。

项目一 新生儿护理

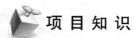

考核要点

1. 生理性体重下降 一般不超过出生体重的 10% ,生后 10 天左右恢复。★
2. 生理性黄疸 大部分新生儿在出生第 2～3 天出现,1 周后开始消退,足月儿出生后 2 周完全消退。★★
3. 乳腺肿大 生后第 3～5 天,男、女足月新生儿均可发生乳腺肿胀,生后 2～3 周内自行消退。★
4. 假月经 与母亲雌激素进入胎儿体内,生后突然中断有关。★
5. 正常新生儿体温一般波动于 36～37℃。★★
6. 母乳喂养的好处。★★
7. 如脐窝有渗出物,可涂以 75% 乙醇溶液消毒。★
8. 新生儿洗澡水温在 38～42℃。★

案例导入

某正常顺产新生儿,出生后 7 天,小儿出现哭闹,睡眠不安,查见臀部红肿。

思考:1. 该小儿哭闹的原因最可能是什么?

2. 如何对该小儿进行护理?

项目知识

一、新生儿常见特殊生理现象

1. 生理性体重下降 新生儿初生数日内因丢失水分较多,出现体重下降,但一般不超过出生体重的 10% ,生后 10 天左右恢复到出生时体重。要注意此阶段的新生儿喂养,促进体重早期恢复。

2. 生理性黄疸 由于新生儿血液中红细胞量多且寿命短,而 80%～85% 的胆红素来自红细胞的破坏,故 50%～60% 的足月儿和 80% 的早产儿出现生理性黄疸,其特点为:

(1) 一般情况好。

(2) 足月儿生后 2～3 天出现黄疸,4～5 天达高峰,5～7 天消退,最迟不超过 2 周;早产儿黄疸多于生后 3～5 天出现,5～7 天达高峰,7～9 天消退,最长可延迟到 3～4 周。

(3) 血清胆红素 <85μmol/L。提早喂奶能促使胎便排出,可在一定程度上减轻黄

疽的深度。

3. 乳腺肿大　生后第 3~5 天,男、女足月新生儿均可发生乳腺肿胀,如蚕豆到鸽蛋大小,一般不需处理,生后 2~3 周内自行消退。切勿强烈挤压,以免继发感染。

4. 口腔内改变　新生儿上腭中线和齿龈切缘上常有黄白色小斑点,分别为"上皮珠"和"板牙",系上皮细胞堆积或黏液腺分泌物积留所致,于生后数周至数月自行消失。其两颊部的脂肪垫,俗称"螳螂嘴",对吸乳有利,不应挑割,以免发生感染。

5. 假月经　有些女婴生后 5~7 天阴道可见带血性分泌物,持续 2~3 天,称假月经。系因妊娠后期母亲雌激素进入胎儿体内,生后突然中断,而形成类似月经的出血,一般不必处理。

二、正常新生儿护理

1. 保暖　由于新生儿体温调节功能不够完善,新生儿居室应阳光充足,空气清新,每日至少开窗通风 2 次,每次 30 分钟左右。室内温度保持 18~24℃,湿度 50%~60%,在冬天,须防止受冷;夏天要注意通风(避免对流风)防止受热,注意供给足量的水分,最好每日给新生儿量体温 2~3 次,正常体温一般波动在 36~37℃ 之间,体温低于 36.2℃ 时应适当保暖,高于 37.2℃ 时应适当散热,防止保暖过度致"脱水热"。

2. 喂养　提倡母乳喂养。母乳喂养有营养,能防病,易消化吸收。母乳喂养可以增加母婴感情,有利于母亲产后顺利恢复。生后头几天,母亲乳汁不足,应让新生儿反复吸吮,按需喂哺,随饿随食,不受时间限制。每次喂奶时间以 15~20 分为宜,吸空一侧乳房后再吸另一侧。由于新生儿的胃呈横位,喂完奶后,应将其抱起轻拍背部,使吞入的空气排出,以免溢奶。每次喂奶前母亲洗手、洗奶头;两次喂奶之间,可喂点温开水。

3. 预防感染

(1) 脐带护理:脐带脱落之前,应保持干燥,检查有无渗血。如脐窝有渗出物,可以涂 75% 乙醇溶液消毒;如红肿流脓,应到医院检查治疗。

(2) 皮肤护理:人体皮肤具有调节体温、保护、吸收、代谢、分泌、排泄等功能,对新生儿健康十分重要。所以新生儿夏天应天天洗澡,冬天每周洗 1~2 次,水温以母亲前臂浸入水中感到温暖舒适为宜,一般在 38~42℃,以流动水为宜。洗时应用双手堵住外耳道口,不要让水进入耳道,以免引起中耳炎。便后要注意清洁,每天晚上要用温水给新生儿洗屁股。尿布要选用松软、吸水性好的旧棉布,要勤洗勤换,洗后最好在太阳下暴晒或定期用开水烫,防止红臀发生。包婴儿时不可将四肢拉直,紧紧裹住。这种"受刑"的包裹方法既不利于新生儿发育,也不利于运动。上衣宜穿系带服式,不可穿套头衫。

4. 促进亲子关系的发展　新生儿出生后就有较好的视、听、味、嗅及皮肤的触觉、温度觉等,因此,出生后就可以对新生儿进行感知觉的刺激,父母要对新生儿多说话、唱歌和微笑,经常拥抱和抚摸新生儿,促进亲子关系的发展,有利于新生儿身心发育。

5. 先天性疾病筛查　生后 3 天内或出院前应进行新生儿疾病筛查,如先天性代谢性疾病(甲状腺功能低下、苯丙酮尿症)和先天性听力障碍等,以便早发现、早诊断、早治疗,降低儿童残障的发生。

 项 目 实 践

案例分析

婴儿哭闹、睡眠不安的原因是由于尿布疹。

护理措施:局部仅为红肿,注意勤换尿布,保持洁净和干爽、透气。每次换尿布时,都要彻底清洗患儿的尿布区域。洗完后,用柔布或卫生纸吸干水分,用紫草油滴剂 3~5ml,均匀涂搽于病变皮肤表面。每日 3~4 次,疗程 7~10 天。天气暖和或室温较高,尽可能不给新生儿穿纸尿裤。如果患儿局部皮肤有水疱、有脓疱、渗出黄色液体,或溃烂,就一定要去医院。

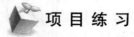

项目练习

一、选择题

1. 人体皮肤不具有
    A. 调节体温的功能   B. 支撑功能
    C. 保护功能   D. 代谢功能
    E. 排泄功能

2. 新生儿便后清洁臀部应注意的事项是
    A. 男孩便后不用清洗
    B. 大便后要用消毒液清洗
    C. 便盆每天要清洗消毒
    D. 要用温水每天晚上给新生儿洗屁股
    E. 每周洗一次澡

3. 大部分新生儿黄疸消退在出生后
    A. 5~7 天   B. 7~14 天
    C. 3 周后   D. 4 周后
    E. 2 个月后

4. 正常新生儿护理错误的是
    A. 注意保暖
    B. 脐窝有渗出物,可涂以 75% 乙醇溶液消毒
    C. 提倡母乳喂养
    D. 夏天应天天洗澡
    E. 按时喂哺,每日 5 次

二、是非题

1. 生理性体重下降生后 1 月左右恢复。
2. 假月经与母亲雌激素进入胎儿体内,生后突然中断有关。
3. 正常新生儿体温一般波动在 37~38℃之间。
4. 如脐窝有渗出物,可温开水清洗即可。
5. 新生儿洗澡水温在 40℃左右。

三、简答题

新生儿如何进行皮肤护理?

答 案

一、选择题 1. B 2. D 3. B 4. E
二、是非题 1. × 2. √ 3. × 4. × 5. √
三、简答题 略

（杨 静）

项目二 婴幼儿生长监测

考核要点

1. 儿童生长发育的评定主要是依据儿童的身长和体重。★★

2. 儿童生长的正常范围:在儿童生长监测图上用两条曲线表示,上边一条是正常范围的上限,下边一条是正常范围的下限。两条曲线之间表示正常范围。★

3. 测量胸围时取吸气与呼气时的平均值。★

4. 生长发育是一个连续的过程,年龄越小生长发育越快,尤其是出生后头 3 个月。★★

5. 生长发育监测能够早期发现儿童体重、身长的增长情况,通过体重和身长曲线的方向早期了解体重和身长的异常情况、儿童的健康状况,及时寻找原因。★★

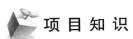

案 例 导 入

某男婴,身高体重实测值为

身长(cm)	49	50	51	52	53	54	55	56	57	58	59	60	61	62	63	64
体重(kg)	2.3	2.3	2.5	2.7	2.8	3.0	3.3	3.6	4.2	4.9	5.1	5.2	5.3	6.5	7.1	8.5

正常男婴身高及标准体重的下限值和上限值

身长(cm)	49	50	51	52	53	54	55	56	57	58	59	60	61	62	63	64
下限(kg)	2.5	2.5	2.6	2.8	2.9	3.1	3.3	3.5	3.7	3.9	4.0	4.4	4.6	4.9	5.2	5.4
上限(kg)	4.2	4.4	4.6	4.8	5.0	5.3	5.6	5.9	6.1	6.4	6.8	7.1	7.4	7.7	8.0	8.3

思考:1. 根据所提供的婴儿体重实测值,正确记录出相应的体重发育曲线。

2. 根据所提供的正常男婴标准体重的下限值和上限值,判断婴儿体重的生长是否正常。

项 目 知 识

一、婴幼儿生长监测的基本概念

1. 儿童生长的测量指标　研究儿童生长发育的一个基本方法是人体测量学。儿童生长发育的评定主要是依据儿童的身长和体重。体重是生长的近期指标,例如儿童腹泻了几天,体重就会轻一些,补充了营养体重就会很快赶上。而身长就不像体重那样会很快变动,长期营养不足才会引起身长的改变,所以身长是生长的远期指标。除身长体重外,还需测量头围和胸围,6个月以内的婴儿每月测量一次,7~12个月婴儿每2个月测一次,13~36个月婴儿每3个月测一次。正常新生儿头围平均为34cm,6个月时为42cm,1岁时46cm;胸围出生时约32cm,1岁时与头围相等,约46cm。测量胸围时取吸气与呼气时的平均值。

2. 儿童生长的正常范围　同性别同年龄的儿童其身长和体重不会是一样的,有高有低,但有一个正常的范围。根据大范围的调查和统计分析确定不同性别、不同年龄儿童身长、体重的正常范围。一般的是用平均数和标准差来表示,即平均数±标准差。按照统计原理,正常范围是用平均数±2个标准差(常用符号 $\overline{X}±2s$ 表示)来确定,包括了95%的范围。凡是超过(平均数+2个标准差)为"超标",低于(平均数−2个标准差)为低下。在儿童生长监测图上就用两条曲线表示,上边一条是正常范围的上限,下边一条是正常范围的下限。两条曲线之间表示正常范围(见附录)。

3. 身长、体重的生长发育规律　婴幼儿生长发育是有固定规律的,这是由遗传所决定的。生长发育是一个连续的过程,年龄越小生长发育越快,尤其是出生后头3个月。生长发育一般遵循由上到下、由近到远、由粗到细、由低级到高级、由简单到复杂的规律,但一定范围内受遗传、性别、环境、教育等因素的影响而存在较大的个体差异。身长和体重发育曲线表示了儿童身长、体重的发育规律,每个婴幼儿的体重都会随着年龄的增加,沿着这条曲线的方向增长。如果宝宝的身长和体重不能按照正常的曲线方向增加,偏离了生长规律(过快或过慢),宝宝的健康就可能出问题了。

4. 生长监测的原理　婴幼儿生长监测就是利用婴幼儿正常的体重、身长发育曲线,定期的衡量宝宝体重和身长增长的状况,一旦体重增长过快或过慢或身长不增加,就能够早期发现异常,及时寻找原因予以纠正,使宝宝恢复正常,这种保健方法就是婴幼儿生长监测。较简单的生长监测是单用体重一个指标,较全面的可以使用体重和身长两个指标进行。但是由于儿童的身长在家庭中不容易测量准确,所以需要到社区医院或妇幼保健院进行测量。生长监测对于预防婴幼儿营养不良、肥胖或早期发现其他一些疾病有很好的作用。

二、生长监测图

生长监测图是绘有身长和体重两个发育曲线的卡片,有的直接印在儿童保健册上,有的是单页卡片,供家长在家庭中使用(图 5-1)。

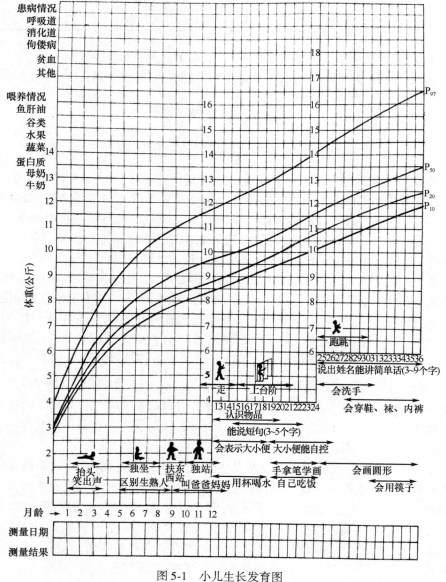

图 5-1　小儿生长发育图

（1）生长监测图的底边线是0~3岁的年龄标志线，一小格代表一个月，一大格是一岁。

（2）体重监测图中的竖线是体重线，一小格代表0.5kg。身长曲线图的竖线是身长线一小格代表1cm。

（3）中间两条是正常婴幼儿的体重曲线和身长曲线，代表婴幼儿体重、身长的发展方向。

上面一条是各年龄体重、身长的上限，下面一条是各年龄儿童的体重、身长的下限，两条线之间是各月龄婴幼儿体重身长的正常范围。如果宝宝的体重身长在上限之上，有超重肥胖或超高的倾向；宝宝的体重身长在下限之下有消瘦或矮小的倾向。一张生长监测图从出生开始到3岁，可以连续使用3年。

三、生长监测的方法

1. 定期称量婴幼儿的体重和身长　体重6个月以下每个月称一次，7~12个月每2个月称一次，1~3岁每3个月称体重一次，身长每3个月测量一次。每次测量身长连续测量三次，用两个相近的数字的平均数作为记录数字，测量的数字记录到小数点后一位。体重的测量可以在家中用布袋和弹簧秤、杆秤称量，也可以到妇幼保健院或社区医院在健康检查时测量。而身长则要到社区医院或妇幼保健院进行用身长量板测量才能测量准确。

2. 在体重和身长曲线图上标记体重和身长值　把婴儿的体重和身长值分别准确地标记在监测图上。

3. 观察宝宝体重、身长的发育动态　把宝宝每次的体重和身长值连接起来就成了宝宝的体重曲线和身长曲线图。观察、分析体重和身长曲线的情况。

4. 儿童的体重和身长监测结果有以下几种情况

（1）宝宝的体重、身长曲线在监测图两条曲线之间，其方向与图中的体重和身长曲线的方向一致，那么宝宝体重和身长发育是正常的，一般表示宝宝是健康的。

（2）宝宝的体重和身长曲线变平坦或下降，表示宝宝体重和身长增长不好，营养状况在下降；如果落在下面一条线之下，表示消瘦、营养不良或矮小了，应该及早寻找原因或请医师检查，帮助宝宝尽早恢复健康。常见的情况是体重曲线变成平坦或下降，但身长曲线仍正常，表示儿童近期健康出了问题。

（3）如果宝宝的体重、身长曲线直向上冲，表示体重超重和身长超高了，有营养过剩、肥胖的可能，应该寻找原因或请儿科医师检查纠正。

四、生长监测的作用

（1）能够早期发现儿童体重、身长的增长情况，通过体重和身长曲线的方向早期了解儿童体重和身长的增减，及时寻找原因，采取相应的保健措施。不要等到发生了消瘦、肥胖或矮小等情况再去处理就晚了。

（2）通过儿童体重和身长的增减，间接了解儿童的健康状况。

（3）提高家长的保健意识，关心孩子的健康状况。

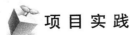

项目实践

案例分析

该小儿早期体重低于正常值下限，可能与早产、先天发育情况等有关。后逐渐达到正常值，64cm后体重超过正常值上限。该小儿可能存在营养矫正过盛，应及时调整饮食、锻炼及生活习惯等。

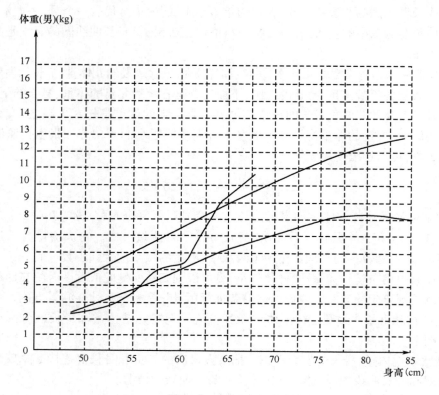

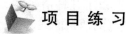

一、选择题

1. 研究儿童生长发育的一个基本方法是
   A. 人体测量学
   B. 心理学
   C. 教育学
   D. 营养学
   E. 医学

2. 测量胸围时取
   A. 一次吸气时的值
   B. 两次吸气时的平均值
   C. 两次呼气时的平均值
   D. 吸气与呼气时的平均值
   E. 三次呼气时的平均值

3. 每次测量身长连续测量三次,用两个相近的数字的平均数作为记录数字,测量的数字记录到小数点后
   A. 1 位
   B. 2 位
   C. 3 位
   D. 4 位
   E. 5 位

4. 6 个月以内的婴儿每月测量一次,7 ~ 12 个月婴儿每 2 个月测一次,13 ~ 36 个月婴儿每 3 个月测一次,是在给婴儿测量

   A. 头围和胸围
   B. 乐感
   C. 智商
   D. 动作技能
   E. 身长和体重

5. 婴儿第 1 ~ 6 个月平均增长 8 ~ 10cm 的是
   A. 上臂围
   B. 手长
   C. 脚长
   D. 头围
   E. 胸围

6. 出生时是 32cm,第一年就增长 14cm 的是婴儿的
   A. 胸围
   B. 上臂围
   C. 头围
   D. 脚长
   E. 手长

7. 学习后能够早期发现婴儿异常并对常见疾病进行及时处理的是
   A. 心理学知识
   B. 意外伤害护理知识
   C. 生长监测知识
   D. 教育学知识
   E. 营养知识

8. 婴儿生长监测包括生长发育的知识、生长发育监测方法及
   A. 人体测量学常用参考值
   B. 营养曲线
   C. 生活习惯
   D. 心理变化
   E. 健康教育知识

二、是非题

1. 儿童生长发育的评定主要是依据儿童的身长和体重。

2. 在儿童生长监测图上就用两条曲线表示,上边一条是正常范围的上限,下边一条是正常范围的下限。两条曲线之外表示正常范围。

3. 生长发育是一个连续的过程,年龄越小生长发育越慢,尤其是出生后前3个月。

4. 通过体重和身长曲线的方向早期了解体重和身长的异常情况、儿童的健康状况,及时寻找原因。

三、简答题

简述生长监测有何作用?

答　案

一、选择题　1. A　2. D　3. A　4. B　5. D　6. A　7. C　8. A

二、是非题　1. √　2. ×　3. ×　4. √

三、简答题　略

（杨　静）

项目三　计 划 免 疫

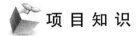

考 核 要 点

1. 计划免疫的概念。★

2. 儿童免疫程序,1岁以内必须接种的疫苗:卡介苗、乙肝疫苗、脊髓灰质炎活疫苗、麻疹活疫苗、百白破混合疫苗。★★

3. 暂缓接种的情况:接种部位有严重皮肤病、感冒,轻度低热等应暂缓预防接种。★★

4. 不宜进行接种的情况:有严重心肝肾疾病、神经系统疾病者、重度营养不良、过敏性疾病等不能进行预防接种。★★

5. 一般反应及护理:接种完毕,应在医院观察15～30分钟,2～3天内避免剧烈活动,服脊灰糖丸后,半小时内不宜进食热食及哺乳。★★

6. 卡介苗接种后的护理:轻度硬结、肿块、化脓、破溃、结痂、疤痕等为正常表现,注意保持局部清洁。★★

案 例 导 入

6个月男婴,平素体健。3日前注射乙肝疫苗后,婴儿哭闹不适。3日来自测体温,最低38.1℃,最高38.5℃。

思考: 1. 该婴儿哭闹的原因最可能是什么?

　　　2. 如何对该婴儿进行护理?

项 目 知 识

世界卫生组织在1974年第24届世界卫生大会上就提出"要在2000年使人人享有卫生保健"。计划免疫是贯彻"预防为主"的卫生工作方针的一种措施,是用人工的方法有计划地增强对几种危害儿童健康的传染病的抵抗能力,以保护儿童免受这些传染病的威胁,达到最终消除这些传染病的目的。对儿童实施有计划地免疫接种,可提高儿童的免疫水平,保护儿童免受上述疾病的威胁。

一、儿童免疫程序

　　根据 WHO 推荐的免疫程序,我国卫生部 1986 年重新修订了儿童计划免疫,要求 1 岁以内的儿童完成卡介苗、脊髓灰质炎活疫苗、麻疹活疫苗、百白破混合疫苗三联制剂的基础免疫,从 1992 年起,卫生部又将乙型肝炎疫苗纳入计划免疫范畴。以提高儿童对乙肝的免疫水平(表 5-1)。

表 5-1　计划内儿童免疫程序表

年龄	疫苗名称				
	卡介苗	乙肝疫苗	脊髓灰质炎活疫苗	百白破	麻疹活疫苗
出生时	初种	第1针			
1足月		第2针			
2足月			初免第1次		
3足月			初免第2次	初免第1次	
4足月			初免第3次	初免第2次	
5足月				初免第3次	
6足月		第3针			
7足月					
8足月					初免
1岁					
1.5~2岁			加强	加强	加强
4岁			加强		加强

　　附:卫生部 2007 年印发了关于《扩大国家免疫规划实施方案》的通知,在原计划免疫基础上,将甲肝疫苗、流脑疫苗、乙脑疫苗、麻腮风疫苗纳入国家免疫计划,对适龄儿童进行常规接种。

表 5-2　扩大免疫疫苗及适应对象

麻腮风疫苗	1.5~2 岁儿童、6 岁
甲肝疫苗	1.5~2 岁儿童、2 岁
乙脑减毒活疫苗	8 个月、2 岁儿童
流脑疫苗	6 个月、9 个月、2 岁、6 岁

二、暂缓预防接种的情况及其处理

　　有以下情况者暂缓进行预防接种,情况缓和或痊愈后再行接种。

　　(1) 接种部位有严重皮肤病如婴儿湿疹、脓疱疮等。

　　(2) 发热高于 37.5℃,有颈部、颌下或腋下淋巴肿大者不宜进行预防接种,应查明病因,治愈后再接种;发热可能是流感、麻疹等急性传染病的早期症状,此时接种可能会加重病情。

　　(3) 每天排便次数超过 4 次者,暂缓服用脊髓灰质炎活疫苗(脊灰糖丸)。因腹泻会使疫苗很快排泄,从而失去作用;腹泻还可能为病毒所致,如果服用疫苗可能会加重病情。

　　(4) 最近注射过白蛋白、多价免疫球蛋白如 γ 球蛋白者,6 个星期内不应接种麻疹疫苗。

（5）正在感冒发烧，或患急性疾病、慢性疾病急性发作，应暂缓预防接种，以免加重病情。

（6）如果新生儿出生体重不满2500g、早产儿、出生时有严重窒息、有吸入性肺炎时暂时不能接种卡介苗，待身体恢复后才可接种。

三、以下情况不宜进行预防接种

有下列情况时不能进行预防接种。

（1）有严重心肝肾疾病者，或者患有活动性肺结核、活动期风湿热等，不宜预防接种。

（2）神经系统疾病者，如脑炎后遗症、癫痫者，不宜预防接种，尤其不宜注射乙脑和百白破预防针。

（3）重度营养不良、严重佝偻病、先天性免疫缺陷者，不宜预防接种。

（4）患有荨麻疹、支气管哮喘等过敏性疾病时。

（5）罹患各种疫苗说明书中规定的禁忌证者。

四、一般反应及其护理

一般反应是由于疫苗本身的理化特性造成的反应，主要有发热，常为低热，体温在38.5℃以下，还可出现头痛、乏力、恶心、呕吐、腹泻、腹痛等表现，以接种当天多见，一般持续1～2天；局部接种24小时左右出现红、肿、热、痛等。这是正常反应，不需做特殊处理。

护理方法：

（1）接种前，家长可给孩子洗一次澡，保持接种部位皮肤清洁。换上宽松柔软的内衣。适当进食，注意空腹时不宜预防接种。

（2）接种时，向医生如实告知孩子健康状况，经医生检查认为没有接种"禁忌证"方可接种。

（3）接种完毕，应在医院观察15～30分钟，无反应后再离开。孩子打过预防针以后2～3天内要避免剧烈活动，对孩子要细心照料，注意观察，适当休息，多饮开水，注意保暖。

（4）服脊灰糖丸后，半小时内不宜进食热食及哺乳。

（5）接种疫苗后，少数婴幼儿接种局部会出现红肿、疼痛、发痒或有低热，一般不需特殊处理，注意局部清洁，但暂时不要洗澡，以防局部感染。卡介苗接种后还会出现轻度硬结、肿块、化脓、破溃、结痂等，历时2～3个月，最后形成永久略凹陷疤痕，在此期间给婴幼儿洗澡时应当注意，避免将洗澡水弄湿注射部位的皮肤，洗澡时可用干净的手帕或消毒纱布将上臂包扎起来，也不要经常用手触摸以保持局部清洁，避免细菌感染。

（6）极少数婴幼儿接种后可能出现高热，接种手臂红肿、发热、全身性皮疹等过敏反应以及其他情况，应及时向医务人员咨询，采取相应的措施。

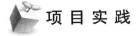 项 目 实 践

案例分析

婴儿哭闹、发热不适的原因是由于疫苗本身的理化特性造成的。发热属于低热，不需特殊处理。

护理措施：适当饮水，饮食清淡易消化。注意局部清洁，但暂时不要洗澡，以防局部感染。如反应加重，应立即请医生诊治。

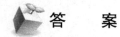

项目练习

一、选择题

1. 预防接种异常反应是
   - A. 晕厥
   - B. 发热
   - C. 腹泻
   - D. 接种部位局部红肿
   - E. 接种部位炎症反应

2. 避免婴幼儿预防接种一般反应的方法不正确的是
   - A. 接种前适当进食
   - B. 接种时如实告知小儿健康状况
   - C. 接种后观察 5～10 分钟
   - D. 2～3 天内避免剧烈活动
   - E. 注意局部清洁

3. 免疫接种后,应在几天内避免剧烈活动
   - A. 2～3 天
   - B. 3～5 天
   - C. 5～8 天
   - D. 8～10 天
   - E. 10～15 天

4. 一发热咳嗽患儿,体温在 39℃ 以上,不宜用的药物是
   - A. 抗生素
   - B. 葡萄糖液
   - C. 抗病毒药
   - D. 退热药
   - E. 百日咳疫苗

5. 某患儿接种卡介苗后局部皮肤最后形成的是
   - A. 红肿
   - B. 化脓
   - C. 溃疡
   - D. 结痂
   - E. 疤痕

二、是非题

1. 计划免疫是贯彻"预防为主"的卫生工作方针的一种措施,是用人工的方法有计划地增强对所有危害儿童健康的传染病的抵抗能力。

2. 接种部位有严重皮肤病暂缓进行预防接种,痊愈后再行接种。

3. 活动性肺结核不宜预防接种。

4. 服脊灰糖丸用热水吞服。

5. 卡介苗接种后出现红肿、化脓、破溃,为正常表现。

三、简答题

预防接种后一般反应如何护理?

答　案

一、选择题　1. A　2. C　3. A　4. E　5. E

二、是非题　1. ×　2. √　3. √　4. ×　5. √

三、简答题　略

（杨　静）

项目四　眼、耳、鼻、口腔保健

考核要点

1. 预防眼部感染:婴儿脸盆、洗脸毛巾要专用,洗脸应用流动水。★★

2. 不能让婴幼儿长时间看某物品,2 周岁以内的婴幼儿最好不要看电视。★★

3. 婴幼儿耳咽管相对较宽,直而短,呈水平位,上呼吸道感染时,可能会引起中耳发炎。★★

4. 婴儿出生就有听觉,3 个月的婴幼儿已经对声音有定向反应,对噪音敏感。★★

5. 慎用耳毒性抗生素,如庆大霉素、链霉素、卡那霉素等,以免引起药物中毒性耳聋。★★

6. 鼻腔具有温暖、湿润和过滤空气的作用。

7. 幼儿牙齿长齐后,应养成良好的刷牙习惯,进食后及时漱口、刷牙,预防龋齿的发生。★

8. 发现上唇翘起、反咬合、牙齿排列不齐等特殊面容,应及时去医院矫正,发现龋齿及时治疗。★

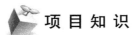

案 例 导 入

某 1 岁半小儿,由于父母工作繁忙,请保姆帮忙照看小孩,保姆常带小孩一起看电视,小孩睡前哭闹即给予糖果、饼干等,半年后小儿视力减退,口腔有龋齿。

思考:作为育婴师应对家庭作什么指导?

项 目 知 识

一、眼 保 健

新生儿即能清楚地看到眼前20cm左右的物体,2个月有注视物体能力,3个月开始视线追踪,5个月能鉴别物体颜色、形状,2岁以前是视觉发育的关键期。

1. 预防眼部感染　婴儿脸盆、洗脸毛巾要专用;成人给婴儿洗脸前要洗净双手;婴儿进行户外活动后要及时清洗双手;洗脸的水应是流动水。小婴儿眼部分泌物较多,每天早晨要用专用毛巾或消毒棉球蘸温开水从眼内角向外轻轻擦拭,去除分泌物。

2. 早期识别异常,及时就医

（1）眼部感染:眼部有脓性物或红肿;平时一只眼或双眼经常流泪,可能为结膜炎及鼻泪管不通表现。

（2）视力、眼位异常:出生1周后对强光刺激无任何反应,2~3个月当物体突然出现在眼前时无防御性瞬目(闭眼),3~4个月不能随眼前移动的较大物体移动眼球或头部,对周围目标不盯着看,神情淡漠,提示视力异常;6个月后婴儿仍表现斜视、经常眯眼、歪头、过近看物,说明可能有眼位异常。

3. 保护视力　不能让婴幼儿长时间看某物品,2周岁以内的婴幼儿最好不要看电视。睡眠时应注意避免光线直照小儿眼睛。

4. 防眼外伤　注意不应让婴幼儿接触尖锐有伤害的玩具。

二、耳 保 健

婴儿出生就有听觉,3个月的婴儿已经对声音有定向反应,对噪音敏感,6个月的婴儿对自己的名字就有反应。婴幼儿期的听力对小儿语言、认知和情感的发育有直接影响。

（1）新生儿期进行听力复查,早期发现孩子先天听力障碍,尽早佩戴助听器,早期进行听力语言康复,可使大部分聋儿能听、会说,"聋而不哑"。

（2）预防感冒。婴幼儿耳咽管相对较宽,直而短,呈水平位,上呼吸道感染时,可能会引起中耳发炎。

（3）保持外耳道清洁和畅通。每次洗脸或洗澡后,用干纱布团轻轻擦拭外耳道及外耳,不要用棉签清洁外耳道以防损伤外耳道皮肤引起感染。溢出的奶流入外耳道时应及时清除。耵聍(耳屎)是由耳道内的耵聍腺分泌出来的一种浅黄色的物体,存在于外耳道,有一定保护作用,不要用棉签,更不能用发卡或火柴棍等给小儿挖耳内耵聍,如果用力不当,不仅会伤及外耳道,还有可能伤到鼓膜。

（4）常见异常的识别

1）由于耳内进水或其他原因使耵聍变硬、结块，并引起疼痛；耳背后及外耳道是婴儿湿疹的好发部位，如果婴儿耳背后及外耳道有粉红色疹，上面覆盖淡黄色湿性分泌物，可能为湿疹；发热时小儿哭吵并经常抓耳朵或外耳道有脓性、浆液性或血样液体流出可能为中耳炎。

2）听力异常早期表现：0~3个月的婴儿，对关门声没有反应；4~7个月的婴儿，听到声音没有转头、盯着看、惊奇等反应；8~12个月的婴儿，对叫自己的名字没有反应；2岁的孩子不能按成人要求完成简单任务等，提示孩子可能有听力问题。致聋的高危因素包括：遗传性聋家族史、宫内感染、脑膜炎、分泌性中耳炎、耳部畸形等。

发现上述异常应及时到医院诊治。母亲应定期带有高危指征的孩子测查听力，早期发现问题及时接受康复治疗。如果孩子耳内耵聍较多或结块应请医生帮助清除。

（5）慎用耳毒性抗生素，如庆大霉素、链霉素、卡那霉素等，以免引起药物中毒性耳聋。

三、鼻腔的保健

新生儿嗅觉已发育成熟，对乳味有特殊敏感性，1个月对气味可表示喜好，1岁能识别各种气味。

1. 保持鼻腔畅通　鼻腔具有温暖、湿润和过滤空气的作用。因此，保持鼻腔通畅非常重要。婴儿的鼻孔狭小，灰尘和分泌物容易形成污物阻塞鼻孔而影响呼吸。可先将一滴温水或者生理盐水滴入鼻腔以湿润干痂，然后用念成细绳状的药棉伸进鼻腔转动几下再取出，即可把鼻痂带出；也可刺激小儿打喷嚏，而带出变软的鼻痂；还可用吸鼻器将分泌物吸出鼻腔，不要用手指或棉签清洁鼻腔以防造成鼻黏膜损伤。冬季室内常常干燥，可使用空气加湿器，保持室内空气湿润，也可减少鼻痂的形成。

2. 常见异常　如鼻塞持续存在，则需要排除其他异常，例如：鼻黏膜充血、鼻炎、鼻息肉等；特别要注意异物所致的鼻腔损伤及鼻塞，不要让婴幼儿拿到可能塞入鼻腔的细小物品。发现异常，及时到医院诊治。

四、口腔保健

（1）注意保持口腔卫生。应养成睡前不吃食物，睡觉时不含食物和奶头的良好习惯；少食零食、甜食和甜饮料；乳牙萌出期间的婴幼儿，用手指缠上湿润的干净纱布或手指套牙刷擦拭口腔黏膜、牙龈，清除舌部的乳凝块，每日一次；幼儿牙齿长齐后，应养成良好的刷牙习惯，3岁之前可不用牙膏，进食后及时漱口、刷牙，预防龋齿的发生。

（2）婴儿6个月时及时添加辅食，让婴儿经常咀嚼食物，训练婴儿正确地"吃"，以培养婴儿的咀嚼功能。咀嚼磨牙玩具，锻炼牙床；正确使用喂养姿势，矫正吮指、咬唇、吐舌等不良习惯，安慰奶嘴使用时间不宜过长。

（3）定期进行检查。发现上唇翘起、反咬合、牙齿排列不齐等特殊面容，应及时去医院矫正，发现龋齿及时治疗。

（4）注意防止婴幼儿意外损伤口唇或牙齿。

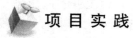 项 目 实 践

案例分析

2岁以前是视觉发育的关键期，不能让婴幼儿长时间看某物品，2周岁以内的婴幼儿最好不要看电视。应养成睡前不吃食物、睡觉时不含食物的良好习惯；少食零食、甜食和甜饮料；乳牙萌出期间的婴幼儿，用

手指缠上湿润的干净纱布或手指套牙刷擦拭口腔黏膜、牙龈,清除舌部的乳凝块,每日一次;幼儿牙齿长齐后,应养成良好的刷牙习惯,进食后及时漱口、刷牙,预防龋齿的发生,发现龋齿及时治疗。

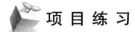 项目练习

一、选择题

1. 眼部保健错误的是
   A. 婴儿脸盆、洗脸毛巾要专用
   B. 洗脸应用流动水
   C. 不能让婴幼儿长时间看某物品
   D. 6 个月后婴儿常眯眼、歪头为正常现象
   E. 2 周岁以内的婴幼儿最好不要看电视

2. 婴儿耳的发育特点不正确的描述是
   A. 耳咽管短　　　　　B. 耳咽管呈水平位
   C. 对噪音敏感度差　　D. 对噪音敏感
   E. 耳咽管直

3. 2 周岁以内婴幼儿最好不看电视,洗脸的水应是
   A. 流动水　　　　　　B. 盆接水
   C. 酒精稀释水　　　　D. 药水
   E. 冷开水

4. 给婴幼儿滥用耳毒性抗生素,会引起
   A. 药物中毒性耳聋　　B. 中耳炎
   C. 耳膜破裂　　　　　D. 耳鸣
   E. 耳流脓

5. 婴幼儿耳部保健错误的是
   A. 新生儿期进行听力复查,早期发现孩子先天听力障碍
   B. 早期进行听力语言康复,可使大部分聋儿"聋而不哑"
   C. 感冒时咽部、耳鼻部的发炎,可能会造成中耳发炎
   D. 溢出的奶流入外耳道时应及时清除
   E. 用棉签清洁外耳道以防耵聍(耳屎)堵塞

二、是非题

1. 婴儿经常咀嚼物品容易引起上唇翘起,排列不齐。

2. 婴儿睡觉时要尽量多吃些食物,避免因为饥饿不能入睡。

3. 耵聍(耳屎)是由耳道内的耵聍腺分泌出来的一种浅黄色的物体,存在于外耳道,有一定保护作用。

4. 正常新生儿出生 1 周后对强光刺激无任何反应,提示视力异常。

5. 进食后及时漱口、刷牙,预防龋齿的发生。

三、简答题

简述小儿如何预防龋齿的发生?

 答　　案

一、选择题　1. D　2. C　3. A　4. A　5. E
二、是非题　1. ×　2. ×　3. √　4. √　5. √
三、简答题　略

（杨　静）

项目五　高危儿护理

考核要点

1. **高危儿**　在胎儿期和新生儿期以及婴幼儿期中存在对胎儿和新生儿及婴幼儿身心发育有危险因素的婴儿,称为高危儿。★

2. **高危因素**　在胎儿期、新生儿期及婴幼儿期中对胎儿、新生儿和婴幼儿的身心发育有不良影响的因素称为高危因素。★

3. 高危儿有脑功能障碍和脑损伤的潜在危险,早发现和早治疗,可减少残疾的发生。★★

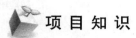 **案 例 导 入**

某产妇分娩过程中出现胎儿窘迫,阴道助产后新生儿娩出,出生后轻度窒息,经清理呼吸道等处理后新生儿情况好转,现产后4天出院。

思考:家庭护理中有什么注意事项?

项 目 知 识

一、高危儿概念

1. **高危儿** 在胎儿期和新生儿期以及婴幼儿期中存在对胎儿和新生儿及婴幼儿身心发育有危险因素的婴幼儿,称为高危儿。

2. **高危因素** 在胎儿期、新生儿期及婴幼儿期中对胎儿、新生儿和婴幼儿的身心发育(尤其是脑发育)有不良影响的因素称为高危因素。常见的高危因素有:母亲孕早期先兆流产,孕期感染(如弓形体、各种病毒感染),孕期接触放射线,产时窒息、难产、低出生体重儿缺氧缺血性脑病,颅内出血,黄疸过深、过久,以及出生后缺乏早期教育,生活环境不良等。

3. **高危儿的潜在危险** 高危儿有脑功能障碍和脑损伤的潜在危险,如不能早期发现和早期治疗,可导致小儿脑性瘫痪、智力低下、癫痫和感知觉障碍等病症,从而导致残疾的发生。

二、高危儿家庭监测

1. **目的** 通过医学监测手段,在高危儿中筛查出在发育上有异常的小儿,从而进一步进行发育障碍或脑损伤的诊断和早期医学干预,达到减少伤残儿发生、提高儿童健康素质的目的。

2. **高危儿家庭监测方法** 高危儿家庭监测时提供给家长在家庭中进行的监测方法,共有10项内容,家长在护理宝宝的过程中,凡是发现在其中表现之一者,应认为有发育障碍可疑,及时到有条件的医疗保健单位就诊,做进一步检查。高危儿家庭监测10项内容如下:

(1)婴儿手脚经常"打挺"、"很有力"地屈曲或伸直,活动时感到有阻力。

(2)满月后,头老往后仰、不能竖头。

(3)3个月不能抬头。

(4)4个月仍紧握拳头不松开,拇指紧紧地贴住手掌。

(5)5个月俯卧位时手臂不能支撑身体。

(6)6个月扶立时尖足,足跟不能落地。

(7)7个月不能发"ba"、"ma"音。

(8)8个月不会坐。

(9)头和手频繁抖动。

(10)不能好好地看面前的玩具或对声音反应差。

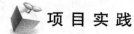 **项 目 实 践**

案例分析

该新生儿曾经在母亲子宫内出现胎儿窘迫,阴道助产后娩出,出生后轻度窒息,所以,该新生儿属于高危儿。回家后应注意观察,出现异常,如婴儿手脚经常"打挺"、"很有力"地屈曲或伸直,活动时感到有阻力;满月后,头老往后仰、不能竖头;3个月不能抬头;4个月仍紧握拳头不松开,拇指紧紧地贴住手掌;5个月俯卧位时手臂不能支撑身体;6个月扶立时尖足,足跟不能落地;7个月不能发"ba"、"ma"音;8个月不会坐;头和手频繁抖动;不能好好地看面前的玩具或对声音反应差等,及时到医院就诊。

 项 目 练 习

一、选择题

1. 高危儿常见的高危因素有

　A. 母亲孕早期先兆流产　　　B. 孕期感冒

　C. 孕期照射 X 线　　　　　D. 产时窒息

　E. 以上都对

2. 高危儿家庭监测出现下列哪项可能有发育障碍

　A. 四肢活动时自如　　　　B. 2 个月会抬头

　C. 4 个月会抓饼干　　　　D. 头和手频繁抖动

　E. 8 个月会坐

二、是非题

1. 高危儿有脑功能障碍和脑损伤的潜在危险,早发现和早治疗,可减少残疾的发生。

2. 高危儿 5 个月俯卧位时手臂不能支撑身体。

3. 高危儿顺利度过婴儿期即情况好转。

答　　案

一、选择题　1. E　2. D

二、是非题　1. √　2. √　3. ×

（杨　静）

第六章　常见疾病的家庭护理

项目一　患病婴幼儿的家庭基本护理

考 核 要 点

1. 用药必须严格掌握剂量,否则会影响治疗效果甚至发生中毒。★★
2. 不能大量盲目使用维生素、"营养素"等。★
3. 婴幼儿不宜在口腔测体温。★

案 例 导 入

1岁宝宝,进食大量蛋花后呕吐发热,神情委靡。

思考: 家庭应如何测量体温?

项 目 知 识

新生儿期小儿由宫内转变为宫外独立生活的最初适应阶段,如不注意护理,易发生鹅口疮、尿布疹、婴儿湿疹等,须注意防护。幼儿期身体免疫力低下,一旦发病,病情变化快,死亡率高,应注意观察,发现危险及时初步救治然后送医院。

婴幼儿由于各器官的功能尚未发育成熟,对药物的解毒功能和耐受能力均不如成人,因此,用药必须严格掌握剂量,否则会影响治疗效果甚至发生中毒,不能大量盲目使用维生素、"营养素"等。

正常婴幼儿体温,口腔舌下体温为37.0℃(36.3~37.2℃),直肠温度为36.5~37.7℃(比口腔温度高0.3~0.5℃),腋下体温为36~37℃(比口腔温度低0.3~0.5℃)。体温的高低与许多因素有关,如哭闹、进食活动、室温高低、衣着过多都会使体温升高,但波动在正常范围内。口表在口腔和腋下使用,与肛表不可混用。婴幼儿不宜在口腔测体温。

肛表的使用方法:

让婴幼儿俯卧,露出臀部,检查肛表是否完好,将温度计上的水银柱甩到35℃以下,用肥皂液或油剂涂于肛表头部,轻轻插入肛门3~4cm,测量3分钟,取出肛表,拭去粪汁,正确读数。肛表用后需消毒备用。

项 目 实 践

案例分析

小儿1岁,可用肛表测量体温。方法如下:让婴幼儿俯卧,露出臀部,检查肛表是否完好,将温度计上的水银柱甩到35℃以下,用肥皂液或油剂涂于肛表头部,轻轻插入肛门3~4cm,测量3分钟,取出肛表,拭去粪汁,正确读数。肛表用后需消毒备用。

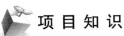 项 目 练 习

一、选择题

1. 过量后会影响婴儿治疗效果甚至中毒的是

　　A. 用药　　　　　　B. 增添辅食

　　C. 喝水　　　　　　D. 吃午点

　　E. 牛奶

2. 大量盲目使用后会造成婴儿中毒的是

　　A. 维生素　　　　　B. 辅食

　　C. 汽水　　　　　　D. 果汁

　　E. 蔬菜

二、是非题

1. 正常婴幼儿体温,腋下体温为 36.5~37.7℃。

2. 婴幼儿患病应注意观察,发现危险及时初步救治然后送医院。

答 案

一、选择题　1. A　2. A

二、是非题　1. ×　2. √

（杨　静）

项目二　新生儿常见病症的家庭护理

考 核 要 点

1. 鹅口疮由白色念珠菌感染引起。★

2. 尿布疹主要原因为长期接触湿尿布或尿布不干净导致真菌或细菌感染,表现为臀部和外生殖器皮肤有红斑。针对不同的原因进行相应处理。★

3. 婴幼儿湿疹出现红肿、糜烂、渗出明显时,局部清洗后,再按医嘱涂激素类药膏,皮疹消退后即停止使用。★★

案 例 导 入

某正常顺产新生儿,出生后 7 天,小儿出现哭闹,睡眠不安,查见臀部红肿。

思考: 1. 该婴儿哭闹的原因最可能是什么?

　　　2. 如何对该婴儿进行护理?

项 目 知 识

一、鹅　口　疮

鹅口疮是由白色念珠菌感染引起,可能与母亲产道感染、乳头或奶具不洁有关。主要表现为口腔两颊部黏膜、上腭和舌表面附有斑片状白色凝块样物,不易擦除,小儿有哭吵不愿吸吮等表现。发生相关症状应到医院就诊及时处理。平时要注意婴儿用具消毒,母亲喂奶前要洗净乳头和手,小儿患病时不要随意使用抗生素等,以预防发生鹅口疮。

二、尿　布　疹

尿布疹是婴儿较常见的问题,主要原因为长期接触湿尿布或尿布不干净导致真菌或细

菌感染，表现为臀部和外生殖器皮肤有红斑，如不及时治疗可出现渗出、水肿，严重时出现水泡、表皮剥脱、微小溃疡及脓疱。尿布疹患儿常表现出爱哭闹及睡眠不安等症状。出现"红臀"时，需及时看医师辨别病因，针对不同的原因进行相应处理。

当患儿的尿布疹还在轻至中度时，家长应该针对以下三个方面行动：①清洁/隔离有害物质，减少皮肤被刺激。②防止细菌、真菌滋生感染。③促进皮肤修复。

要注意患儿臀部的日常护理，经常给患儿更换尿布，保持洁净和干爽、透气。每次换尿布时，都要彻底清洗患儿的尿布区域。洗完后，要记得把患儿的皮肤的水揾干，注意不要来回擦。换尿布时可使用起隔离作用的软膏。

天气暖和时，尽可能不给新生儿穿尿裤（也不要抹隔离霜），而且时间越长越好。直接接触空气会加快尿布疹的恢复。家庭常用的药物有：

（1）紫草油滴剂 3～5ml，均匀涂搽于病变皮肤表面。每日 3～4 次，疗程 7～10 天。

（2）甾体类固醇外用药物如糠酸莫米松、派瑞松等，涂搽于病变皮肤表面。但含激素的产品因会造成患儿局部皮肤抵抗力下降，继发感染加重，色素沉着等问题，应在咨询医生后决定是否使用。

（3）维生素护臀隔离霜。

如果患儿局部皮肤有水疱、脓疱、渗出黄色液体，或溃烂，尿布疹看起来像是重度或感染了，就一定要去医院就诊。

三、婴儿湿疹

婴儿湿疹是小儿常见皮肤病症，主要原因是对食入物（如豆类、贝类）、吸入物或接触物过敏，表现为面颊部出现小红疹，可波及整个面部甚至到额、颈、胸等处。小红疹散布或成片，亦可变成小水泡，破溃后流出液体，结成黄色的痂皮。轻症时红疹时隐时现，反反复复。严重发作时瘙痒难忍，婴儿因此常烦躁哭闹，影响进食和睡眠。轻症时注意保持皮肤清洁，无须特殊处理；出现红肿、糜烂、渗出明显时，局部清洗后，再涂激素类药膏，皮疹消退后即停止使用。

坚持母乳喂养，选用纯棉内衣制品；生活护理中应避免过热，保持皮肤清洁；避免用碱性的肥皂等，是预防或减轻湿疹的有效方法。

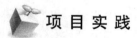 项 目 实 践

案例分析

婴儿哭闹、睡眠不安的原因是由于尿布疹。

护理措施：局部仅为红肿，注意勤换尿布，保持洁净和干爽、透气。每次换尿布时，都要彻底清洗患儿的尿布区域。洗完后，揾干水分，用紫草油滴剂 3～5ml，均匀涂搽于病变皮肤表面。每日 3～4 次，疗程 7～10 天。天气暖和或室温较高，可尽可能不给新生儿穿尿裤。如果患儿局部皮肤有水疱、有脓疱、渗出黄色液体，或溃烂，就一定要去医院。

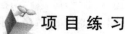 项 目 练 习

一、选择题

1. 与鹅口疮无关的是

　A. 母亲产道感染　　B. 乳头不洁

　C. 奶瓶不洁　　D. 奶嘴不洁

　E. 新生儿未漱口

2. 尿布疹表现不可能的是

　A. 渗出、水肿　　B. 表皮剥脱

　C. 微小溃疡　　D. 脓肿

　E. 红斑、脓疱

3. 婴幼儿湿疹处理错误的是

A. 选用纯棉内衣制品

B. 生活护理中应避免过热

C. 保持皮肤清洁

D. 用碱性的肥皂

E. 按医嘱涂激素类药膏

二、是非题

1. 小儿患病时不要随意使用抗生素等,以预防发生鹅口疮。

2. 尿布疹主要原因为长期接触湿尿布不干净导致真菌或细菌感染。

3. 婴儿可涂激素类药膏以预防湿疹发生。

答　案

一、选择题　1. E　2. D　3. D

二、是非题　1. √　2. √　3. ×

（杨　静）

项目三　婴幼儿常见疾病的家庭护理

考核要点

1. 消瘦又称营养不良,常见原因母乳不足或无乳时,选用代乳品不当或代乳品调配不正确,造成热量和蛋白质供给不足。★

2. 营养不良首先表现为体重不增或下降。★★

3. 皮下脂肪变薄顺序:首先是腹部、胸背部,继而是臀部、四肢,最后是面部。★★

4. 合理安排饮食,辅食多样化,合理安排生活起居是预防婴幼儿营养不良的方法。

5. 肥胖症是指同性别体重超过按身高计算的平均标准体重的20%者。★

6. 小儿肥胖症主要时由于多食和少动引起身体内营养过剩造成的,也称单纯性肥胖。

7. 缺铁性贫血是由于铁的摄入量不足,不能制造足够的血红蛋白引起的。★

8. 贫血指6个月到6岁儿童血红蛋白<110g/L,6岁到14岁儿童<120g/L。儿童期间的贫血主要是缺铁性贫血。要用铁剂2～3个月。

9. 促进铁吸收的食品有含维生素C的水果、蔬菜等。★

10. 维生素D缺乏性佝偻病表现:神经精神症状,骨骼表现。★★

11. 预防佝偻病:生后半个月开始补充维生素D,多户外活动晒太阳。★★

12. 维生素B_2缺乏症俗称口角炎,常给孩子喂食新鲜蔬菜、乳品、蛋类、瘦肉等食物,是预防本病的好办法。

13. 上呼吸道感染90%是由病毒引起。常表现为鼻塞、流涕、咽痛、咳嗽及发热等,如感染蔓延到邻近器官可引发中耳炎、支气管炎、肺炎等。★★

14. 气管炎、支气管炎起初为刺激性干咳,以后带有痰咯声的咳嗽。

15. 肺炎多为肺炎链球菌和呼吸道合胞病毒感染引起,表现为发热、咳嗽、喘憋、气促和口唇发绀,吸气时胸凹陷,表明肺炎严重,出现呼吸困难。★★

16. 支气管哮喘表现为反复发作性咳嗽、喘鸣和呼吸困难,多数患儿有湿疹、过敏性鼻炎和食物(药物)过敏史及家庭史。★

17. 肠痉挛腹部无固定压痛部位,每天给婴幼儿进行抚触,顺时针按摩腹部,促进肠蠕动。如持续哭吵不止,伴有呕吐等其他症状,必须立即送医院诊治。★

18. 婴幼儿腹痛在病情未确认前不要服用止痛药物,以免延误正确诊断。★★

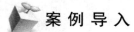

案 例 导 入

案例一:2岁幼儿,常挑食,面色苍白、精神差,不爱活动1月余。

思考:1. 该幼儿精神差,不爱活动的原因最可能是什么?

　　2. 如何对该幼儿进行护理?

案例二:某北方冬天出生的正常足月分娩婴儿,出生后人工喂养,3个月时出现夜啼烦躁、睡眠不安、易惊、多汗、枕秃。

思考:1. 婴儿出现这些表现的原因是什么?

　　2. 如何进行家庭护理?

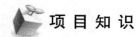

项 目 知 识

一、营养缺乏性疾病

(一) 消瘦

消瘦又称营养不良,是指体重达不到标准的一种营养不良状态。衡量孩子的营养状态不能简单地称一下体重,这是因为瘦高个和矮胖子如果体重相同,营养状态是明显不同的。所以应该根据孩子的身高来测算其体重,对照"身高-体重标准"(参见附录一),如果达不到正常范围的低值就是消瘦。

1. 常见原因

(1) 喂养不当

1) 母乳不足或无乳时,选用的代乳品不当或代乳品调配不正确(例如未选择配方奶粉、单纯使用米粉喂养、奶粉调配的比例不当、牛奶过稀等),造成热量和蛋白质供给不足。

2) 随着儿童年龄增加,婴幼儿的食物应该由液体食物转变为泥糊状食物、再增加固体食物,食物品种多样,供给的热能和营养素能够满足需要。如果供给的食物没有及时增换或食物单调、质量差,儿童的营养得不到满足,就会消瘦。

3) 断奶过早或骤然断奶,使宝宝不能适应新的食物。

(2) 疾病的影响

1) 反复生病:小儿在生病(例如一般的感冒、腹泻等)时进食少,病后又未能及时补充营养,这样一次生病瘦一点,体质下降,抵抗力降低,容易造成反复感染,加重营养不良,形成"感染—消瘦—感染"的恶性循环。

2) 慢性消耗性疾病:迁延性腹泻、慢性痢疾、肝炎、结核病、肠吸收不良综合征等,均可影响食物的消化、吸收,又增加消耗。

3) 先天不足:早产、双胎、低出生体重儿等由于先天营养储存不足,生后营养物质的需要量相对较多,但是他们的消化吸收功能又较低,容易发生消化不良,导致消瘦。

4) 不良的饮食习惯:进食不专心,饮食不规律,偏食、挑食、吃零食过多等,影响正常的进食和食物的消化吸收。

2. 表现

(1) 体重不增为最初表现,继而体重下降,皮下脂肪逐渐减少,首先是腹部,其次为胸背部、继而是臀部、上下肢,最后才是面颊部。所以当看到小孩脸部瘦了,那已经是全身都消瘦了。

（2）长期消瘦导致身长增长缓慢而变得矮小。

（3）肌肉松弛，皮肤推动弹性，毛发干枯，活动减少，致使运动功能下降。

（4）抵抗力降低，反复感染（如感冒或腹泻）、贫血、佝偻病等。

3. 消瘦的家庭护理与预防

（1）消除病因，及时进行相关疾病的治疗。

（2）消瘦的孩子抵抗力差，一旦生病，病情较重，所以生病时都要到医院去诊治。

（3）合理喂养（见儿童膳食）。合理安排饮食，辅食多样化。

（4）按时预防接种（见预防接种）。

（5）定期进行健康检查，取得医师的医疗保健指导。

（6）体格锻炼，多进行户外活动，合理安排生活起居。

（7）不要盲目喂服"营养药"、"增强抵抗力药"等保健药。

（二）肥胖症

肥胖症是指同性别体重超过按身高计算的平均标准体重的20%者。小儿肥胖症主要由于多食和少动引起身体内营养过剩造成的，也称单纯性肥胖。肥胖症可以发生在任何年龄，但最常见于婴儿期，其次是学龄前期和青春前期儿童。

1. 常见病因

（1）摄入过多：长期摄入的能量超过消耗量，以致剩余的能量转化成脂肪积累在皮下，造成肥胖。多见于人工喂养儿和2岁后的幼儿。

（2）活动量少：由于缺少活动，消耗减少，容易造成肥胖；肥胖后更不愿活动，于是加重肥胖。

（3）遗传因素：双亲肥胖者，其子女约70%有肥胖；双亲一方肥胖其子女约40%有肥胖；双亲无肥胖都其子女仅10%有肥胖。有肥胖者的家庭往往有导致肥胖的生活习惯或生活环境。

2. 表现

（1）全身性肥胖，皮下脂肪分布均匀，腹部皮下脂肪双层厚度≥1.5cm。

（2）体重超重，按身高计算体重高于平均数20%。

（3）食欲好，喜食淀粉类和油脂类食物。

（4）运动或哭闹、用力后气短，于是活动减少或不活动，更加重肥胖。

（5）智力正常，但常有心理障碍、自卑感、不愿合群。

（6）男孩阴茎掩藏于脂肪组织中，外表看阴茎短小。

3. 肥胖症的家庭护理

（1）控制饮食：保证每日蛋白质、维生素和矿物质的摄入，适当减少高脂肪、高糖类食物的摄入，多选择热量少、体积大的食物，如蔬菜、水果、红薯、南瓜等，避免饥饿感。改变吃零食、糖果、肥肉以及睡前吃点心、餐后就睡的习惯。注意儿童在生长发育期，不能采用成人的饥饿减肥疗法。

（2）增加运动：增加被动运动和主动运动，每天至少半小时，运动量逐渐增加并持之以恒。

（3）肥胖应该先到医院儿科检查，查明原因，注意有无肥胖引起的并发症，遵从医师的指导，进行饮食控制和运动训练。

(三)缺铁性贫血

1. **贫血的概念**　外周血检查血红蛋白,6个月到6岁儿童血红蛋白<110g/L,6岁到14岁儿童<120g/L,就是贫血。儿童的贫血依据其病因,可以分为缺铁性贫血、感染性贫血、溶血性贫血、巨幼红细胞性贫血、再生障碍性贫血等几种,儿童期间的贫血主要是缺铁性贫血。

2. **常见病因**

(1)先天不足:胎儿从母体获得的铁在妊娠最后3个月最多,正常足月儿可以得到250～300mg,称为"先天性铁储备",所以6个月以内很少发生缺铁。但早产儿、双胎儿的先天铁储备少,所以出生后容易造成贫血。

(2)铁的摄入量不足:婴幼儿的食物大多数铁含量少,而且吸收差,如人乳和牛乳含铁量低,婴儿的其他食物中含铁更少,铁的吸收率也很低(如米糊、蛋黄等),所以6个月以后婴儿很容易发生缺铁性贫血,较大儿童如果偏食或摄入动物性食物少时,也可致缺铁性贫血。

3. **表现**

(1)面色苍白,口唇没有血色,精神差,不爱活动,容易疲劳。

(2)长期贫血会影响智力发育,注意力不集中,记忆力下降。

(3)血红蛋白<110g/L。

4. **贫血的家庭护理**

(1)贫血的宝宝,血红蛋白减少了,说明身体中铁的储备已被消耗了,身体已经处在一种铁的负债状态了,应该及时用铁剂治疗,弥补缺铁造成的亏空,还要让身体里有铁储备,所以要用铁剂2～3个月。

每天按照医师规定的剂量给孩子喂服铁剂。铁剂的味道很不好,孩子都不喜欢吃,可以把铁剂混入孩子喜欢的食物中喂服。服用铁剂会使大便变黑,牙齿也会沾上黑色,这些都不要紧,当停用铁剂后就会消失。

(2)预防贫血应该让孩子多吃一些含铁丰富的食物,如瘦肉、鱼、豆制品、动物血、蔬菜、海苔等。促进铁吸收的食品有含维生素C的水果、蔬菜等。

(3)定期给孩子进行健康检查,每半年检查一次血红蛋白,可以早期发现贫血,得到早期治疗,这是目前控制缺铁性贫血最有效的措施。

(四)维生素D缺乏佝偻病

钙是构成人体骨骼和牙齿的主要矿物质,而钙的吸收需要维生素D的帮助。维生素D缺乏性佝偻病,俗称"缺钙",是由于维生素D缺乏导致身体内钙磷代谢紊乱和骨骼钙化障碍,是儿童期最常见的一种营养缺乏性疾病。其原因是由于儿童食物中维生素D和钙供给量不足,以及儿童生长发育快造成的,极少数是由于肝、肾病症所致。佝偻病使儿童体质下降,抵抗力降低,易反复生病,并且容易造成骨骼畸形,如鸡胸、"X"形腿和"O"形腿等,严重影响儿童健康。

1. **常见病因**

(1)维生素D摄入不足:人乳和牛乳中维生素D的含量很少,远远不能满足小儿生长的需要。人类皮肤中的7-脱氢胆固醇经日光中的紫外线照射,变为内源性维生素D,但婴儿受天气和生活习惯的影响,接触阳光的机会也不多。所以如果不及时补充维生素D,很容易发生佝偻病。

(2)钙摄入量不足:婴儿食物中钙的含量也不丰富,除母乳外其他食物中钙和磷的比例也不当,会影响钙的吸收。

（3）生长发育速度迅速：婴幼儿期骨骼生长快，特别是早产儿、双胎儿，因体内钙磷的储存不足，钙的需要量也大，维生素 D 的需要量也相应增加，更易发生佝偻病。

（4）疾病的影响：胃肠和肝胆病症影响维生素 D 和钙的吸收和利用。

2. 表现

（1）神经精神症状：出汗多，如吃奶、睡觉、轻微活动时出汗多，汗液有酸味，由于头部出汗多，常常摇头，使枕部头发脱落，形成"枕秃"；睡眠不安，易惊醒，脾气大。

（2）骨骼表现：前额突出，囟门边软，肋骨缘外翻，肋串珠，严重的形成鸡胸、漏斗胸、"O"形腿或"X"形腿等骨骼畸形，这些骨骼畸形一旦形成就很难复原。

（3）通过骨骼 X 线检查、骨密度检查、血液钙、磷、碱性磷酸酶检查对确诊有意义。

3. 佝偻病的家庭护理

（1）彻底治疗：在医师的指导下使用维生素 D 和钙剂治疗。治疗后定期复查，使用维持量（每日 400 国际单位）预防，做到彻底治疗，预防复发。

（2）对严重的漏斗胸、"O"形腿、"X"形腿可在佝偻病稳定恢复后，进行矫形器矫形或手术矫形。

（3）预防佝偻病：因为儿童食物中维生素 D 和钙的含量均不足，应该予以补充，特别是冬季寒冷的地方，或多烟尘、云雾的地方，凡利用日光有困难者，都应尽可能服用维生素 D 制剂。婴儿出生后 1 个月～1 周岁，可补充维生素 D 400～800 国际单位，钙 100～200mg。双胎及早产儿生长快，应提早到第 2 周开始给予。多户外活动晒太阳，阳光中的紫外线直接晒到皮肤上可以在身体内制造出维生素 D，经常晒到阳光的孩子（例如每天脸部和双手能够晒到阳光 2 小时）可以少吃维生素 D。

（4）改善膳食结构，增加含钙丰富的食物，如牛奶，豆制品。

（5）定期进行健康检查，早期发现佝偻病的早期症状，避免形成骨骼变形。

（五）维生素 B$_2$ 缺乏症

维生素 B$_2$ 缺乏症俗称口角炎，是由于食物中维生素 B$_2$ 缺乏引起的。肝、蛋类、豆类、花生、全麦片、新鲜蔬菜等含较多的维生素 B$_2$，母乳中含量不多。

1. 常见病因

（1）摄入不足：母乳中维生素 B$_2$ 的含量不足，所以哺乳期母亲应该及时补充维生素 B2。长期以淀粉类食物喂养，而少食动物性食物及新鲜蔬菜者应补充维生素 B$_2$。

（2）疾病的影响：营养不良、慢性胃肠病、肝炎、胆道狭窄等可影响维生素 B$_2$ 的吸收。

（3）医源性维生素 B$_2$ 缺乏：新生儿黄疸进行光疗时体内的维生素 B$_2$ 会被降解破坏，导致维生素 B$_2$ 缺乏。

2. 表现

（1）口角糜烂、裂缝。

（2）口唇和舌面绯红。

（3）抵抗力弱，经常生病。

3. 家庭护理

（1）补充维生素 B$_2$（核黄素），每日 2～3 次，每次 5mg，症状大多在 2 周左右消失。

（2）经常给孩子喂食新鲜蔬菜、乳品、蛋类、瘦肉等食物，是预防本病的好办法。

（六）维生素 K 缺乏症

维生素 K 是参与血液凝固的一个重要成分，缺乏维生素 K 血液不能凝固，而发生出血。

由于婴儿出生时身体内维生素 K 很少,母乳中含维生素 K 也很少,因此,母乳喂养的婴儿就有维生素 K 缺乏的危险。4 个月以后的婴儿,肠道中的细菌能够产生维生素 K,就不会发生维生素 K 缺乏症。

1. 表现

(1)出生 4 个月内母乳喂养的婴儿容易发生维生素 K 缺乏症。

(2)出血,如皮肤出血、消化道出血(呕血、便血)、肺出血、颅内出血,往往病情凶险,严重时危及生命或留下残疾。

2. 家庭护理

(1)发病后应该及时送医院治疗。使用维生素 K_1,能够立即止血。

(2)预防措施:每个婴儿出生后立即肌肉注射维生素 K_1 1mg,能够有效预防新生儿期出血。出生 4 个月以内母乳喂养的婴儿,应该每月肌内注射维生素 K_1 1mg ~ 2mg 一次;也可以采用口服维生素 K_3 或 K_4 片的预防方法,每 7 ~ 10 天服一次,每次 5mg,预防晚发性维生素 K 缺乏症。牛乳中维生素 K 的含量较高,因此用牛乳喂养的婴儿可以不必用维生素 K_1 预防。

(七)锌缺乏症

锌缺乏症是由于人体锌缺乏所致的全身性疾病,多数是由于儿童食物中锌含量不足引起的。锌是人体需要的一种重要的营养素,参与体内 70 多种酶的合成,能够影响人体的生长发育、免疫功能、创口愈合、生殖发育等重要的生理功能。新生儿每日需锌 0.7 ~ 5mg,1 ~ 3 岁儿童每日需锌 5mg,哺乳期妇女每日需要 30 ~ 40mg。

1. 常见病因

(1)食物中锌缺乏:食物中都含有锌,动物性食物(如肝、瘦肉、蛋黄、鱼类)所含锌的生物活性大,易吸收利用,植物性食物含锌少,又难于吸收。婴幼儿食物单一,动物性食物少就容易引起锌缺乏。

(2)先天不足:早产儿、双胎儿体内锌储存少,婴幼儿生长发育迅速,需要量较大,容易发生锌缺乏。

(3)疾病的影响:胃肠道病、肾脏病、肝脏病、外科手术等可以使锌吸收减少,排泄增多而导致缺锌。

2. 表现

(1)味觉减退,食欲低下,厌食。部分小儿有食泥土、石灰、蛋壳、头发等怪癖,称作"异食癖"。

(2)生长发育延迟,表现为体重减轻,身材矮小。

(3)抵抗力低下,易生病,反复发生口腔溃疡。

(4)检查血液中锌含量降低,尿锌也降低。

3. 家庭护理

(1)合理喂养,多食含锌丰富的食物,如肝脏、鱼肉、瘦肉、花生、核桃等坚果。

(2)补锌:按医师意见,使用锌剂补充,连续 2 ~ 3 个月。

(3)定期健康检查,3 岁以内每半年检查血锌一次,可以早期发现锌缺乏,得到早期治疗。

其他,如母亲孕期饮食中缺碘,或各种原因导致母体碘的吸收及利用障碍,影响胎儿甲状腺素的合成,出生后不久即表现为智力低下,听力及语言障碍,身材矮小,四肢粗短等。其病因虽因缺碘引起,但出生后用碘治疗已不甚有效,故孕期预防是重要而有效的措施。

二、呼吸系统疾病

小儿呼吸系统的解剖构造与成人一样,以喉为界可分为上呼吸道和下呼吸道。婴幼儿整个呼吸道比成人相对狭窄,一旦有炎症、异物,易致梗阻;气道黏膜柔嫩,血管丰富,局部和全身免疫防御功能较差,容易导致感染;呼吸系统调节能力差,疾病时更易发生呼吸功能代偿不全。

(一)上呼吸道感染

上呼吸道感染主要指鼻、咽部等上呼吸道黏膜的急性炎症,90%是由病毒引起,包括鼻炎、咽炎、喉炎、急性扁桃体炎等,是婴幼儿的常见病、多发病。一年四季均可发病,但晚秋和冬春季节更多发。常常表现为鼻塞、流涕、咽痛、咳嗽及发热等,如感染蔓延到邻近器官可引发中耳炎、支气管炎、肺炎等。

(二)气管炎、支气管炎

如果感冒,即急性上呼吸道感染(鼻和咽部的炎症)未得到控制,炎症向下蔓延则可发展为急性气管炎、支气管炎,甚至肺炎。所以,支气管炎也常为肺炎的早期表现。

当婴幼儿感冒发热治疗不愈,出现咳嗽加重时,要警惕是否发生了气管炎、支气管炎。起初为刺激性干咳,以后随着病变的发展,支气管内分泌物增多转为带有痰咯声的咳嗽,年龄大些的能咯出黄色脓性痰,但年龄较小的婴幼儿不会把痰咯出来,常常咽下而不易观察到。

(三)肺炎

肺炎是属急性呼吸道感染,是危害婴幼儿健康主要的疾病之一。其病因多为肺炎链球菌和呼吸道合胞病毒,婴幼儿表现为发热、咳嗽、喘憋、气促和口唇青紫,小婴儿可表现为口吐白沫、精神萎靡、呕吐及呛咳等症状。孩子吸气时胸部下面出现凹陷,称为胸凹陷,表明肺炎已经很严重,出现呼吸困难了。

(四)支气管哮喘

支气管哮喘是多种因素引起的慢性呼吸道疾病,表现为反复发作性咳嗽、喘鸣和呼吸困难,多数患儿有湿疹、过敏性鼻炎和食物(药物)过敏史及家庭史。最常见的诱发因素是花粉、尘螨、真菌和宠物等致敏因素。

三、消化系统疾病

(一)婴儿肠痉挛

(1)肠痉挛是婴儿腹痛最常见的原因,患儿表现为突然大声啼哭、烦躁不安、腹部膨胀、双腿屈曲等现象,按压腹部无固定压痛部位,无肌肉紧张表现,可听到活跃的肠鸣音,常在傍晚时发作,发作可因患儿排气或排便而终止。多见于半岁的小婴儿,可反复发作。一般在新生儿期开始,3～4个月逐渐消失。

(2)引起肠痉挛的病因可能是饮食不当(如摄入大量的生冷食品、暴饮暴食、喂乳过多,或食物中含糖量过高而引起肠内积气等)导致;也可能是气候变化(如感寒受凉等)使小儿出现肠痉挛;还可能是因为肠寄生虫毒素的刺激导致。

(3)婴儿肠痉挛护理

1)给予婴儿抚触。每天给婴儿进行抚触,顺时针按摩腹部,促进肠蠕动。

2)乳母注意少吃一些引起胀气的食物,如牛奶、甜食、葱和蒜等。

3)尽量不要让婴儿过久的哭闹,吞入空气易引起胀气;每次吃奶可轻拍后背让婴儿打嗝,吐出吞入的空气。

4）如为便秘引起，即使多喝水，多进食蔬菜水果等含纤维素高的食物也难以改善，可在医生建议下，使用开塞露 10ml 挤入肛门润滑粪便，5 分钟后放开排便。

5）发生"肠痉挛"时，给孩子以抚慰，减低环境噪音，可用热水袋捂在婴儿腹部，或让婴儿俯趴在成人腿上，同时轻抚背部，促进排气，但切忌摇晃婴幼儿。

6）如持续哭吵不止，伴有呕吐等其他症状，必须立即送医院诊治。

（二）腹痛

1. 常见病因

（1）肠道蛔虫：蛔虫寄生在人体肠道内，可发生轻微的腹痛；如果蛔虫太多，在肠道内成团，造成肠道梗阻，这时就会发生剧烈的持续性腹痛，伴有呕吐，甚至吐出或便出蛔虫。

（2）急性阑尾炎：急性阑尾炎是婴幼儿较多见的一种病症。阑尾炎在早期并无典型症状，可能肚脐周围有轻微疼痛，伴有发热呕吐、腹泻，腹痛。婴幼儿的免疫功能较差，患阑尾炎时很容易发生穿孔。

（3）肠套叠：肠套叠多见于 6 个月左右的婴幼儿，可有阵发性腹部绞痛，伴有呕吐，大便带血或呈果酱色。表现为阵发性哭闹，间隙时可入睡。

（4）嵌顿疝：小儿有先天疝气病史，嵌顿于腹股沟外环处或阴囊内，质硬，小儿哭闹不安，常伴有呕吐症状。

（5）急性胃肠炎：小儿除腹痛外有呕吐、腹泻，大便为稀水或稀糊状，常伴有发热，有饮食不洁史。

2. 腹痛的家庭护理

（1）婴幼儿腹痛病因比较复杂，婴幼儿又缺乏一定的表达能力，所以不要以疼痛的程度来推测病情，家长千万不要擅自处理，在病情未确认前不要服用止痛药物，以免延误正确诊断。

（2）停止进食并观察 1～2 小时；轻轻按摩腹部，注意腹部疼痛的部位、有无包块，如果腹痛喜按，腹柔软，一般不是外科疾病。

（3）注意有无发热、呕吐、腹泻，如有血便应及时去看医生。

（4）持续腹痛不止，精神不好，孩子不愿直立，要及早送到医院诊断、治疗。

四、常见危重病症的表现

儿童生病具有发病急、病情变化快、死亡率高的特点，为了保护儿童生命安全和健康，应该早期发现疾病，早期治疗，减少死亡和伤残，这些对于育婴师和家长都是十分重要的。小儿的各种危重急症虽然有各自的病因和诊断，但是具有共同的表现。我们了解了这些危重表现，就可以判断小儿有无危险病症，是否需要迅速送往医院急救。

（一）发现小儿危重急症的方法

1. 年龄特点 先把小儿分为 2 个年龄组，即生后 1 周～2 个月和 2 个月～3 岁，因为这两个年龄段的表现有较大差别。

2. 检查有无"一般危险表现" 如果有一项或几项危险表现，必须想到患儿有严重疾病，应该立即送医院住院治疗。

（1）1 周～2 个月婴儿的"一般危险表现"

1）细菌感染：如呼吸增快、胸凹陷、呻吟、囟门隆起、惊厥、发热或低体温、多处或严重皮肤脓疱、脐部发红、耳部流脓、嗜睡或昏迷等，都是严重细菌感染的表现，严重威胁着婴儿的生命。

2）腹泻：腹泻如伴有脱水、发热、大便中有血，都是严重疾病的表现。脱水的表现有精神不好(烦躁不安、反应差等)、眼窝凹陷、皮肤弹性差、尿少等,严重脱水会出现不能喝水、手足发冷、脸色苍白、脉搏细弱等休克症状。

3)吃奶不好:拒食、不含接乳头、不吸吮,是严重疾病的表现;吃奶不及以前的一半也是有重病的表现。

4)低体重儿:早产儿、低出生体重儿的免疫力差,体质弱,患任何疾病都是很危险的,都应该到有条件的医院去接受治疗。

(2)2个月~3岁小儿的"一般危险表现"

1)惊厥(抽搐):可能是发热引起,也可能是很严重的疾病如脑膜炎、脑炎或其他危及生命的疾病所致。

2)嗜睡或昏迷:嗜睡的患儿虽然可以被唤醒,但对周围发生的一切失去注意,或对声音、运动没有正常的反应;昏迷是失去了知觉,对任何事情都没有反应。这些都是严重疾病的表现。

3)不能喝水或吸奶:可能是严重疾病使患儿太虚弱或不能吞咽。

4)呕吐不能进食:呕吐本来是严重疾病的表现,因呕吐不能进食或吃药,更是疾病严重的表现。

3.检查患病时的主要症状　主要检查以下4个主要症状:咳嗽或呼吸困难、腹泻、发热、耳部疾病。可以初步了解是哪一方面的疾病,并估计严重程度。

(1)咳嗽或呼吸困难:要注意3个主要的体征。

1)呼吸增快:是5岁以下肺炎的最敏感和特异的表现。有呼吸增快就表示患儿有肺炎。呼吸增快的判断标准是:2个月~1岁的孩子是50次/分钟或以上,1~5岁是40次/分钟或以上。计数孩子的呼吸次数要在安静时,连续计数1分钟呼吸次数。

2)下胸壁凹陷:指小儿吸气时下胸壁向内凹陷,表示小儿患肺炎已经很严重了,应该迅速送到医院去住院治疗抢救。

3)喉喘鸣:患儿吸气时在咽喉部发生的一种噪音,是发生呼吸道阻塞的危险信号。

(2)腹泻:有3个潜在的危险病症。

1)急性水样腹泻导致脱水:由于腹泻丢失了体内很多水分和电解质,导致脱水。脱水是腹泻严重时的表现,严重脱水有生命危险,应该及时到医院治疗。表现为精神不好(萎靡或烦躁不安)、眼窝和囟门凹陷、口干和烦渴、皮肤弹性差。

2)出血样腹泻(包括痢疾):婴幼儿腹泻中有10%是痢疾,因为一时无法确定痢疾的病因,通常把"痢疾"描述血样腹泻,表示患儿肠内有严重的感染,而且具有导致死亡的危险,对于伴有营养不良的患儿更加危险。

3)迁延性腹泻:腹泻超过14天至2个月,为迁延性腹泻,常伴有体重减轻和非肠道感染,常常发展为重度营养不良,增加了危险性。

(3)发热:发热可由轻微的疾病引起,也可以是危及生命的疾病(如严重的感染)。发热很高(超过39℃)或发热超过5天以上,应该及时到医院治疗。

(4)耳部疾病:耳部疾病有的是耳部的感染,有的是其他疾病的并发症。耳部疾病虽然不引起死亡,但是导致耳聋的主要原因,应该检查有无耳后压痛、耳后肿胀、耳痛以及耳内脓性分泌物等。

(二)小儿危重急病的紧急处理

(1)呼叫120急救车,迅速转送医院住院治疗。

（2）请最近的医疗单位或医生进行转院前的治疗，如气道阻塞的急救、呼吸困难的输氧、使用首次抗生素等。

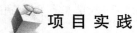 项 目 实 践

案例分析

案例一：该小儿可能发生了缺铁性贫血。

家庭护理如下：

（1）每天按照医师规定的剂量给孩子喂服铁剂。铁剂的味道很不好，孩子都不喜欢吃，可以把铁剂混入孩子喜欢的食物中喂服。服用铁剂会使大便变黑，牙齿也会沾上黑色，这些都不要紧，当停用铁剂后就会消失。

（2）预防贫血应该让孩子多吃一些含铁丰富的食物，如瘦肉、鱼、豆制品、动物血、蔬菜、海苔等。促进铁吸收的食品有含维生素 C 的水果、蔬菜等。

（3）定期给孩子进行健康检查，每半年检查一次血红蛋白，可以早期发现贫血，得到早期治疗。

案例二：婴儿出现了佝偻病的早期表现。

1. 本例婴儿出现这些表现的原因可能是：

（1）维生素 D 摄入不足：受天气的影响，接触阳光的机会不多。所以如果不及时补充维生素 D，很容易发生佝偻病。

（2）钙摄入量不足：婴儿人工喂养，食物中钙的含量也不丰富，除母乳外其他食物中钙和磷的比例不当，影响钙的吸收。

（3）生长发育速度迅速：婴幼儿期骨骼生长快，钙的需要量也大，维生素 D 的需要量也相应增加。

2. 本例小儿已发生佝偻病，家庭护理要注意以下几点：

（1）彻底治疗：在医师的指导下使用维生素 D 和钙剂治疗。治疗后定期复查，使用维持量预防，做到彻底治疗，预防复发。

（2）多户外活动晒太阳：阳光中的紫外线直接晒到皮肤上可以在身体内制造出维生素 D。

（3）改善膳食结构：增加含钙丰富的食物，如牛奶、豆制品。

（4）定期进行健康检查：早期发现佝偻病的早期症状，避免形成骨骼变形。

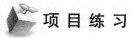 项 目 练 习

一、选择题

1. 食物引起婴儿的过敏反应可能会发生
   A. 便秘　　　　　　　　B. 多动
   C. 湿疹、荨麻疹　　　　D. 注意力不集中
   E. 肥胖

2. 上呼吸道感染不包括
   A. 鼻炎　　　　　　　　B. 咽炎
   C. 支气管炎　　　　　　D. 急性扁桃体炎
   E. 喉炎

3. 肥胖可能的原因是摄入
   A. 高脂肪、高糖过量　　B. 钙过量
   C. 蔬菜过量　　　　　　D. 水果过量
   E. 南瓜过量

4. 构成人体骨骼和牙齿的主要矿物质是
   A. 钙　　　　　　　　　B. 铁

C. 锌　　　　　　　　　D. 碘
E. 铜

5. 碘的主要作用是
   A. 构成人体骨骼和牙齿　B. 多种酶的激活剂
   C. 制造甲状腺素　　　　D. 促进血液凝固
   E. 使皮肤红润

6. 碘缺乏的结果是
   A. 血红细胞减少，产生贫血
   B. 佝偻病和手足抽搐
   C. 甲状腺功能不足、智力低下、呆傻等
   D. 矮小症、异食癖、食欲减退、伤口愈合差等
   E. 皮肤苍白

7. 合理安排饮食，辅食多样化，合理安排生活起居可预防婴儿发生
   A. 营养不良　　　　　　B. 多动症

C. 流行疾病　　　　　D. 自闭症

E. 意外伤害

8. 用体温表为患病婴儿测体温的部位可在

A. 肛门　　　　　　　B. 指尖

C. 口腔　　　　　　　D. 鼻腔

E. 腹股沟

9. 婴儿主要表现为夜里时常惊醒,肌肉无力,头发稀疏等,可能缺乏

A. 维生素 D　　　　　B. 维生素 K

C. 维生素 B_2　　　　D. 维生素 C

E. 维生素 A

二、是非题

1. 6 个月小儿消瘦常见原因母乳不足或无乳时,选用代乳品不当或代乳品调配不正确,造成热量和蛋白质供给不足。

2. 营养不良首先表现为体重不增或下降。

3. 皮下脂肪变薄顺序:首先是面部,继而是上下肢、臀部,最后是胸背部、腹部。

4. 缺铁性贫血是由于铁的摄入量不足,不能制造足够的血红蛋白引起的。

5. 维生素 B_2 缺乏症俗称口角炎,常给孩子喂食零食是预防本病的好办法。

6. 肺炎吸气时胸凹陷,表明肺炎严重,出现呼吸困难。

7. 婴幼儿腹痛要尽快服用止痛药物,以免延误治疗。

三、简答题

小儿发生腹痛如何进行家庭护理?

答　案

一、选择题　1. C　2. C　3. A　4. A　5. C　6. C　7. A　8. A　9. A

二、是非题　1. √　2. √　3. ×　4. √　5. ×　6. √　7. ×

三、简答题　略

（杨　静）

项目四　小儿意外伤害的紧急处理和预防

考核要点

1. 意外伤害的急救原则:抢救生命,减少痛苦,预防并发症。★

2. 眼睛异物不要用棉签或手指去擦眼睛,这样会损伤眼睛角膜。★

3. 耳朵异物不要硬掏,这样反而会把异物越塞越进,应到医院五官科请医生取出异物。

4. 孩子跌落受伤后,如果出现下列表现,表示病情严重,要立即转送医院:★★

（1）头部受伤出现反复呕吐、意识不清。

（2）腹部受伤后出现腹部拒按摩、腹部肿胀、脸色苍白。

（3）有较大创口或出血。

5. 起居室门上装安全玻璃,不要让婴儿接触到易碎的东西。★★

6. 溺水后立即清除孩子口中的泥土杂物,保持呼吸道通畅。口对口人工呼吸和胸外按压,直到孩子恢复自主呼吸或急救医师到来,中途不要停止或放弃。★★

7. 给孩子洗澡要先放冷水再加热水。

8. 骨折后不要移动患部,先用木板作简单的固定。木板应长于骨折处上下两个关节的长度。★★

9. 触电后如一时无法将电源切断,可用不导电的物品将孩子与电流线分离。如果没有呼吸心跳或心跳很微弱,应该立即口对口人工呼吸和胸外按压。★★

10. 儿童乘坐小型汽车时要系好安全带,乘车时不要把孩子抱在怀里,而是坐在汽车里最安全的地方。★★

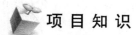 案例导入

案例一：某 5 岁小儿,2 小时前因在池塘边玩耍不慎落入水中,小伙伴呼叫大人,立即打捞上岸,小儿神志不清,心跳微弱。

思考：应如何处理？

案例二：周末阳光明媚,爸爸开车全家去郊区玩,妈妈坐在副驾驶位,3 岁的小宇就坐在妈妈的怀里。前车急刹车,爸爸来不及反应发生追尾,坐在妈妈怀里的小宇一下子扑到了前面的仪表台上。车损失不重,小宇当时喉咙轻微不适。大人忙着处理交通事故,1 小时后,小宇开始说不出话,喘气越来越困难。赶紧送往医院。车子开进医院的同时,小宇停止了呼吸。

思考：什么原因导致？应如何预防？

项目知识

2012 年,全球儿童安全组织调查显示：意外伤害已占 0～14 岁儿童死亡顺位的第一位,意外死亡人数占总死亡人数的 26.1%。干预婴幼儿意外伤害,我们要加强宣传教育,增强保护意识,特别是教给人们一些预防意外伤害的知识和方法,这样可以帮助大众、家长在认知的基础上,更知道该怎样做。

一、婴幼儿意外伤害的种类和急救原则

1. 意外伤害的种类

（1）危及生命的伤害：如窒息、触电、溺水、外伤大出血、气管异物、误食毒物、车祸等,这一类意外伤害必须在现场实行急救,以避免死亡。

（2）伤害：如各种烧烫伤、骨折、毒蛇、疯狗咬伤等。

（3）轻微伤害：如表皮擦伤、轻度烫伤等。

2. 意外伤害的急救原则

（1）抢救生命：首先检查患儿的心跳、呼吸是否正常,如果心跳、呼吸出现障碍进应该立即采取人工呼吸和心脏按压等急救措施,挽救生命。

（2）减少痛苦：各种骨折、烧烫伤会带来剧烈疼痛,甚至会引起休克。因此应该采取相应措施（如固定、包扎）,必要时使用止痛药。

（3）预防并发症：如伤口感染,骨折移动时损伤血管、神经等。

二、眼耳鼻异物

孩子由于好奇,会把豆子、玻璃珠、小石子等小东西塞进耳朵、鼻子里,眼睛里也会进入灰尘、沙子,如果及时发现要立即正确处理。有时没有及时发现,会引起局部感染。

1. 常见原因

（1）眼睛里进入灰尘,或弄进沙子。

（2）孩子把小东西（如纽扣、豆子、花生米、瓜子、玻璃珠、纸团）塞时鼻子和耳朵里,或飞虫飞时耳鼻中。

2. 表现

（1）眼睛异物：疼痛、流泪、畏光，结膜充血。

（2）耳朵异物：疼痛、发胀，久后耳道感染产生疼痛或流脓。

（3）鼻腔异物：疼痛、流涕、发胀，日久后流脓涕，发热。

3. 紧急措施

（1）眼睛异物

1）如果是灰尘或小虫子进入眼睛里，可用手指按压眼角下部，迫使婴儿流泪，将异物冲出来。

2）可以用水冲洗眼睛，冲走异物。

3）不要用棉签或手指去擦眼睛，这样会损伤眼睛角膜。

4）如果是药品和洗洁剂误入眼睛，应让婴儿的眼睛朝下，用淋浴喷头冲洗眼睛10分钟以上，然后去医院眼科治疗。

（2）耳朵异物

1）如果有虫子进入耳朵中，可以往耳朵中滴入4~5滴植物油或橄榄油，将虫子杀死，然后前往医院五官科就诊，取出虫子。

2）其他异物误入耳朵中，不要硬掏，这样反而会把异物越塞越进，应到医院五官科请医生取出异物。

（3）鼻腔异物

1）如果异物阻塞在鼻孔口，可用手指压住另一侧鼻孔，用力将异物喷出。可以用纸捻刺激婴儿鼻孔，让他打喷嚏，将异物喷出。

2）如果异物深入到鼻孔深处，可以用镊子细心夹出，如果无法夹出，应到医院五官科就诊。

三、跌　落　伤

孩子生性好动，平衡性又差，很容易从床上、椅子上、楼梯等地方跌落下来，发生意外。父母再小心，有时也免不了孩子跌跌碰碰的。孩子摔伤的轻重程度可以相差很大，有的仅仅是头上碰出个包，有的可以是严重的脑震荡，甚至威胁到生命。重要的是时时刻刻预防，并从点点滴滴做起，如在楼梯口、窗台前安装围栏，床上安装护栏，房间不要有高低落差的台阶，尽量不要用地毯、地垫，以免孩子绊倒受伤。窗户边不能安放孩子可攀爬的桌子、凳子和沙发等家具；窗户上要装一定高度的栏杆；窗户要保持关闭，或开一定的宽度，保证儿童不会爬出去；阳台的栏杆要足够高，孩子不易攀爬；阳台栏杆间的宽度适当，孩子不易钻出。

1. 表现

（1）婴幼儿的头大，跌倒时多数是头先着地，头部首先受伤。

（2）跌落后立刻大声哭，如果能够自行停止，又恢复原来状态，就不用担心。

（3）头部严重受伤会引起严重脑震荡，表现为意识丧失或意识不清，出现发呆、反应迟钝、反复呕吐、抽搐、甚至耳鼻出血等，是十分严重的危险状态。

（4）有的头部受伤后，异常症状并不马上表现出来，要等到2~3天后才出现异常，因此，要仔细观察2~3天。

（5）跌落伤常常伴有出血，有的有骨折发生，在紧急处置后要到医院进一步检查。

（6）腹部被撞击后应该仔细观察，如果没有出血和伤口，不久后哭泣停止，情绪恢复原样,就不必担心。如果抚摸腹部感到疼痛加剧,出现呕吐、肚子肿胀、脸色苍白、手脚变冷、脉搏加快变细时,表示有内脏损伤出血,应该立即转送医院抢救。

2. 紧急措施

(1)孩子跌落受伤后,如果出现下列表现,表示病情严重,要立即转送医院。

1)头部受伤出现反复呕吐、意识不清。

2)腹部受伤后出现腹部拒按、腹部肿胀、脸色苍白。

3)有较大创口或出血。

(2)如果被撞出肿块,应该尽量让孩子安静,用冷毛巾敷在患处,可以减轻疼痛,消除肿胀。

(3)轻微出血用纱布按压止血。

(4)头部撞伤后应该观察2~3天,如果无异常情况才能放心下来。

四、窒息的紧急处理和预防

因呼吸道被物体或食物堵塞,呼吸发生困难的紧急状态,多发生在1岁以下婴儿,是导致死亡的主要原因。窒息要及时发现,及时进行抢救,才能避免危险。

1. 常见原因

(1)捂被窒息:冷天埋在柔软的被子、枕头或床上的布娃娃下面,引起窒息。

(2)呕吐窒息:小宝宝仰天睡觉时,呕吐物呛入气管窒息。

(3)食物吸入气管引起堵塞:常见的吸入物有豆子、软糖、果冻。

(4)气球、塑料袋堵塞口鼻引起窒息。

2. 表现

(1)无呼吸、呼吸微弱、不会哭闹。

(2)嘴唇、指甲、皮肤发绀,手脚冰冷,眼睛呆视,脉搏细微。

3. 应急措施

(1)因捂被引起的窒息,发现应立即解除捂盖物,将婴儿置于空气流通处,检查宝宝有无呼吸和心跳。如果宝宝逐渐转红,并有了哭声,就没有大的危险,立即带孩子去医院检查。如果宝宝呼吸和心跳很微弱,如身旁有人协助时,可一人拨打120急救电话,一人立即人工呼吸和胸外按压,直到120急救医师到来。

(2)如果是由于异物堵塞咽喉引起的窒息,可按下列步骤进行:

1)若异物进入口腔不深,张口后可以看得见,可把孩子的嘴张开,用食指沿着两颊内侧插入,慢慢把异物抠出来。

2)张开孩子的嘴,如果看不到异物,不要尝试用手去抠,这样反而会把异物塞得更深。如果孩子没有呼吸困难情况,应该立即送到医院去处理。

3)如果宝宝脸色发绀,呛咳,呼吸困难,则是气管被堵住了,必须尽快将异物排出。

(3)婴儿气管异物的处理:气管异物自然咳出的概率只有1%,应该迅速送到医院急救,用气管镜取出异物。但在紧急时或120急救车尚未到达时,可以使用下列方法进行暂时的处理:

1)以手前臂将婴儿的胸腹部扶住,脸朝下,手靠着婴儿的胸部,用拇指和食指固定下巴两侧。再用大腿支撑住婴儿的身体,保持婴儿的头低于身体并转向一侧。

2)用另一手手掌根拍击婴儿的背部两肩骨之间,一秒钟一次,用力拍打5次。

3）再将婴儿转身，躺在一只手前臂上，使他的头低于身体。用两手指于婴儿的胸骨末端，约在乳头下一横指处，将手指快速往下按压0.8~1.2cm深，连续压5次，速度为每秒1次。

4）如果异物没有吐出来，再将婴儿往下翻，用力拍击背部5次，再继续压胸5次。如此反复动作，将异物排出来或等急救医师到来。

（4）幼儿气管异物的处理　可按下列做法进行：

1）家长站在孩子的后方，另一人用两只手环抱着孩子的腰部。

2）家长一手握着拳，另一只手抓住此拳头，握拳的拇指靠在孩子的腹部肚脐上方，胸骨的下方。不要压在胸骨和肋骨上。

3）家长的手肘向外，将握拳的手往孩子的腹部压，方向朝着腹部的内侧和上方，连续压5次，停顿一下。若异物未出来，持续按压腹部直到异物吐出，或等急救医师到达。

4. 窒息的预防

（1）寒冷季节小儿最好独自一床睡觉，不要与大人同被睡，以免引起捂被窒息。

（2）不能把能够放入口中的玩具让3岁以下儿童玩，以免发生意外。

（3）不能让小儿吃小果冻，以防发生吸入堵塞气管而窒息。

（4）不能让孩子学着把食物抛进口中的危险吃法。2岁以下的孩子不能把花生米、瓜子、药片整粒放进口中，以防在玩笑时吸入气道。

五、溺水的紧急处理和预防

溺水是儿童意外死亡的主要原因之一，在城市里小儿溺水大都发生在家中的浴缸里洗澡游泳时，郊区和农村儿童大多数发生于沟、塘、游泳池、河流。溺水造成窒息缺氧，如果呼吸停止3分钟以上，大脑就会发生缺氧而造成损伤，是非常危险的，关键在于预防。家庭中浴室的浴缸中不要存水，浴缸高度不应低于50cm，以防孩子跌入，有时婴儿会掉入洗衣机中，因而在洗衣机周围不能安放踏板等物。家中的浴室要随时关门并锁上。家长应该学会溺水的急救方法，包括倒水方法、心肺复苏等，而且仅有理论知识是不够的，要参加操作培训。

1. 常见的原因

（1）跌入浴缸、洗衣机或水盆中。

（2）孩子单独在浴室中玩水。

（3）孩子单独去水沟、游泳池、河湖边上玩耍。

2. 表现

（1）无呼吸，或呼吸、心跳微弱，神志不清。

（2）脸色青紫或苍白。

（3）口中有污水或有泥土、草渣等杂物。

3. 应急措施

（1）如果从水中拉出能大声哭泣，表示没有发生窒息，不必担心。

（2）如果孩子还在水中或浮在水面上，要尽快把孩子捞出。大声地呼喊孩子的名字或摇动他的身体，观察有没有反应。如果有反应，说明还有意识，窒息时间不长；如果没有反应、面色苍白或青紫、两手下垂，表示窒息很严重。这时要一边紧急进行急救，一边电话呼叫120急救中心。

（3）立即清除孩子口中的泥土杂物，保持呼吸道通畅。将孩子俯卧在大人的膝盖上或大石块上，将肚中的水倒出。

（4）立即口对口人工呼吸和胸外按压，直到孩子恢复自主呼吸或急救医师到来。中途不要停止或放弃，这是能否抢救成功的关键。

（5）孩子在现场抢救复苏后，要尽快转送医院继续治疗。

六、烫伤的紧急处理和预防

烫伤是儿童最常见的意外伤害，轻则招来孩子的痛苦，重则危及生命。孩子发生烫伤后的紧急处置十分要紧，处理正确可以减轻伤害，处理不正确会加重烫伤病情，增加孩子的痛苦。

1. 常见原因

（1）出生6个月以后的宝宝，活动范围大了，手脚不停，到处触摸，凡是热的、烫的东西，如热汤、开水、电水壶、电饭煲、炉火、炒菜锅、暖气片、电熨斗等都会引起烫伤。

（2）给孩子洗澡时澡盆里先加热水，宝宝可能自己先爬入盆中引起烫伤。

（3）桌子上铺桌布也很危险，宝宝容易拉扯桌布，使桌面上的烫水、热汤、咖啡等撒泼到宝宝身上引起烫伤。

（4）农村用火取暖或炭盆取暖时，孩子跌落火中引起烫伤。

（5）热水袋、取暖器温度过高或破损容易引起烫伤。

2. 表现

（1）烫伤后轻者皮肤发红，重者起水疱，严重的火烧伤会使皮肤烧焦。

（2）疼痛明显。

（3）严重时会出现休克、神志不清等症状。

3. 应急措施

（1）烫伤后首先要用水冷却。手脚烫伤可以用自来水冲洗冷却15~20分钟，如果烫伤面积较大时可以用淋浴头放冷水冲洗。如果穿着衣服烫伤，不要强行脱下孩子的衣服，可以往衣服上浇冷水，或连衣一起抱入冷水中；头面部可以用冷湿毛巾敷上冷却。

（2）冷却时间不要太长，只要皮肤上温度降低了即可，不能使孩子体温降低。进行冷却后，皮肤上不要搽任何东西，如植物油、芦荟汁、牛奶等，避免引起感染。

（3）烫伤出现水疱时，不要弄破水疱。

（4）如果烫伤面积很小，只有1~2个一元硬币大小、没有水疱、也不很疼痛，可以在家中进行观察护理，发红的皮肤上可以擦一些消炎软膏或烫伤膏。

（5）烫伤面积较大或起了水疱时，应该在冷却后清洁布包扎并立即转送医院治疗。

4. 烫伤的预防

（1）有孩子的家庭餐桌不要铺桌布，以防孩子拉动桌布而发生意外。

（2）给孩子洗澡要先放冷水再加热水。

（3）使用火盆、取暖炉取暖时应该加围栏保护。

（4）使用热水袋前应该先检查有无破损，盖子是否能盖紧。小婴儿使用热水袋水温不能高，热水袋要用布包好隔开再用。

七、出血的紧急处理与预防

出血是经常发生的意外，几乎每个孩子都发生过，只是程度不同而已。一旦发生出血，要立即设法止血，同时应该预防感染，并且要预防破伤风的发生。

1. 常见原因

宝宝到 7~8 个月以后,会爬着移动身体了,以后能够站立、行走,活动的范围扩大了,经常会出现摔倒、刺破手脚等,出血是难免的,家长要学会止血救护的方法。

2. 表现

(1) 较小、较浅的伤口,血液慢慢地渗出,这是毛细血管出血。

(2) 出血较多,血液颜色较暗,不停地涌出来,这是静脉出血。

(3) 出血像喷泉一样喷射出来,血液呈鲜红色,这是动脉出血。

(4) 外伤引起的出血,在伤口常有异物,如泥土、玻璃片、木刺等。

3. 紧急措施

(1) 首先要止血。确认伤口后,用清洁纱布或棉布盖在伤口上,用手指或手掌按压 3~10 分钟,直到完全止血。在止血过程中,可以稍微停顿一下,检查伤口出血的情况;然后用软垫包扎固定。

(2) 止血后应该去医院对伤口作进一步处理。

(3) 如出血较多,在按压伤口止血时,也可以用布带子把伤口上部的肢体扎紧,能够帮助止血。但是,这种止血方法一定要注意定时放松一下,让血液流通,防止扎紧部位以下的肢体因长期缺血而发生损伤。

(4) 以下情况在简单止血处理后,应该尽快送往医院:

1) 出血量较大时。

2) 伤口里有异物。

3) 除了出血外,如果孩子疼痛剧烈,不能活动,意识模糊,要当心有其他伴随的损伤存在。

4. 出血的预防

(1) 在孩子活动的地方不要有尖锐的、有锐角的物件,预防孩子摔跤时发生出血。

(2) 家庭中的刀具、尖锐用品应该收藏在孩子拿不到的地方。不能让孩子玩弄刀子、钉子等易造成损伤的物件。

(3) 起居室门上装安全玻璃,不要让婴儿接触到易碎的东西。

八、骨折的紧急处理与预防

婴儿的骨头柔软而脆弱,摔跤等较小的冲击也会引起骨折。儿童骨折后只要正确处理,愈合得比较快。

1. 常见原因

(1) 从床上跌落地下。

(2) 爬上桌椅或窗台跌落。

(3) 从楼梯上滚落。

2. 表现

(1) 剧烈疼痛,哭闹不止。

(2) 肢体不能活动。

(3) 除骨折外,可能存在外伤引起的其他损伤(如血管、神经损伤)的症状。

3. 紧急措施

(1) 怀疑有骨折,应该用木板简单固定,并处理好外伤,止血后立即送医院治疗。

（2）骨折后不要移动患部，先用木板作简单的固定。木板应长于骨折处上下两个关节的长度。手臂骨折用木板固定后再用三角巾挂在脖子上保持功能位置。

（3）临时没有木板，可以使用手边能够找到的东西代替，如尺子、杂志、雨伞、坐垫、筷子等。

（4）在送往医院时，在途中可以用冷湿毛巾或冰块在患处作冷敷，缓解疼痛。

4. 骨折的预防　3 岁以下的孩子不能离开大人独自去登高、爬梯、爬窗子，这样容易发生跌落而骨折；可疑发生骨折时不要搬动患肢，以免引起二次损伤。

九、触　电

触电是一种严重的意外伤害，多数会发生电击性休克和电击伤，严重的会危及生命或造成残疾。预防孩子触电是家庭中一刻也不能松懈的事情。

1. 常见原因

（1）电源线老化，电线裸露或家庭中乱接电线，随便设置电源插座。

（2）电器老化或漏电，孩子触摸到而触电。

（3）电源无保护盖或位置低，孩子玩电源插座而触电。

2. 表现

（1）触电时间可能非常短暂而击倒，也可能没有脱离电源。

（2）发生电击性休克，孩子面色苍白或青紫，没有呼吸，没有心跳或心跳很微弱。

（3）触电处有电击性灼伤，皮肤发红或发黑。通常真正的伤害比眼睛看到的表面伤害要严重得多。

3. 紧急措施

（1）立即阻断电源，拔下保险盒或电源插头。

（2）如一时无法将电源切断，可用不导电的物品如木扫把、椅子、毯子、塑胶垫子等物将孩子与电流线分离，千万不能直接去拉孩子。

（3）立即观察生命征象，如果没有呼吸心跳或心跳很微弱，应该立即口对口人工呼吸和胸外按压，直到急救医师或孩子呼吸恢复、会哭泣时为止。

（4）如果孩子有电击伤，先将外衣脱去，冲冷水直到疼痛消失。脸面部可以用冷湿毛巾湿敷降温。不要把受伤的皮肤或水泡弄破。

（5）不要在伤口上放冰块、搽牛奶或奶油、油膏、药剂，以免引起伤口感染，也不要盖毛绒的布或有黏性的纱布。如果手指、脚趾灼伤，应该在每个指（趾）间放置纱布或纱条，以避免皮肤粘连在一起。

（6）急处理后要尽快送医院进一步治疗。

4. 预防触电

（1）室内电源插座应该加盖，并安装在孩子不能触摸到的地方。

（2）家用电器的电源线应该经常检查，发现剥脱或老化的电线应该及时更换。电器漏电要及时修理或更换。

（3）室内不能随意乱牵电线，接线板不能随处放置，避免儿童玩弄。

十、误　食

婴儿从 4、5 个月开始就会把手放到嘴巴里，以后手里抓到东西也会往嘴里塞，容易引起误食。婴儿的口腔比人们想象的要大得多,直径39mm的物体都可以塞进口腔中。烟、硬币、干电池、药丸、玻璃珠、戒指、瓶盖、纽扣、钉子及手镯、脚镯上的小铃等是较常见的容易被孩子误食的物品,其他如化妆品、防虫剂、洗涤剂、消毒剂等也容易被误食。被误食的物品对身体除了产生机械损伤外,还有物品的毒性作用,对孩子身体的影响很大。

1. 常见原因

(1) 孩子拿到较小物品后,因为好奇而放到嘴里被吞入。

(2) 孩子把洗涤剂、化妆品等误以为是糖果,果汁而误食。

2. 表现

(1) 有的较小物体吞入后可以没有不适表现。

(2) 引起胃肠道损伤时可以出现腹痛、呕吐等症状。

(3) 根据不同的物品的性质,出现不同的中毒症状。

3. 应急措施

(1) 如果是误食了肥皂、蜡笔、面霜等危险性小的东西,可用手指将残留在口腔中的部分抠出来,再用食指压住舌根部让孩子呕吐。

(2) 硬币、玻璃珠等无法消化的东西会随着大便一起排出,可以在1~2天内注意观察宝宝的大便,如果大便中没有异物排出,应该到医院去检查。

(3) 以下情况不能让孩子呕吐:吞下尖状物体、纽扣、电池等物品时,不能强行使孩子呕吐,这样会损伤食道和胃,发生危险。喝了挥发性物质如石油等,或强酸、强碱(如洁厕剂、防霉剂等)也不能强行呕吐,以免将呕吐物呛入气管中引起严重吸入性肺炎。要立即送医院治疗。

(4) 对于误食了香烟的婴儿,如果烟的长度在2cm以下,危险性不大,观察3~4小时,如果没有异常,就可放心。如吞了2cm长度以上的烟,烟的成分一旦被水溶解后,很容易被胃吸收,造成严重的疾病,应该尽快送医院治疗。

十一、动物咬伤

孩子会被各种的虫子咬伤,如毛毛虫、毒蜂,也可能被猫抓伤或狗咬伤。除疼痛外,还会引起中毒、感染等危害。及时正确地处理可以减轻疼痛和并发症。

1. 常见原因

(1) 毒蜂、毒蚊、毒蛾叮咬伤。

(2) 猫抓伤、狗咬伤。

2. 表现

(1) 昆虫叮咬伤。局部发红、肿胀、疼痛,症状会持续几小时到数日。有的婴儿会对毒蜂咬伤产生强烈的过敏反应,引起呼吸困难、休克等危急症状,称为"过敏性休克"。

(2) 被猫抓伤可以引起细菌感染,局部发红、疼痛,受伤部位周围起疹子,淋巴结肿大,全身发热。

(3) 被狗咬伤后,局部会引起细菌感染,有发生狂犬病的危险。

3. 紧急措施

(1) 被蜜蜂蜇伤,要仔细检查是否有毒针残留在皮肤里,如有,要用镊子把毒针取出。

(2) 无论是哪种虫子叮咬,都要打开水龙头用水充分冲洗,排出毒液。

(3) 用冷毛巾敷在患处,可以减轻疼痛。

（4）被虫子叮咬后应该去医院检查，对症处理，并预防感染。如果出现全身不适等反应，应该立即去医院治疗。

（5）被狗咬伤后，检查狗是否是疯狗，如果不清楚时应该注射狂犬疫苗预防狂犬病。

（6）被猫抓伤后，如果出现发热应该去医院检查，并告诉医生被猫抓伤的情况。

4．预防

（1）家有孩子不要喂养宠物，可以避免咬伤和许多传染病。

（2）不要让孩子到有饲养动物的地方或人家去，不要让孩子玩弄小动物。

十二、交通事故

交通伤害包括机动车乘员伤害、骑车人伤害和行人伤害。我国0～14岁儿童交通伤害列为伤害死亡的第二位，学龄前儿童是发生车祸的高发人群。

预防措施：

（1）加强看管，不要让他们在人多或车多的公路上独自行走，过马路时家人要牵着他们的手。

（2）不要让孩子爬到已停驶的大型车辆下面玩耍。

（3）老师和家长要经常进行安全教育。

（4）儿童乘坐小型汽车时要系好安全带，乘车时不要把孩子抱在怀里，而是坐在汽车里最安全的地方——汽车的后排座位中间的位置。

（5）关闭车门前一定要看清楚孩子的手是否放在门边。

（6）车窗不能开启超过窗面的四分之一，不要让孩子倾身或把手伸出窗外。

（7）教育孩子车停稳后再下车，要从人行道一边的门下车。

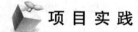 项 目 实 践

案例分析

案例一：小孩溺水后小伙伴呼叫大人救护是正确的。大人到场后要尽快把孩子捞出。大声地呼喊孩子的名字或摇动他的身体，观察有没有反应。如果有反应，说明还有意识，窒息时间不长；如果没有反应，面色苍白或发绀，两手下垂，表示窒息很严重。这时要一边紧急进行急救，一边电话呼叫120急救中心。抢救方法：立即清除孩子口中的泥土杂物，保持呼吸道通畅。将孩子俯卧在大人的膝盖上或大石块上，将肚中的水倒出。口对口人工呼吸和胸外按压，直到孩子恢复自主呼吸或急救医师到来。中途不要停止或放弃，这是能否抢救成功的关键。在现场抢救复苏后，要尽快转送医院继续治疗。

案例二：小宇喉部碰到仪表台造成喉挫伤、喉水肿、呼吸道堵塞导致死亡。本例小儿应独立坐在汽车的后排座位中间的位置，系好安全带。

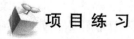 项 目 练 习

一、选择题

1. 干预婴儿意外伤害，我们要加强宣传教育，增强保护意识，特别是

   A. 教给人们一些预防意外伤害的知识和方法

   B. 组织婴儿学习安全理论常识

   C. 引导婴儿进行危险游戏的演习

   D. 禁止婴儿独自游戏

   E. 教育婴儿注意危险的知识

2. 婴儿特别好动，阳台栏杆间宽度不符合安全要求会导致婴儿

   A. 腹痛　　　　　　B. 患佝偻病

   C. 铅中毒　　　　　D. 患传染性疾病

   E. 发生意外

3. 给婴儿放洗澡水时，顺序正确的选项是

A. 先放冷水,后放热水,再放婴儿

B. 先放冷水,后放婴儿,再放热水

C. 先放婴儿,后放热水,再放冷水

D. 先放热水,后放婴儿,再放冷水

E. 先放婴儿,后放冷水,再放热水

4. 我国0～14岁儿童死亡顺位的第一位是

A. 意外伤害　　　　B. 肺炎

C. 腹泻　　　　　　D. 佝偻病

E. 营养不良

5. 在起居室门上装安全玻璃,不要让婴儿接触到

A. 细小的东西　　　B. 光滑的东西

C. 易碎的东西　　　D. 粗糙的东西

E. 尖锐的东西

6. 儿童乘坐小型汽车时要坐在汽车里最安全的地方,位置是

A. 妈妈怀里

B. 副驾驶座上

C. 汽车的后排靠左窗边

D. 汽车的后排靠右窗边

E. 汽车的后排座位中间

7. 触电后如果没有呼吸心跳,应该

A. 高声呼救

B. 立即口对口人工呼吸和胸外按压

C. 立即喂水

D. 给予药物抢救

E. 摇晃呼叫名字

二、是非题

1. 意外伤害的急救原则:抢救生命,减少痛苦,预防并发症。

2. 眼睛异物立即用棉签或手指去擦眼睛,这样才能保护眼睛。

3. 孩子跌落受伤后,如果头部受伤出现反复呕吐、意识不清,要立即转送医院。

4. 起居室门上装安全玻璃,不要让婴儿接触到易碎的东西。

5. 溺水后立即口对口人工呼吸和胸外按压,直到孩子恢复自主呼吸或急救医师到来。

6. 骨折后木板作简单的固定,木板应长于骨折处上一个关节的长度。

7. 触电后如一时无法将电源切断,可用不导电的物品将孩子与电流线分离。

8. 目前意外死亡已占我国0～14岁儿童死亡排位的第二位死因。

9. 卧室的窗子上都要装锁,在窗子前不能摆放家具,如婴儿卧室在楼上,楼梯一定要装上安全护栏。

三、简答题

小儿刺伤后出血应如何处理?

答　案

一、选择题　1. A　2. E　3. A　4. A　5. C　6. E　7. B

二、是非题　1. √　2. ×　3. √　4. √　5. ×　6. ×　7. √　8. ×　9. √

三、简答题　略

（杨　静）

项目五　儿童铅中毒的预防

考核要点

1. 儿童血铅>4.83μmol/L,不论是否有临床症状均确定为铅中毒。★

2. 呼吸道吸收为小儿铅中毒的主要途径。★★

3. 铅中毒的危害:影响生长发育和智力发育;机体免疫力下降,反复呼吸道感染;注意力不集中,多动、抽动等;厌食、贫血、腹痛等。★★

4. 环境干预是防治儿童铅中毒的根本手段。★★

案例导入

某 2 岁半小儿,父母外出打工,爷爷奶奶看护,常吃爆米花等零食,喜吸吮手指,爷爷有吸烟嗜好。小儿常感冒,多动爱哭闹,体格发育迟缓。

思考:1. 小儿常感冒,多动爱哭闹,体格发育迟缓,可能的原因是什么?

2. 如何防止进一步加重?

项目知识

铅是一种对机体多系统有亲和性的重金属,铅中毒对处于生长发育时期的儿童可造成多器官功能的直接影响,威胁广大儿童身心健康。根据美国国家疾病控制中心(CDC)的儿童铅中毒指南,儿童血铅>4.83μmol/L,不论是否有临床症状均确定为铅中毒。血铅水平分五级,Ⅱ~Ⅴ级属于不同程度的铅中毒。

一、铅的吸收与排泄

1. 铅的吸收

(1)呼吸道吸收:随处可见的危险铅暴露源是铅尘。呼吸道吸收是小儿铅中毒的主要途径。

(2)消化道吸收:小儿消化道对铅的吸收率为 42% ~ 53% ,比成人高(为 5% ~ 10%),且小儿有较多的手、口动作,喜欢把手放在口里,致手上污染的铅被吞入消化道的机会也较多,小儿胃排空时间比成人快,在胃排空状态下铅吸收率亦较高。

(3)皮肤吸收:小儿经过皮肤吸收较少,主要是用化妆品所致。

2. 铅排泄的途径　小儿的铅排泄量比成人低,成人体内的铅约 99% 随大小便排出体外,而小儿仅有 66% 排出。

(1)肾脏排泄:2/3 经肾脏随尿排出体外。

(2)肠道排泄:1/3 通过胆汁进入肠腔再随大便排出体外。

(3)头发指甲排泄:8% 通过头发及指甲脱落排出体外。

二、铅中毒的危害

1. 影响生长发育和智力发育。

2. 机体免疫力下降,反复呼吸道感染。

3. 注意力不集中,多动、抽动等。

4. 厌食、贫血、腹痛等。

三、预防措施

(1)环境干预:是防治儿童铅中毒的根本手段,推广使用无铅汽油。

(2)加强健康教育。开展以家庭为单元的健康宣教,向家长和儿童宣传环境中铅的本源,低浓度铅的危害等,从而引起家长和儿童的重视。

(3)定期做室内清扫,用湿布擦拭,以减少铅活动场所飞扬。

(4)少食爆米花、罐装饮料、皮蛋等含铅食品。

(5)改变吸吮手指的习惯。

（6）进食前洗手,可以洗掉沾染在手上90%的铅。

（7）多吃牛奶、新鲜蔬菜、水果,适量补充钙、锌、铁等微量元素。

（8）避免被动吸烟。

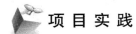 **项 目 实 践**

案例分析

小儿常感冒,多动爱哭闹,体格发育迟缓,与常吃爆米花等零食,喜吸吮手指,不注意卫生等有一定的关系,可能发生了铅中毒,应进一步到医院确诊。为防止进一步的损害,应定期做室内清扫,用湿布擦拭,以减少铅活动场所飞扬。少食爆米花、罐装饮料、皮蛋等含铅食品。改变吸吮手指的习惯。进食前洗手,多吃牛奶、新鲜蔬菜、水果,避免被动吸烟。

 **项 目 练 习**

一、选择题

1. 随处可见的危险铅暴露源是

　A. 海啸　　　　B. 沙尘

　C. 暴雨　　　　D. 铅尘

　E. 洪水

2. 小儿铅中毒的主要途径

　A. 呼吸道　　　B. 肠道

　C. 皮肤　　　　D. 头发

　E. 指甲

3. 铅中毒的主要危害除外

　A. 影响生长发育和智力发育

　B. 机体免疫力下降

　C. 反复呼吸道感染

　D. 厌食、贫血

　E. 骨骼变形

4. 铅中毒预防措施中正确的是

　A. 推广使用有铅汽油

　B. 鸡毛掸擦拭家具灰尘

　C. 与吸吮手指无关

　D. 少食爆米花

　E. 多喝罐装饮料

5. 小儿的铅排泄主要途径是

　A. 肾脏　　　　B. 肠道

　C. 呼吸道　　　D. 指甲

　E. 毛发

二、是非题

1. 育婴师学习预防铅中毒的目的是能够杜绝并治疗婴儿铅中毒。

2. 儿童铅中毒诊断标准为血铅水平超过或等于0.383μmol/L。

3. 血铅水平分五级,I～Ⅳ级属于不同程度的铅中毒。

4. 环境干预是防治儿童铅中毒的根本手段。

三、简答题

如何预防铅中毒?

答　　案

一、选择题　1. D　2. A　3. E　4. D　5. A

二、是非题　1. ×　2. ×　3. ×　4. √

三、简答题　略

（杨　静）

第七章　婴幼儿早期教育和训练

婴幼儿的早期教育与训练必须从儿童生理和心理特点出发,应遵循的原则是:提前一步、全面发展、因人而异,因材施教。

教养任务应与保健措施相结合进行。在婴儿的日常生活活动的内容中都有保健与教育两重任务。通过日常生活制度中的每一个环节,结合照顾睡、吃、玩,培养良好的生活与卫生习惯,培养成人与婴儿间良好的相互关系,发展有关的动作,语言和认识的能力。

项目一　早期教育

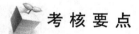
考 核 要 点

1. 早期教育对婴幼儿智能发育的作用。★★
2. 婴幼儿心理发展的特点。★★
3.0~3岁儿童心理发展的年龄特征。★

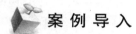
案 例 导 入

宝宝,12个月,父母工作很忙,我是一名育婴师,宝宝的父母要求我要对孩子做语言能力的开发。

思考:我应该怎样做?

项 目 知 识

婴儿早期教育与训练必须根据儿童生理和心理特点出发,遵循的原则是:提前一步、全面发展、因人而异,因材施教。

一、早期教育对大脑发展的作用

早期教育是指人在婴幼儿时期就开始进行教育。一般认为早期教育从儿童出生时即可进行。婴儿一出生就要学会适应外界环境,以后逐步学习语言,认识事物,掌握各种动作,学会各种能力等。这些都不是自然形成的过程,实际上是教育(自觉或不自觉)对孩子所起的作用。

遗传是影响孩子智商的重要因素,但早期教育的作用也不可低估。尤其是在孩子大脑的发育阶段,父母的培养,哪怕只是玩捉迷藏等简单的游戏,都有促进孩子智力发育的作用,尤其是早期教育能促进大脑发育。

婴儿出生时便有几十亿个脑细胞,称为神经元。有的神经元在孩子出生前就彼此相连,其余神经元则在后天经历刺激后才能相通。孩子发育时,神经元形成的突起为彼此的联系和指挥生理活动铺平道路。例如,眼部神经元的突起延及大脑视觉皮质,将视觉器官(眼)的感觉变为印象,并经其他神经元突起的联系,指挥人对所见之物作出反应。这类经历每重复一次,神经元之间的联系就被加强和巩固一次。婴儿0~2岁时,脑细胞发育迅速,神经元联系剧增。到 2 岁时,脑细胞之间已有 300 多万亿条联系。

如果婴儿 2 岁以前错过了促进某些脑细胞发育的机会,是否会终生有智力障碍呢?不会,因为脑细胞联系的建立在整个儿童期都很频繁,而且有大量的机会促进它。父母在整个儿童期对孩子教育和智力开发,都是有成效的。

二、婴幼儿早期教育的内容

(1) 早期教育与保健相结合。

(2) 根据婴幼儿生长发育的规律,采取科学的方法进行早期教育和训练,挖掘婴幼儿全面发展的潜力,促进全面发展。

(3) 全方位进行教育,包括大运动功能、精细运动功能、认知能力、个人行为能力以及社会适应能力。

(4) 家长科学的养育水平与婴幼儿的健康和智能发展有密切的关系,应重视对家长的指导,采取多种方式对家长进行培训,提高家长的养育技巧。

三、婴幼儿早期教育的误区

1. 把早期教育等同于智力开发　过分强调知识灌输,把教育片面理解为传授书本知识,把智力开发等同于提前进行读、写、算等技能训练。

2. 用成人的标准来要求　婴幼儿的天性是活泼好动,没有社会经验和固定的模式,会犯各种"错误"。如果用成人的标准来要求婴幼儿,孩子会失去信心。

3. 过早进行专业训练　过早确定培养目标及进行高强度训练,不利于婴幼儿身心的健康发展。

科学的早期教育必须是尊重婴幼儿的教育,包括尊重他们的人格、兴趣、需要、发展等特点,真正体现早期教育的价值,使它成为人一生良好发展的基础。

四、婴幼儿心理发展的特点

(一) 婴幼儿感知觉的发展

婴幼儿的感知主要是视、听、触、味和嗅等感觉,感知觉是个体发展中最早发生、也是最早成熟的心理过程。感知觉对婴儿心理发展具有重要的意义。婴幼儿感知觉的发展不是被动的过程,而是主动的、积极的、有选择性的心理过程,是对来自周围环境的信息的察觉、组织、综合及对它的解释。

1. 视觉的发展

(1) 视觉集中:出生后 3 周婴儿的视线开始集中到物体上,理想的视焦点是距眼睛约 26cm 处。

(2) 视觉追踪:出生 12 ~ 48 小时的新生儿中有 3/4 可追视移动的红环。

(3) 颜色视觉:出生后 15 天就具有颜色辨别能力,3 ~ 4 个月的婴儿颜色辨别能力基本上趋近成熟水平。

(4) 对光的察觉:出生后 24 ~ 96 小时的新生儿就能察觉光的闪烁。

2. 听觉的发展

(1) 听觉辨别的能力:出生第一天婴儿已有听觉反应。新生儿能区别不同的音高。

(2) 语音感知:婴儿对人的语音的感知能力十分敏感,对母亲的声音尤为偏爱。

（3）音乐感知:婴儿偏爱轻松优美的音乐曲调,6个月以前的婴儿已经能够辨别音乐的旋律和曲调。

（4）视听协调能力:初生婴儿就有听觉定位能力,表现出视-听协调活动能力。

3. 味觉、嗅觉和皮肤觉的发展　出生以后,人最先出现的是皮肤觉(包括触觉、痛觉、温觉和冷觉)、嗅觉和味觉。

（1）味觉的发展:味觉是新生儿出生时最发达的感觉,新生儿对不同的味觉刺激已经有不同的反应,对甜的东西发生吸吮运动,出现愉快的面部表情,以及舔嘴、砸舌运动;对酸、苦、咸的物质出现皱眉闭眼,或抽搐地闭嘴,有时还出现恶心动作或呕吐。

（2）嗅觉的发展:新生儿能对有气味的物质发出各种反应,如面部表情,不规则的深呼吸,脉搏加强,打喷嚏,头躲开,四肢和全身不安宁动作等。第2个月末和第3个月内,乳儿已经能够对两种不同的气味进行分辨,但还不稳定。到第4个月时,嗅觉的分辨才比较稳定。

（3）皮肤觉的发展:新生儿的皮肤对刺激物的敏感程度已经和成人差不多。新生儿的触觉高度发达,皮肤各部分受到刺激会发生不同的反应,其中特别敏感的是嘴唇、手掌、脚掌、前额和眼睑等部位。

新生儿的冷觉和温觉也比较发达,对冷和热的感受非常灵敏。在护理工作中,应当考虑乳儿皮肤觉条件反射的形成,不小心和动作粗鲁都将形成乳儿消极的肤觉条件反射,不但令他不舒服、不愉快,也给护理增加困难,比如不愿意洗澡或洗脸等。

4. 空间知觉的发展　方位知觉:先学会分辨上下,然后学会分辨前后,最后才学会分辨左右。通常3岁能辨别上下,4岁能辨别前后,5岁能以自身为中心辨别左右,7～8岁能以客体为中心辨别左右。

（二）婴幼儿语言的发展特点

1. 婴幼儿语言发展的阶段

（1）语言准备阶段(出生～1岁):婴幼儿出生后的第一声啼哭,是最早的发音,也是今后语言发展的基础。语言的准备包括语言产生和理解两方面的准备,又称为前语言阶段。

（2）理解语言阶段(1～1.5岁):这一阶段对成人语言的理解能力迅速发展,当婴幼儿1岁左右说出第一批具有概括性意义的词的时候,也就标志着婴幼儿开始进入正式学说话的阶段。

（3）表达语言阶段(1.5～3岁):这个阶段是婴幼儿语言发展的飞跃时期,又称为语言发展的突发期。1.5～2岁时婴幼儿已能说简单句,但不完整,前后词序颠倒。2～3岁是口头语言发展的关键期,婴幼儿掌握了简单句和部分复合句,对说和听都有高度的积极性。

2. 婴幼儿言语发展的年龄特点

（1）0～1岁:其特点为发声练习。新生儿会用哭声,表示他的身体状态或想引起别人的注意,是一种消极的声音表示,如饿、冷、热、湿、寂寞等。表示积极状态的声音,如舒服、高兴等的声音在2～3个月时出现。2～3个月已经能主动发出笑声,并与成人进行应答;4～5个月时能无所指地发出"ma"、"ba"的声音;8～9个月时能把自己的动作与成人说的词义联系起来,可以听懂和理解别人的说话,但还不会表达;10～12个月时婴幼儿会有意识发出第一个单词,如"妈妈"、"爸爸"、"灯灯"等。

（2）1~2岁：由于婴幼儿学会走、跑、抓、握等动作，同外界接触面日益扩大，有了向别人表达意愿和感情的需要。① 单音重复（重叠音），如"饭饭"、"车车"、"兔兔"、"排排"。② 以音代物。用声音代表物体名称：如"笛笛"（车）、"汪汪"（狗）、"瞄瞄"（猫）、"铃铃"（自行车）。③ 以词代句，一词多义。不会说连贯句子，就用词代句，如"妈妈"再配上伸手动作，代表"妈妈抱抱我"。

（3）2~3岁：2岁以后，婴幼儿在运用语言和词汇方面取得显著进步，到3岁时能与周围的人进行较为自由的交谈。

3. 婴幼儿语言能力的开发　语言能力的开发的方法有：示范模仿法、视听讲做结合法、游戏法、练习法、表演法等。

（1）示范模仿法：示范模仿法是指育婴师通过自身的规范化语言，为婴幼儿提供语言学习的样板，让婴幼儿始终在良好的语言环境中自然地模仿学习。

（2）视、听、说、做结合法：①视：指提供具体形象的语言教育辅助材料，让婴幼儿充分地运用视觉感知。②听：指用语言描述、启发、引导、暗示、示范等，让婴幼儿充分地运用听觉感知。③说：指婴幼儿在感知、理解的基础上，充分地表述个人的认识。④做：指给婴幼儿提供一定的想象空间，通过婴幼儿的参与或亲自独立地活动与操作，连贯、完整、富有创造性地进行语言表述。

（3）游戏法：游戏法是指运用有规则的游戏，训练婴幼儿正确发音，丰富词汇和学习句式的一种方法。使婴幼儿在轻松、愉快、有兴趣的活动中进行强化训练。

（4）表演法：表演法是指在成人的指导下，婴幼儿学习表演文学作品以提高口语表达能力的一种方法。在婴幼儿熟练朗读儿歌、诗歌的基础上，进行故事表演。指导婴幼儿进行朗诵和表演，和婴幼儿一起运用语言、动作等扮演角色，进行故事表演。

（5）练习法：练习法是指有意识地让婴幼儿多次使用同一个言语因素（如语音、词汇、句子等）或训练婴幼儿某方面技能技巧的一种方法。在婴幼儿语言教育中，要提倡大量口头练习。练习方式应生动活泼，形式多样，以调动婴幼儿练习的兴趣。

4. 语言能力开发的活动和游戏

（1）学说普通话：学习用普通话交谈，回答问题，朗诵儿歌，讲故事等。

（2）看图讲话：和婴幼儿一起看图片。问婴幼儿：

"图片上有谁？有小猪、小猴、小兔和小熊。"

"在什么地方？在公园里、游乐场。"

"它们在干什么？在滑滑梯、荡秋千。"

注意引导婴幼儿安静地倾听问话，尽可能完整回答；针对婴幼儿的回答和问话做出积极的回答；在交谈中注意听说轮换；要有耐心地把谈话延续下去。

（3）欣赏与表演：和婴幼儿一起欣赏优美的歌声、乐曲、故事、童话歌舞剧，感受优美悦耳的音乐与节奏，用动作、表情或跟唱来激发婴幼儿的兴趣。由于婴幼儿的年龄小，不能完全理解，可以在欣赏后用语言补充解释，或问答对话婴幼儿喜欢边唱边做动作，可以在表演中加入简短的语句，将唱歌、说话和表演结合起来。例如，歌曲《两只老虎》，在唱过后，把歌词单独拿出来和婴幼儿一句一句对白，也可以改编或者表演。

（4）早期阅读

1）每天在固定时段进行。让婴幼儿听故事、儿歌与诗歌，通常在吃饭前后、午睡、晚上入睡前每次阅读的时间不限，以婴幼儿不厌烦为限。

2）提供形象生动、图文并茂的阅读材料。

3）早期阅读的方法应根据婴幼儿的年龄、阅读的兴趣及能力来确定。可以由育婴师读给婴幼儿听,也可以由育婴师带着婴幼儿一起阅读,还可以让婴幼儿自己阅读,听录音或识图阅读。具体方法有:①边听边看图书阅读。②育婴师与婴幼儿一起阅读。③婴幼儿独自阅读。

（5）语言游戏

1）接话游戏:创编一些接话的情景和游戏,如"小鸟飞,飞— 飞— 飞—,宝宝也会飞,飞— 飞—飞—。""小鸡叽叽叽叫,宝宝也会叽叽叽叫。"让婴幼儿接话"飞、叽叽叽叫"。

接话游戏可以增加难度,如"天亮了,起床了;天黑了,开灯了;下雨了,撑雨伞"。不断寻找接话的内容编成游戏让婴幼儿学。

2）问答游戏:育婴师将婴幼儿喜爱的物品和感兴趣的话题,变成一问一答的儿歌和婴幼儿游戏。话题的内容可以随意改变,鼓励婴幼儿说出他们掌握的事物。还可以通过一问一答,让婴幼儿学说"长"、"短"、"大"、"小"等反义词等。

例一:宝宝爱吃……

宝宝乖,爱吃什么？吃青菜。

宝宝乖,爱吃什么？吃萝卜。

宝宝乖,爱吃什么？吃西瓜。

宝宝乖,爱吃什么？吃饼干。

例二:谁的尾巴？

谁的尾巴长？小马尾巴长。

谁的尾巴短？兔子尾巴短。

谁的尾巴大？松鼠尾巴大。

谁的尾巴小？小鹿尾巴小。

育婴师朗读和讲述。早期阅读的基本要求:①会用普通话朗读和讲述。②把握不同年龄的不同欣赏要求。小年龄:重点是发音、节奏等;年龄稍大一些:重点是感知画面、理解故事;年龄再大一些:重点是掌握词语、句子,学着说出故事大意。③感情投入、有适度的动作表演:讲述中,可根据故事的情节升高或降低语调,表达出故事中不同角色的语音语气。④善于集中婴幼儿的注意力。

教婴幼儿念儿歌一般包括示范朗读、理解内容、教读和练习三个环节。育婴师可以通过多种方法,如运用图片、情景表演、木偶(玩具)表演等形式帮助婴幼儿理解儿歌内容。教念儿歌开始时,育婴师较高声地念,孩子跟读,然后育婴师逐渐压低自己的声音,或只在重点句、难句带读一下即可。婴幼儿有时对儿歌中的个别词句不理解,只是随声附和、信口背诵,这是正常现象。

（6）婴幼儿语言能力开发中的保育工作:①保护婴幼儿的嗓音,说话不大声喊叫。②注意用眼卫生。③安排相对固定的语言练习的时间。时间段最好在每天的上午9:00~10:00之间。下午3:00左右。每天练习次数一般可1~2次,时间为5~15分钟。

五、婴幼儿注意、记忆和思维的发展

1. 婴幼儿注意的发展　婴儿期的注意主要是无意注意。其注意的范围有所扩大,周围环境中更多的事物能引起他们的注意。他们开始注意与成人生活和活动有关的事物,并且开始注意成人的言语。婴儿无意注意的稳定性也有所增长,能在稍长时间内注意某种事物。在这种无意注意的基础上,随着言语的发展,有意注意开始萌芽。婴儿有意注意主要是由成人提出的要求和任务引起的。2~3岁儿童逐渐能够自己叫出物体的名称,并以此组织自己的注意。

2. 婴幼儿记忆的发展　条件反射的出现是记忆发生的标志。婴儿的记忆,主要以无意识记忆为主,有意识记忆刚刚萌芽。2岁以前,婴儿的记忆主要是无意识记忆,他们还不能为了设定的目的而去识记什么。对于他们,最容易记住的是那些印象强烈的或带有情绪色彩的事情。这一时期,婴儿再认和重现的能力也都比较低。1岁的时候,只能再认相隔几天或十几天的事物。2岁以后,婴儿的有意识记忆开始萌芽,同时无意识记忆也得到进一步的发展。

3. 婴幼儿思维的发展　在儿童出生后第一年心理发展的基础上,终于产生了带有一定概括性和间接性的人的思维的萌芽。到了婴幼儿时期,即约从1岁末到3岁,在儿童个体及其环境条件,特别是社会和教育条件的相互作用下,这种萌芽状态的思维获得了进一步的发展。

婴儿的思维属于直觉行动思维。直觉行动思维,是指思维过程离不开儿童自身对物体的感知,也离不开儿童自身的动作。其主要特点如下:

(1) 直观性和行动性,即这种思维与儿童的感知觉和行动密切相联系,儿童只能在感知行动中思维。

(2) 间接性和概括性。

(3) 缺乏对行动结果的预见性和计划性。

(4) 思维的狭隘性。

(5) 思维开始和语言联系起来,第二信号系统开始发展。

六、自我意识的发展

(1) 1岁以内尚无自我意识。

(2) 1周岁末开始把自己与周围环境区分开来,这是自我意识的萌芽。

(3) 2~3岁儿童开始把自己当做主体来认识,突出的表现是从称呼自己的名字(如"宝宝吃苹果")变为"我"这一代名词来称呼自己(如"我吃苹果")。这一变化是儿童自我意识发展过程中的一个重要转折,也是自我意识发展的第一个飞跃。

七、婴幼儿情绪、情感和社会性的发展

1. 情绪情感的定义

(1) 情绪:属于较为低级和简单的态度体验。比如:孩子饿了会哭,舒服了会笑等。

(2) 情感:是人对其社会性需要是否得到满足而产生的内心体验。比如:对成人的依恋,知道互相谦让等。

(3) 积极情绪和消极情绪:那些能够带来幸福的感受,促使自己与他人建立良好关系的情绪状态是积极情绪,如快乐、爱、欣喜等。相反,那些不能使人感到幸福,使自己与人之间的关系趋于紧张的情绪状态是消极情绪,如害怕、沮丧、愤怒、悲哀等。

2. 0~3岁婴幼儿情绪情感的特点　由于婴幼儿抑制过程较弱,情绪不稳定,缺乏控制能力,常表现得过分强烈,随着年龄的增长,儿童对情绪过程的自我调节日趋加强,情绪的冲

动性减少,稳定性逐渐提高,情绪情感从外露而转变为内隐,婴幼儿由于语言发展相对滞后,也造成他们常常用身体语言表达表现自己的情绪情感。

3. 婴儿的社会性依恋　依恋是婴儿最初的社会性情结,是情感社会化的标志,是婴儿与抚养者之间的一种积极的情感联系。

(1) 依恋的关键期及其意义:1 岁前婴儿与母亲或主要照料者建立依恋关系,这种关系能否稳定健康发展,1～3 岁是个关键期。早期的母婴依恋的质量对日后婴幼儿认知发展和社会性的适应都有重要意义。这种情感联系对婴幼儿整个心理发展(包括社会性、交往、情绪、情感、行为、心理健康及认知、智力等方面)都具有重大作用,是婴幼儿社会性发展的重要因素。

(2) 依恋的分类:婴幼儿的依恋主要存在以下三种类型:安全型、回避型和反抗型。其中安全型是良好的依恋,回避型和反抗型均属消极的不良依恋。稳定的安全依恋是指婴幼儿既乐于亲近和信赖主要照料者,又对客观事物表示出极大的关注和探索欲望。这种依恋的安全感一旦建立,婴幼儿就会更加自由自在地去探索周围的新鲜事物,愿意尝试与别人交往,去广泛地适应社会。

(3) 依恋感的形成阶段:依恋感可分为五个相互联系的阶段。①0～3 个月,无区别、无顾虑的依恋阶段。②4～6 个月,有选择的依恋阶段。③6～12 个月,明显的母子依恋阶段。④1 岁左右,依恋扩展阶段。⑤1～3 岁依恋行为开始向社交行为转化阶段,突出表现为:吸引和保持成人对自己的注意,利用成人帮助解决难以解决的问题,领着或跟着小伙伴玩。从依恋的发展阶段可以发现,1 岁左右的婴幼儿正处于母婴依恋强烈的时期,表现为特别"缠人"。

4. 婴幼儿常见情感和社会性问题的分析与引导

(1) 情绪情感发展的常见问题:在婴幼儿的成长过程中,会出现这样那样的问题。这类问题是一种萌芽状态的表现,只要成人注意观察、及时发现并疏导,就会帮助婴幼儿顺利解决问题,从而培养出积极向上的情绪情感和亲社会行为,否则有可能成为人格障碍的根源,对婴幼儿一生产生不良影响。

1) 分离焦虑:焦虑是一种预料到威胁性刺激又无能为力去应付的痛苦反应,是处于失助状态下不能采取有效行为去对付的时候产生的情绪。婴幼儿 6～7 个月以后开始害怕陌生人,而且当他们与妈妈或其他亲人分开时,还会表现出明显的不高兴,这种反应就是婴幼儿的分离焦虑。

2) 胆小:婴幼儿对新事物总会产生一种紧张感,但经常性地表现出过度反应,则恐惧感就会越来越多地积蓄到婴幼儿心中,使他们不敢与外界事物打交道,最终成为一个胆小的人。婴幼儿的胆小常表现为:怕黑、怕高、怕水、怕见生人等。

3) 受挫:婴幼儿正在成长为一个有自主性、有个人爱好、会玩耍的独立个体,但由于心理或生理上的限制以及父母对其活动的限制,玩具的操作或使用不熟练,同伴的粗暴对待或拒绝,从而产生不愉快的负面情绪。

4) 哭:哭是婴幼儿沟通与表达的主要方式之一,意味着某种需要的未被满足。一般来说,婴幼儿的哭在生理上代表饥饿、欲求不满、病痛、身体不舒服等;在心理上代表委屈、挫折、害怕、悲伤、不满、后悔、发泄、要求、需要关心及注意等。但如果婴幼儿经常眼泪汪汪,就需要分析原因并找出相应的对策。造成婴幼儿经常爱哭的因素有过分的溺爱和婴幼儿本身缺乏信心,依赖性重。

处理办法:首先了解婴幼儿的气质特性,再因材施教。其次,找出他大多在什么情况下出现情绪异常,再指导他如何应付这些情况,再次,要多注意婴幼儿的健康,培养积极、开朗的个性。育婴师应该把握住机会,训练婴幼儿自己解决困难的能力。

(2)社会性行为发展的常见问题

1)依赖:依赖成人,对于婴幼儿来说是正常的现象,因为他们还没有独立的能力,吃、穿、行只有依靠成人才能实现,但如果对父母或对育婴师表现出过分地依赖,那么这便是一种心理问题。

2)任性:婴幼儿一天天长大,开始学会说话和表达意愿了。当婴幼儿不停地要这要那,而成人不予满足时,就会哭闹不休,表现得较为任性。这实际上是婴幼儿进人心理"第一反抗期"和萌发"自我"意识的标志。

3)霸道:婴幼儿会因为自身霸道而影响以后进入托儿所或幼儿园和其他小朋友过团体生活,会不受欢迎,以致影响人际关系。如不及时给予适当的辅导与纠正,年龄越大越难改正。

处理办法:①根据年龄来培养婴幼儿的良好习惯;②教会婴幼儿做事的方法;③耐心最重要。

八、0~3岁儿童心理发展的特点

(一) 0~3岁婴幼儿心理发展的主要特征

(1)动作发展对心理发展的意义重大。

(2)感知觉迅速发展,且在许多方面接近成熟水平。

(3)处于言语发展的重要时期。

(4)社会性依恋的发展是情绪情感发展的重要标志。

(二) 儿童心理发展的敏感期

1. 儿童心理发展的敏感期(最佳期) 儿童心理发展的敏感期或最佳期,是指儿童学习某种知识和形成某种能力或行为比较容易,儿童心理某个方面发展最为迅速的时期。错过了敏感期或最佳期,不是不可以学习或形成某种知识或能力,但是比起敏感期和最佳期来说,就较为困难,发展比较缓慢。

2. 早期教育效率最高的年龄 4岁以前是智力发展的最迅速时期,一般来说,1岁前应以感知和运动训练为主,1岁到2岁半应以语言训练为主,2岁以上应以认识能力的训练为主。

(1)出生后6个月是婴儿学习咀嚼和喂干食物的关键年龄,过了这个关键年龄,婴儿就可能拒绝咀嚼于食物,并从口中吐出食物。

(2)出生后9个月至1岁是分辨多少、大小的开始。

(3)2~3岁是学习口头语言的第一个关键年龄,也是计数发展的关键年龄。

(4)2岁半~3岁半是教孩子做到有规矩的关键年龄,应使之形成良好的卫生习惯和遵守作息制度的习惯。4岁以前是形象视觉发展的关键年龄。

(5)4~5岁是开始学习书面语言的关键时期。

(6)5岁左右是掌握数学概念的最佳年龄,也是儿童口头语言发展的第二个敏感时期。

(7)5~6岁是掌握语言词汇能力的最佳时期。

项目实践

案例分析

语言能力的开发方法有:示范模仿法、视听讲做结合法、游戏法、练习法、表演法等。方式有学说普通话、看图讲话、欣赏与表演。和婴幼儿一起欣赏优美的歌声、乐曲、故事、童话歌舞剧,感受优美悦耳的音乐与节奏,用动作、表情或跟唱来激发婴幼儿的兴趣、早期阅读、语言游戏。以上这些方式和方法可以开发婴幼儿语言能力。

项目练习

一、选择题

1. 对婴儿语言发展最初的阶段是
   A. 单字句   B. 多字句
   C. 复合句   D. 电报句
   E. 简单句

2. 婴儿会出现"分离痛苦"的年龄是
   A. 1 岁半   B. 2 岁
   C. 3 岁   D. 2 岁半
   E. 3 岁半

3. 口语表达的过程中要注意
   A. 发音、音调、语法、语意
   B. 书面表达和身体动作表达
   C. 声音的大小最为重要
   D. 流利的说话
   E. 口形的变化

4. 有利于提高婴儿社会交往能力游戏方法是
   A. 独自摆弄玩具   B. 不与同伴共同搭积木
   C. 独自绘画   D. 角色扮演
   E. 独处

5. 婴儿社会适应性能力主要表现在
   A. 婴儿学习能力的强弱
   B. 婴儿良好习惯的保持
   C. 生活自理能力、社会交往能力、保持良好情绪和人格发展等方面
   D. 婴儿动作技能的发展
   E. 工作能力

6. 婴儿进行人际交流的重要手段是
   A. 情绪和语言   B. 表情和手势
   C. 情绪和动作   D. 语言和手势
   E. 游戏

7. 婴儿期缺少伙伴或被同伴拒绝后常有的情绪表现是
   A. 大哭并伴随着肢体动作
   B. 羞怯、恐惧、自卑、孤独
   C. 恼怒、生气、大哭

   D. 不说话、不理睬人、不与伙伴玩
   E. 离家出走

8. 婴儿阅读能够促进
   A. 婴儿智力、情感、身体的健康发展
   B. 其听力有所发展
   C. 其眼睛的发育
   D. 刺激大脑的发育
   E. 语言发展

9. 为促进婴儿语言早期训练,可以采用
   A. 增强宝宝的触觉感知能力
   B. 加强儿肺、咽、唇、舌四个主要发音器官的锻炼
   C. 提高宝宝肢体的协调能力
   D. 加大呼吸系统的训练
   E. 刺激婴儿说话

10. 激发婴儿说话的需求,常用方式是
   A. 与婴儿做发音游戏,进行面对面交流
   B. 强迫婴儿与陌生人打招呼
   C. 多听成人说
   D. 哄着婴儿说话
   E. 读书

11. 婴儿参与游戏训练速度的特点是
   A. 活动量较小、安静而平和的游戏能够引起婴儿大脑的兴奋,促使脑干神经活跃
   B. 婴儿感觉困倦、身体不适或情绪不佳的状态适合选择比较激烈活动量大的游戏
   C. 婴儿动作发展开始时比成人慢,然后才逐渐熟练,使速度得以提高
   D. 婴儿在睡眠好、吃得好和情绪饱满的状态下适宜选择安静而平和的游戏
   E. 动作发展快,速度高

12. 促进婴儿语言早期训练的主要内容是
   A. 对舌头进行锻炼
   B. 加大认知量
   C. 做游戏
   D. 加强婴儿肺、咽、唇、舌四个主要发音器官的锻炼

E. 对嘴唇进行锻炼

13. 训练婴儿认知能力的主要内容,不完全正确的选项是
   A. 认识数字和汉字
   B. 认识颜色、练习画画
   C. 认识数字、认识颜色、练习画画、认识自然现象
   D. 认识数字、认识自然现象
   E. 听声音

14. 关于游戏设计表述不正确的是
   A. 选择设计的内容要符合婴儿生理心理特点
   B. 切忌把训练当作刺激或惩罚
   C. 训练的方法要因势利导,循序渐进
   D. 训练游戏越复杂越有利于婴儿的进步
   E. 训练的内容由少到多,由简单到复杂

15. 婴儿社会适应性能力良好体现在
   A. 生活自理能力、社会交往能力良好,保持良好情绪和人格发展
   B. 适应能力的发展良好
   C. 语言能力的发展良好
   D. 平衡感的增强
   E. 心理发展良好

16. 能提高婴儿社会适应能力的方法是
   A. 只和父母在一起
   B. 只与家庭成员交往
   C. 与父母、其他家庭成员和小伙伴交往
   D. 只与要好的伙伴玩耍,远离其他小朋友
   E. 与亲戚、朋友交往

17. 婴儿认知能力训练的注意事项是
   A. 注重训练结果
   B. 要注重宝宝是否都学会了
   C. 要注重训练的过程,不要过分追求训练结果

   D. 过程和结果都不重要
   E. 每样事情都做到很好

二、是非题

1. 早期教育从婴儿出生后一段时间开始,因为出生后大脑脑细胞发育缓慢,后天刺激后发育迅速。

2. 早期教育就是等同于智力开发,越早越好。

3. 婴幼儿的感知主要是视、听、触、味、嗅感觉,智力发展的基础。

4. 新生儿最发达的感觉是味觉,对不同的味觉有不同的反应。

5. 儿童心理发展的敏感期或最佳期,是指儿童学习某种知识和形成某种能力或行为比较容易,儿童心理某个方面发展最为迅速的时期。错过了敏感期或最佳期,学习就较为困难,发展比较缓慢。

6. 焦虑是一种预料到威胁性刺激又无能为力去应付的消极反应,是处于失助状态下采取有效行为去对付的时候产生的情绪。

7. 婴幼儿的依恋主要存在以下三种类型:安全型、回避型和反抗型。

8. 婴幼儿对新事物总会产生一种紧张感,经常性地表现出过度反应,则恐惧感就会越来越多地积蓄到婴幼儿心中,使他们不敢与外界事物打交道,最终成为一个胆小的人。

9. 3 岁左右的婴幼儿正处于母婴依恋强烈的时期,表现为特别"缠人"。

10. 4 岁左右是掌握数学概念的最佳年龄,也是儿童口头语言发展的第二个敏感时期。

三、实践操作

　　为一个正常的 10 个月的宝宝设计训练语言能力游戏,包括游戏名称、游戏时间、次数、注意事项,并设计出至少 3 种训练方法。

答　案

一、选择题
　　1. A　2. B　3. A　4. D　5. C　6. D　7. D　8. A　9. B　10. A　11. C　12. D　13. A　14. D　15. A
16. C　17. C
二、是非题
　　1. ×　2. ×　3. √　4. √　5. √　6. ×　7. √　8. √　9. ×　10. ×
三、实践操作
游戏名称:亲子交流游戏
游戏时间:5～15 分钟/次
游戏次数:每天 1～2 次
注意事项:
（1）多与婴儿交谈。

（2）用"儿语"声调与婴儿交谈。

（3）注意婴儿语言发展的差异性。

（4）注重发展婴儿的理解能力。

训练方法：

（1）鼓励婴儿多做发音练习，也可以模仿婴儿的声音来互相交流。

（2）将婴儿喜欢的三个玩具放在地板上，让婴儿叫出每个玩具的名称。

（3）创编一些接话的情景和游戏，如"小鸟飞，飞—飞—飞，宝宝也会飞，飞—飞—飞。""小鸡叽叽叫，宝宝也会叽叽叫。"让婴幼儿接话"飞，叽—叽—叫。"

（张兴平）

项目二　婴幼儿动作与技能训练

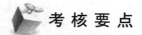 考 核 要 点

1. 婴幼儿大运动的发展规律。

（1）头尾规律、由近及远、先大肌肉动作，后小肌肉动作，先整体动作，后准确动作先正面动作，后反面动作、全面运动。★★

（2）大运动的发展顺序：抬头与翻身、坐、爬、站立和行走、跳。★★

（3）大运动的发展特点。

（4）大运动技能训练的意义：能够增强活力，增强其体质和体能、促进及脑部神经组织的发展。★

（5）大运动的训练原则：规律性发展、相互交织渗透发展、循序渐进、安全性原则。★★

2. 精细动作的发展特点和规律、发展顺序、选择和设计婴幼儿精细动作训练活动的意义和原则。★

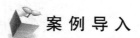 案 例 导 入

家里放着 3 个乒乓球、2 个纸盒。

思考：怎样给一个 10 个月男婴设计一个锻炼手指功能的游戏？

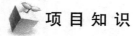 项 目 知 识

一、婴幼儿大运动的发展规律

1. **婴幼儿大运动发展规律**　婴幼儿运动发展始终遵循着一个共同的规律和特点，即从最初全身性的、笼统的、散漫的，以后逐渐分化为局部的、准确的、专门化的。

（1）头尾规律：婴幼儿总的动作发育方向是从头至脚，即顺着抬头—翻身—坐—爬—站—走这一趋势逐渐成熟的，最早是头部的动作，先会抬头，再会转头，以后开始翻身，6 个月左右会坐，再后是手臂和手的运动，最后才是站立和行走、腿和脚的控制。

（2）由近及远：动作发育的先后以躯干为中心，越接近中心部位（身体中轴）的动作发育越早，而离中心较远部位的动作发育相对较晚。以上肢为例，先是肩部和上臂动作的发育，接着是肘、腕部，最后手指动作的控制能力才逐渐成熟完善起来。

（3）先大肌肉动作，后小肌肉动作：粗大动作的发育先于精细动作的发育，如先是抬头、翻身、起坐等躯体大动作，手指的抓、捏等精细动作继后之。

（4）先整体动作，后准确动作：宝宝最初的动作是全身性的、泛化的，而后逐渐发育成局部的准确的动作。如对于1~2个月的宝宝，若将他的脸用手帕盖住，则宝宝表现为全身的乱动；到了5个月的时候，宝宝可表现为双手向脸部乱抓，但不一定能拉下手帕，而到了8个月时，即能迅速而准确地拉掉手帕。

（5）先正面动作，后反面动作：先能俯卧时抬头，而后才能仰卧时屈颈，先学会向前行走，再学会倒着走路，先能抓取物体，以后才是有意识地松手放开物体。

（6）全面运动：这时候的宝宝可以利用能跑能侧身运动全身的肌肉了，他可以不用父母的帮忙自发地开始运动，由粗大运动转到精细，再由精细回归到粗大运动。

2. 大运动技能训练的意义

（1）能够增强活力，增强其体质和体能：生命在于运动。婴儿的动作发展包括躯体和四肢的动作发展。婴儿最初3年的动作发展，如爬动、走路、伸手拿东西、推、拉、转是锻炼手眼协调和前庭觉脑部组织的先决条件，转圈、保持平衡、翻筋斗、做操、跳舞、摇摆、滚动对提高平衡能力、运动能力、写作能力、阅读能力、运动协调能力都非常有益。

（2）能够促进及脑部神经组织的发展，是大脑成熟的"催化剂"：动作和心理有着密切关系，人的活动是在神经系统特别是大脑的支配下，通过动作来完成的。动作发展在一定程度上反映大脑皮质神经活动的发展，特定的运动方式可以使整个脑部"串联起来"，0~3岁的大脑发育状况是由运动水平来体现的。

（3）能够促进其认知和社会行为的发展：人的身体适应过程和社会适应过程是从自然人到社会人的最重要内容，是生存和发展的基础。通过抚摸、拥抱和一起做运动游戏，可以帮助婴儿建立安全感和自信心，学会与人交流及与社会合作的技巧。婴幼儿期是开发运动潜能的敏感期。每个婴儿都蕴藏着无限的运动潜能。认知是大脑和身体相互协调的结果，美国心理学家克罗韦认为：运动是智力大厦的砖瓦。

3. 大运动的训练原则

（1）规律性发展原则：婴幼儿大运动训练一定要恪守规律性发展顺序，根据婴幼儿运动能力发展的总趋势，按照一定的方向、系统而有序地进行：1~3个月抬头，3~4个月翻身，5~6个月从仰卧到俯卧，6个月可坐，7~8个月开始学爬，10个月可扶栏行走，1岁开始独立行走，以后会跑、上下楼梯、双脚跳。训练应遵照婴幼儿大运动的发展规律来进行。

（2）相互交织渗透发展的原则：同时进行的有机体各部位运动发展是相互交织的，不同部位发展出现对抗或相反作用时，通过相互交织而进行再组织，可达到各部位运动动作的协调。实际上孩子越小，能力领域的分化水平越小。艺术领域能发展动作、语言和认识能力，社会领域也能发展语言和认识，身体动作领域也能发展语言、认识和生活技能，如此等等。在某一个活动中，只是以一个领域的目的为主，使其他相关领域的能力都得到发展。因此，在组织活动中，应尽可能地使各领域的能力得到渗透、融合、促进全面发展。

（3）循序渐进的原则：婴幼儿动作发展有一个循序渐进的过程，开始时反应要比成人迟缓一些。在游戏训练中，要配合婴幼儿动作发展的步调进行。如进行爬行游戏训练时，拿一个色彩鲜艳的玩具放到前面，让婴儿来取，不要还没等他费尽力气伸手来拿时，就把玩具塞到他手里。这样一方面达不到训练效果，而且还忽视了婴幼儿受训练过程中的主动性。应给婴儿留出充分的时间，尽量鼓励他完成这个动作，自己伸手拿到玩具，通过自己的努力来完成自己想要做的事。

（4）安全性原则：0~3 岁是婴幼儿努力探索世界、感知经验形成概念的时期，此时婴幼儿运动发展还尚未成熟，不安全的探索环境会让宝宝险象环生，因此，要为宝宝提高游戏品质，创造适当的游戏空间，这个空间必须是安全的、不受干扰的。

二、精细动作的发展

1. 精细动作的发展特点和规律

婴幼儿的精细动作发育稍晚于大肌肉，主要是以手部的动作发展为主。

（1）从肌肉运动状况看，手的粗大肌肉运动动作向手的精细肌肉运动动作发展。

（2）从手操纵物体看，由全手掌动作向多个手指动作发展，继而从多个手指动作向几个手指动作发展。

（3）从抓握物体的方向来看，首先是尺侧的动作发育，然后是桡侧，最后是手指功能的发育。

2. 精细动作的发展顺序

（1）3 个月前：1 个月以内宝宝的手常常握得很紧，到 3 个月时手就经常呈张开姿势，将小棒放在手中，能握住数秒钟。

（2）3.5~4.5 个月：持物时用整个手掌握物，抓握较小物体时，婴儿能够用自己小指和无名指抓住物体，靠在手掌上面，但是这种抓握非常的软弱无力，婴儿经常会抓不住物体。

（3）4~5 个月：能主动握物，但动作不协调，不准确，能玩玩具，往往双手去拿，把东西放到嘴里。

（4）5.5~6 个月：抓握较小物体时，动作为有大拇指参与的全掌抓握。

（5）7~8 个月：可以将物体从一只手换到另一只手。

（6）9~10 个月：拇食指对捏。能将手中物品放在桌上，当检查者向小儿索取玩具时，不松手。

（7）12 个月：拇食指指尖对捏，能把东西扔出去，会利用一些用具。

（8）18 个月：抓握较小物体时，动作为三指捏物。

（9）24 个月：学会使用简单工具，能控制不直接放在手上的东西，如系在线一端的玩具；能取想要的东西；独立玩拼图游戏；拿汤匙吃饭。

（10）24~36 个月：手部动作进一步熟练，有拆东西的愿望，喜欢把东西分离开来。

3. 选择和设计婴幼儿精细动作训练活动的意义

（1）精细动作练习对手眼协调具有积极的意义。精细动作练习对触觉和视觉的发展有很大的刺激作用，经常性地练习必定有利于手眼协调，从而促进大脑的发育。

（2）手部运动能刺激大脑发育。自古就有"心灵手巧"一说，手是认识事物某些特征的重要器官，是使用和创造工具的工具，是人类进化的重要标志。

（3）通过手的动作，可以使宝宝进一步认识事物的各种属性和联系，使宝宝知觉的完整性和具体思维能力得到发展。

4. 选择和设计精细动作的原则

（1）全面性原则：在活动选择和设计时应考虑动作训练的有序性与计划性，要尽量采取各种动作全面训练的活动，使手的肌肉都得到锻炼。

（2）反复操作性原则：孩子经验的获得需要多次反复，每一次反复中又都整合了已经获得的经验。所以，孩子喜欢反复操练同一种技能，反复进行已经玩过无数次的游戏。这类反复不是机械地重复,而是孩子加工信息的需要。在每一次反复中,都能获得新的感受和新的能力要素。

（3）整合性原则:在动手操作中实现做与玩的结合、动手与动口的结合、动手与动脑的结合,通过游戏达到练习的目的。在动手操作时要注重双手的协同训练,加强左手的练习,推动脑部的全面发展,使左右手协调配合活动。

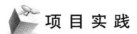 项 目 实 践

案例分析

锻炼手指的功能游戏:放球

给 10 个月孩子 3 个乒乓球和 2 个盒子,听口令:"把球放进盒子去",鼓励孩子做得好,又把球取出来,又指令:"把球放进盒子去",再次鼓励孩子。

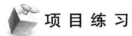 项 目 练 习

一、选择题

1. 婴儿与游戏训练速度的特点是
   A. 活动量较小、安静而平和的游戏能够引起婴儿大脑的兴奋,促使脑干神经活跃
   B. 婴儿感觉困倦、身体不适或情绪不佳的状态适合选择比较激烈活动量大的游戏
   C. 婴儿动作发展开始时比成人慢,然后才逐渐熟练,使速度得以提高
   D. 婴儿在睡眠好、吃得好和情绪饱满的状态下适宜选择安静而平和的游戏
   E. 动作发展快,速度高

2. 婴儿动作的发展遵循年龄特点的规律,其中
   A. 0～1 岁时是移动运动向基本运动技能过度,2～3 岁时是以发展基本运动技能为主
   B. 0～1 岁时以移动运动为主,1～2 岁时从移动向基本运动技能过度
   C. 0～1 岁时以移动运动为主,1～2 岁时以发展基本运动技能为主
   D. 1～2 岁时以移动运动为主,2～3 岁时以发展基本运动技能为主
   E. 1～2 岁时以移动运动为主向基本运动技能过度

3. 婴儿能在成人指导下学会主动坐盆是在
   A. 8 个月以后　　　　B. 1 岁以后
   C. 2 岁以后　　　　　D. 3 岁以后
   E. 4 岁以后

4. 婴儿的精细动作技能发展越好,标志着
   A. 手眼协调能力越好
   B. 人的大脑神经、骨骼肌肉和感觉组合的成熟度越好

   C. 两手动作相匹配越好
   D. 认知能力随两手动作发展越好
   E. 大脑成熟度越好

5. 婴儿动作的发展顺序遵从的规律是
   A. 从局部到全身性　　B. 从笼统的到准确的
   C. 从专门化的到散漫的　D. 从下肢到上肢
   E. 从指尖到手臂

6. 反映了动作发展与心理发展之间的关系的是
   A. 1 岁之前婴儿的动作发展越快,心理发展越好;1 岁以后则相反
   B. 动作发展对情感发展起决定性的作用
   C. 动作发展是测定婴儿心理发展水平的一项重要指标
   D. 动作发展水平越高,心理发展水平越低,反之也反
   E. 精细动作的发展

7. 婴儿运动空间的创设有利于促进发展
   A. 运动技能　　　　　B. 语言能力
   C. 精细动作　　　　　D. 美感
   E. 感知能力

8. 婴儿在攀登架上的攀援游戏,有利于促进
   A. 双手交替,促进精细动作的发展
   B. 运动时均衡的节奏感
   C. 增强宝宝的社会交往能力
   D. 左右足交替攀登,使上下肌肉发达、灵巧
   E. 语言的发展

9. 婴儿的大动作发展游戏中,大动作发展评价的原则是
   A. 不轻易判断婴儿的动作发展迟缓或有智力缺陷

B. 动态静态环境各有不同

C. 促进手眼协调的发展是首要的原则

D. 促进精细动作的发展

E. 语言的发展

10. 婴儿的大动作发展游戏中,特别需要注意

 A. 上下肢的刺激同时进行,时间短次数多、繁简搭配

 B. 对游戏中的表现,及时表扬及批评

 C. 上下肢的刺激同时进行、时间长次数多、动作复杂为宜

 D. 以促进认知能力的发展为首要原则

 E. 双手交替,促进精细动作的发展

11. 婴儿的前庭平衡系统得到充分的发展可通过

 A. 辨听声音等游戏

 B. 绘画、爬行、投球等游戏

 C. 上下斜坡爬行游戏

 D. 拼图、积木堆积等游戏

 E. 做游戏

12. 婴儿随着月龄的增长,两手的功能逐渐增强,关于手部动作训练正确的是

 A. 通过双手互动,实现手眼协调的训练

 B. 通过两手的活动促进社会交往的能力

 C. 通过手上肌肉的力量及双手、手指等有机配合,来完成近百种动作

 D. 通过手语使不会开口说话的孩子进行简单的交流

 E. 绘画、爬行、投球等

13. 符合婴儿精细动作发展的年龄特点的是

 A. 1~2岁表现出拿小勺吃饭、喝水等手部协调能力

 B. 1~2岁表现出拼插积木、粘贴等简单的手部控制能力

 C. 7~12个月表现出撕纸、玩水、拼图等手部控制能力

 D. 2~3岁表现出拍打、抓握等手部协调能力

 E. 8个月会穿衣服、做游戏

14. 0~6个月婴儿精细动作发展的训练重点的是

 A. 拍打、抓握、推拉等练习

 B. 拼插、堆积等练习

 C. 投掷、拼图等练习

 D. 发音、微笑等练习

 E. 绘画、爬行

15. 手指协调和控制能力的训练包括

 A. 拼插、堆积　　　　　B. 抓物、取物

C. 拍打、抓握、推拉　　　D. 玩胶泥、撕揉纸团

E. 投掷、拼图等练习

16. 婴儿精细动作设计训练需把握的基本规律是

 A. 交换取物规律、双手互敲规律

 B. 屈伸规律、左右规律、速度规律

 C. 生长规律

 D. 协调规律、动静适宜规律

 E. 生活规律

17. 设计选择手指训练的基本规律是

 A. 手指左右的运动

 B. 关注五指的能力练习,尤其强调加强无名指、小指的五指共用

 C. 关注五指的能力练习,只要大指和小指动作协调就可以了

 D. 双手对捏、双手鼓掌

 E. 婴儿精细动作训练

18. 学习分类与了解积木形状大小的首选游戏是

 A. 投掷积木的游戏　　　B. 藏积木的游戏

 C. 排列积木的游戏　　　D. 搭垒积木的游戏

 E. 拼插积木的游戏

19. 婴儿精细动作训练时的注意事项是

 A. 强调手指的屈伸训练

 B. 结合日常生活,做到生活化、具体化

 C. 要注意手指左右的运动

 D. 强调双手对捏和鼓掌的训练

 E. 双手排列积木

二、是非题

1. 婴儿的动作发展最初不是局部、准确、专门化,而是全身性、笼统、散漫的。

2. 婴儿运动空间的创设对促进运动技能、精细动作增长奠定了良好的基础。

3. 婴儿的动作发展是:0~1岁时以移动运动为主,1~2岁时从移动向基本运动技能过度。

4. 大运动技能的发展主要指头颈部、躯干、四肢幅度较大的动作,如胎头翻身、坐、爬、站、走、跳、独脚站、四肢活动和姿势反应、躯体平衡等各种运动能力。

5. 婴幼儿发展的顺序为两个月开始抬头、三个月翻身,四个月俯卧,五个月可坐,六个月学爬,七个月可站。

6. 大运动技能训练能促进脑组织的发展,增强体质和体能。

7. 大运动技能训练要根据婴儿发展顺序进行,要创造快乐的气氛,不宜感到疲劳。

三、操作技能练习题

1. 一个正常的 7 个月的宝宝设计大运动游戏,包括游戏名称、游戏时间、次数、注意事项,并设计出至少 3 种训练方法。

2. 为一个正常的 12 个月的宝宝设计精细动作游戏,包括游戏名称、游戏时间、次数、注意事项,并设计出至少 3 种训练方法。

 **答 案**

一、选择题

1. C　2. B　3. C　4. B　5. B　6. C　7. A　8. D　9. D　10. A　11. C　12. C　13. A　14. D　15. B　16. B　17. B　18. D　19. B

二、是非题

1. √　2. √　3. √　4. √　5. ×　6. √　7. √

三、操作技能练习题

第 1 题

游戏名称:爬行游戏

游戏时间:3～5 分钟/次

游戏次数:每天次数不限

注意事项:

(1) 粗大动作练习时要注意上肢下肢同时受到刺激。

(2) 粗大动作练习时要随时用表情和语言与婴幼儿进行沟通。

(3) 粗大动作练习时应做到时间短,次数多。

(4) 粗大动作练习时要做到循序渐进、动静交替、繁简搭配。

训练方法:

(1) 直线爬行:妈妈站在宝宝对面,张开手臂迎接宝宝,爸爸在宝宝身边保护宝宝,让宝宝沿着直线爬向妈妈的怀抱。

(2) 上下斜坡爬行:可使前庭平衡系统得到充分的训练。在有上下斜坡的地方爬行,每爬一步,身体感受到一次地心引力变化。

(3) 双侧交互爬行:爬时候是右手前进,左脚跟进,然后左手前进,右脚跟进,如同四足动物行进的姿势。

第 2 题

游戏名称:搭垒积木

游戏时间:1～3 分钟/次

游戏次数:每天 1～2 次

注意事项:

(1) 婴儿的精细动作练习不要过分追求技能的结果,它是强化脑的功能。

(2) 必须在大动作的发展基础上精细动作才能得到发展。

(3) 精细动作的训练要结合日常生活进行,做到生活化、具体化。

训练方法:

(1) 分堆:让婴幼儿把大的和小的积木分别放在不同的地方。

(2) 搭梯:先把一块大的积木摆平,再拿一块小的积木放到上面,反复训练,让婴儿体会积木的摆放方法。

(3) 放手:让婴幼儿按照自己的想象力去搭建图形,用两块、三块、很多块搭起来,推倒了重搭,婴幼儿在积木倒塌的声音中会获得愉快。

(张兴平)

项目三 婴幼儿语言能力训练

考核要点

1. 0～1岁婴幼儿感知语言,发展理解性语言阶段。让婴儿充分感知语言和练习早期发音;利用模仿,引发婴儿发音的兴趣;训练婴儿唇肌,做好发音前的准备 ; 语言游戏示范。★★

2. 1～2岁婴幼儿表达性语言发展阶段的训练方法。扩充或延伸宝宝所说的话,模仿宝宝的话,边做边讲,每天给宝宝读书,教宝宝认识身体各部位的名称,给你的孩子唱歌或童谣。★★

3. 2～3岁理解性语言和表达性语言阶段的训练方法。

4. 婴幼儿感知觉能力的训练:视觉训练、听觉训练、嗅觉训练、味觉训练、触觉训练。★★

5. 婴幼儿认知能力的训练:指认游戏、记忆游戏、方位及观察力游戏、感知抽象性游戏、颜色游戏、数字图形游戏。★★

案例导入

宝宝1岁,活泼好动,妈妈带着宝宝玩游戏,教宝宝指出身体各部位的名称和指认五官游戏。

项目知识

一、0～1岁婴幼儿感知语言,发展理解性语言阶段

(1)让婴儿充分感知语言和练习早期发音,使之感到兴奋、喜悦。多与婴幼儿说话,让其脑部充分感知语音刺激,当婴幼儿发出"啊、噢"声时,也以同样声音作出回答。

(2)利用模仿,引发婴儿发音的兴趣。宝宝一般对模仿动物的声音和汽车、火车的声音很感兴趣,要先教宝宝从感兴趣的声音学起,模仿小猫的"喵喵"、汽车的"嘀嘀"等。还可以配上相应的动作和手势,如打鼓、吹喇叭等,用以激起宝宝模仿的兴趣。如果宝宝发错了音,应及时纠正,不要批评,就某一发音进行纠正和强化,直到发音正确为止。

(3)训练婴儿唇肌,做好发音前的准备。面对婴儿时,可做出弹舌、打舌的动作,让婴儿模仿。另外,4个月开始的辅食添加,食物从流食向固体食物过渡,也能在某种程度上训练婴儿的唇肌,这样就为婴儿以后的开口讲话做好充分准备。

(4)语言游戏示范

1)游戏一

游戏名称:应答说话。

游戏目的:在逗引下,发出喉音。

适合月龄:6～9个月。

注意事项:和宝宝应答说话时,要让宝宝把自己发出的喉音与听到的声音联系起来。即老师发音让宝宝重复,宝宝发音,家长重复,使发的和听的是同一个音。当宝宝能发出喉音与应答时,老师要给予鼓励,如抱起宝宝亲亲等。

准备物品:捏响玩具一个。

游戏方法:教师将宝宝平躺着面对自己,然后用手拿着捏响玩具在孩子的左右上方轻轻捏出声响,当宝宝能随声源望去后,教师再将捏响玩具转移到孩子胸前,并上下慢慢移动,边移动边微笑着对孩子说:"a(啊)、o(噢)、u(呜)、e(呢)"等,逗引孩子作出应答。

2)游戏二

游戏名称:拍拍手、点点头。

游戏目的:训练理解语言与模仿能力。

适合月龄:6~9个月。

游戏方法:老师和宝宝面对面,老师说"宝宝,今天我们来玩一个拍拍手、点点头的游戏好吗?""好,现在宝宝把小手伸出来。"老师握着孩子的小手对拍:"拍拍手"。接着,要求宝宝自己拍拍手,2~4遍后,教师接着说:"我们再来一起点点头吧。"老师鼓励宝宝点点头。

3)游戏三

游戏名称:蝴蝶飞飞。

游戏目的:能模仿成人发出单音节的声音:飞(fei)。

适合月龄:10~12个月。

准备物品:用彩色皱纹纸做成若干蝴蝶,系在小棍子上(手掌大小)。

游戏方法:教师出示蝴蝶,并说:"宝宝,快看,这是什么呀?是蝴蝶吧,噢,蝴蝶真漂亮,还有翅膀呢。"教师拿着蝴蝶走到孩子们面前给他们捏,摸摸,并告诉孩子这是蝴蝶;接着教师手持小棍子在室内来回晃动,使棍子上的蝴蝶抖动起来,并反复说:"蝴蝶,蝴蝶,飞!飞!蝴蝶飞呀!"逗引孩子模仿说出飞(fei)的音节,这时带着宝宝追逐蝴蝶,一边说:"蝴蝶飞呀!飞呀!宝宝,蝴蝶干什么?"鼓励孩子模仿说出飞(fei)。

4)游戏四

游戏名称:听指示做动作。

游戏目的:理解成人语言,并做出相应的动作。

适合月龄:10~12个月。

准备物品:一只小筐、一辆小汽车、一个乒乓球。

游戏方法:教师向宝宝介绍小筐中的小汽车和乒乓球。教师说:"宝宝,请你们把小汽车拿出来。"这时,孩子从小筐中找出小汽车,并拿在手上。教师说:"现在,请宝宝把小汽车举起来。""好,现在请宝宝把小汽车送回到小筐里。"孩子按教师的指示语,将汽车送回到小筐中。教师再次请宝宝从小筐中拿出乒乓球,再举起,再放同筐中。老师与宝宝面对面坐着,再次按照刚才的活动程序与孩子进行操作活动:直至孩子能较准确地理解成人的语言,并做出相应的动作。

二、1~2岁婴幼儿表达性语言发展阶段的训练方法

1.训练方法

(1)扩充或延伸宝宝所说的话:当他说"妈妈工作"时,你说:"对,妈妈要去工作。"然后加上:"我会在吃饭时回来。"

(2)模仿宝宝的话:重复他试着说的话,把它们说正确,但不要告诉宝宝他说错了。

(3)边做边讲:谈论他正在做什么,说出他正在看和玩的东西的名字。

(4)每天给宝宝读书:如果他有兴趣就读书里的词,和他谈论照片,当你读到这些单词

时,让他在照片上指出来。

（5）教宝宝认识身体各部位的名称:在你帮助他穿衣或洗澡时给他说出它们的名称。

（6）给你的孩子唱歌或童谣:童谣、韵律和儿歌对你的孩子来说都是有趣的。他也许能添上童谣里一行缺省的最后一个单词。

2. 语言游戏示范

1）游戏一

游戏名称:妈妈好。

游戏目的:学说儿歌中的单词和短句。

适合月龄:12～18个月。

注意事项:最好由妈妈带着孩子参加这一活动。

准备物品:1张妈妈的照片。

游戏方法:教师说:"宝宝,你们的妈妈在哪里?"宝宝指出身边的妈妈,妈妈对宝宝说:"宝宝好",教师鼓励孩子说"妈妈好。"教师分别出示两张图片,一张是妈妈在为宝宝穿衣服,另一张是妈妈带孩子去公园,并一一讲给孩子听,接着教师问孩子"妈妈好吗?"并再次鼓励孩子说出妈妈好。教师念儿歌《妈妈好》两遍,妈妈和孩子跟着儿歌节奏拍手。两遍后,教师请妈妈带孩子念儿歌《妈妈好》,念完后大家一起鼓掌。孩子和妈妈一起欣赏妈妈的照片,妈妈一边看一边念儿歌"妈妈好"。

2）游戏二

游戏名称:开汽车。

游戏目的:学讲"汽车",并学"嘟嘟嘟"的叫声。

适合月龄:12～18个月。

准备物品:汽车图片,塑料圈一个(做方向盘用)。

游戏方法:教师说:"宝宝,你们有没有看过汽车呀? 有没有坐过汽车呢?"孩子回答:"有。"教师出示图片问孩子:"宝宝,你们看,这是什么?"鼓励孩子说出"汽车"。"对了,汽车喇叭怎么叫的呀?"如孩子回答不出来,教师就接着说:"汽车叫起来是'嘟嘟嘟'的声音。"孩子跟着教师学"嘟嘟嘟"—教师给孩子一个塑料圈并说:"现在,老师和宝宝一起来开汽车;宝宝一边开一边要说'嘟嘟嘟',好吧,开始吧。"孩子自由地坐在地毯上或站起,手拿塑料圈边开边说:"嘟嘟嘟。"

3）游戏三

游戏名称:小朋友好!

游戏目的:能模仿成人讲话。

适合月龄:12～20个月。

准备物品:布娃娃。

游戏方法:教师让布娃娃面向孩子,有感情地对布娃娃说:"小朋友你好啊! 看看小朋友多乖啊。"然后教师对宝宝说:"今天娃娃要和我们做游戏,看娃娃到哪儿去了?"可和布娃娃打招呼说着说着把娃娃突然藏起来并惊奇而又亲切地问:"小朋友呢? 小朋友在哪里啊?"做寻找娃娃的样子和动作。孩子追随。教师用慢而长的声音说:"小朋友! 出来吧!小朋友! 快出来吧!"娃娃出现,孩子们高兴。"小朋友来啦,我们拍手欢迎!"(这时老师鼓励或帮助孩子做拍手的动作)让孩子观察娃娃,鼓励孩子说"小朋友好"! 教师再亲切地说:"小朋友好! 小朋友要走了,我们跟小朋友说什么呢?"引导孩子说出"再见"再响亮地说一声:"小朋友再见!"引导孩子重说一遍。

4)游戏四

游戏名称:妈妈织毛衣。

游戏目的:看图学说话。

适合月龄:18~24个月。

准备物品:图片画面:妈妈坐在沙发上织毛衣。

游戏方法:教师出示图片,让孩子观察,之后提问:"这是谁?"孩子自由回答:"这是莎莎的妈妈。"莎莎的妈妈手里拿着什么?(毛线针、毛线)莎莎的妈妈坐在什么地方?(沙发)她坐在沙发上干什么?让宝宝学说:"妈妈织毛衣。"你的妈妈会不会织毛衣?给你织过毛衣吗?家里还有谁也会织毛衣?(这些问题可在老师的提示、帮助下回答)是怎么织的?学妈妈的样子。学说话:妈妈织毛衣,奶奶织毛衣等。

三、2~3岁理解性语言和表达性语言阶段的训练方法

1.训练方法

(1)提供"过家家"所需要的用品:收集那些宝宝可以在"过家家"游戏中使用的材料,比如旧的衣服、鞋子、帽子、篮子、盒子等。然后模拟故事场景,让他编故事。

(2)亲身体验旅行:在外出去机场、购物中心、邮局、消防队、图书馆和杂货店的时候带上宝宝。回家以后,你可以同他谈论在出去的路上看见了什么,以及你们一起做了哪些事。

(3)给孩子机会发挥他的创造性:印泥、橡皮泥、黏土、记号笔、粉笔、标签和绘图纸都是现成的好材料。和宝宝共同完成一个项目,这既是让宝宝发挥创造性的机会,也是同宝宝交谈的大好时机。

(4)谈论情感:当你帮助孩子刷牙或者梳理头发的时候,你能与他展开一场关于感情的讨论。在镜子里做出各种各样的表情。告诉宝宝与每一张面孔相对应的感情称作什么。鼓励宝宝模仿你的表情。经过几次练习后,可以要求宝宝做出愉快、悲伤、愤怒等表情。

(5)让音乐进入家庭:教宝宝简单的儿歌、童谣以及手指游戏,这有助于增加他的记忆力和语言技能。歌曲磁带在乘汽车旅行时和每天中的大量时间里都很有用。

(6)帮助宝宝了解物品的用途:宝宝已经知道很多东西的名称。现在,他需要知道这些物品是用来干什么的。和孩子一起,从杂志上找出有关食品、衣服、动物、玩具、颜色或者形状的图片。帮助孩子剪下这些图片来进行学习。和孩子一起给这些物体命名,并且谈论它们的功能。

(7)给出答案和得到答案:宝宝开始问这是什么、在哪里和为什么之类的问题。当孩子提出问题的时候,要热情地回答他。并且试着问孩子一些问题,比如:"为什么?""如果……那么是什么?""如果…… 怎么办?"

(8)让孩子有机会和其他孩子在一起:宝宝非常有兴趣观看他人的行动和听他们在说什么。两个或者三个孩子组成的游戏小组容易管理,而且也给宝宝提供听别的孩子说话的机会。

(9)谈论您的一天:在忙碌了一天之后,花点时间和宝宝谈论今天一整天你们的活动。问孩子他最喜爱的是什么,或者他不喜欢哪一种活动。把你的经验和感受告诉他。

2.语言游戏示范

1)游戏一

游戏名称:喂小猫吃鱼。

游戏目的:学习发音和短句:"喵呜!""小猫请吃鱼"。

适合月龄:24~30个月。

准备物品:小猫的毛绒玩具,自制小鱼若干。

游戏方法:老师问"宝宝,这是什么?""对了,是小猫,那么小猫怎么叫呢?"同宝宝学发"喵呜"的声音,可多叫几声。教师代小猫说话:"喵呜! 喵呜! 我肚子饿了。""宝宝,小猫饿了怎么办呢? 我来喂喂它吧。"转而问孩子:"小猫喜欢吃什么?"边问边拿出鱼,一齐学讲"小猫吃鱼"。"你看,老师这里有许多条鱼. 我们怎么来喂小猫呢?"教师做示范,走到小猫面前,将小鱼送入小猫的嘴里,并说:"小猫请吃鱼"宝宝自由地去喂小猫吃鱼。老师在一旁要提示孩子说:"小猫请吃鱼。"

2)游戏二

游戏名称:小猴干什么?

游戏目的:学说话,"有的小猴在…… 有的小猴在……"

适合月龄:30~36个月。

准备物品:图片,猴山上有一群猴子,有的在吃桃子,有的在翻跟斗,有的在荡秋千,有的在剥香蕉。

游戏方法:"宝宝,你去过动物园吗? 有没有看到过猴子? 老师知道宝宝最喜欢小猴子了,所以,今天老师把小猴请来了,你看……"教师边说边出示图片。"小猴子来啰,快来欢迎。"老师宝宝一起拍手欢迎,"你仔细看,这些小猴在干什么?"(孩子认真观察并自由交谈)。教师提问:"猴山上有许多猴子,有的猴子在干什么?"(荡秋千)同宝宝一起学说:"有的猴子在荡秋千"教师继续问:"有的小猴在干什么?"(吃桃子)一起学说:"有的小猴在吃桃子。"

3)游戏三

游戏名称:小柳树钓鱼。

游戏目的:初步能完整地富有表情地朗诵儿歌。

适合月龄:30~36个月。

准备物品:图片一张,画面上有小河、柳树,钓鱼玩具。

游戏方法:教师说:"宝宝见过钓鱼吗? 小柳树它看见别人钓鱼,它很想自己也来钓鱼,那么,小柳树能钓到鱼吗? 听了下面的这首儿歌,就知道了。"教师边操作图片画面,边念儿歌"小柳树钓鱼"两遍:小柳树,弯弯腰,放下绿线把鱼钓。钓呀钓,钓呀钓,一条鱼也没钓着,逗得太阳哈哈笑。之后提问。① 儿歌的名字叫什么? ② 小柳树怎样钓鱼的? ③ 它有没有钓到鱼儿呢? 宝宝跟教师练习朗诵。教师接下来同宝宝一起玩钓鱼玩具。

四、婴幼儿感知觉能力的训练

(一)视觉训练

光线和鲜明的色彩对新生小宝宝智力发育很重要,新生小宝宝的眼睛尽早地接受适当的刺激,可使视觉细胞及感觉功能得到迅速发展,能加强小宝宝视觉通路的成熟和大脑细胞的发育,对小宝宝的智力发展极为有利。

游戏名称:视觉追踪操。

游戏目的:发展宝宝视觉能力。

适合月龄:0~4个月。

准备物品:彩色玩具。

游戏方法:准备姿势,让小宝宝仰卧,头部自然放松,父母手拿一件彩色玩具,在离小宝宝眼睛40~50cm处晃动,吸引他的注意力。开始操作:共做两个八拍,第二个八拍反复第一个八拍。①父母将玩具从中间位置移向左边;②再返回中间位置;③再从中间位置将玩具移向右边,④再返回中间位置;⑤父母将玩具移向小宝宝头部的上方;⑥再返回中间位置;⑦再将玩具从中间位置移向小宝宝头部的下方;⑧再返回中间位置。

1)实例一:把小宝宝抱到光亮的地方,他会张开眼睛盯着看,如果把他抱到黑暗的地方他就会感到很不安,手脚乱动。接近满月时,新生小宝宝逐渐产生了视觉的选择与注视活动的物体。

2)实例二:为了满足小宝宝的视线需求,爱心妈妈可选用红色塑料花或有色彩的玩具,或用红布包着的电筒吸引宝宝的视线,使他目光追踪这个物体。2个月的小宝宝只能跟踪左右水平位的移动,到了3个月可以跟踪上下垂直位的移动。以后还可以将物体在他头的四周转圈,从左、上、右、下地移动,如他不跟踪了,就要重新吸引他的视线。

3)实例三:可以在宝宝的小床或小车前上方挂些色彩鲜艳有声响的玩具,但不宜过多,因为小宝宝并不喜欢眼花缭乱。玩具不要都挂在当中,可分挂两边,距离以30~40cm为宜,大的玩具可以略高一点,小的玩具略低些,形状可以不同、当无声不动的玩具与有响声能摇动的玩具同时放在眼前,你会发现小宝宝会注视有动感、有声音的玩具。随着月龄的增长,小宝宝的大脑发育会有很大的进展,这种选择与注视会不断地变化。

4)实例四:4~5个月的小宝宝可以分辨颜色了,但仍最喜欢红色。他对自己喜欢的一件物体或一张挂历会注视很久。并喜欢看人的脸,因为人脸既复杂,又清晰,变化无穷,眼睛有光有色,伴随着还有表情和温声笑语。这时候,小宝宝的视线已能从一个物体转到另一个物体上了。更喜欢照镜子,看见镜子里的自己和抱着他的人会开心地微笑。

(二) 听觉训练

发展听觉是发展语言功能的重要环节。对小宝宝的听觉训练,主要是通过听成人讲话和日常生活中的各种声音,其中妈妈的讲话对小宝宝最为重要。

1)实例:在跟宝宝交流时要有距离,有时离他近些,有时离他远一些,跟小宝宝讲话时要面对着他,要表情丰富,声音有高有低,亲切温和。与宝宝对讲时,要让小宝宝注视着你的口形的变化,这样有利于发展宝宝视觉与听觉的协调。宝宝出生后的第二周和第三周,就会发出"哦哦"的声音来回答你了。你跟他说得越多,他的听觉受到的刺激也越多,他就会讲得越多。

2)游戏

游戏名称:听声音,找找看。

游戏目的:训练听力。

适合月龄:3~12个月。

练习时间:10分钟左右。

游戏方法:准备一些会发声、带响的玩具(如拨浪鼓、八音盒、橡皮捏响玩具等),吸引婴儿转动头部和眼睛去寻找声源,转动角度最大可至180°。在婴儿会爬行以后,可以把会发声的玩具(如声光球、八音盒等)藏在隐蔽处,让婴儿根据声音,判断声源方向,把玩具找出来。

(三) 嗅觉训练

经研究证明,嗅觉的灵敏,能提高脑部对气味的灵敏度,使脑波变大,使人脑部的运动会更加灵活。对刚出生的小宝宝可以采用几种游戏来练习他的嗅觉,这几种游戏对开发小宝宝的大脑智力有所帮助,并可以刺激宝宝的嗅觉发展。

1) 实例一

闻香:父母可以把烧好的菜,放在小盘上,经常让小宝宝闻闻并对他说:"香不香?"让小宝宝学会享受食物的香味。

2) 实例二

吃完饭洗碟子时,也可把香皂放在小宝宝的鼻子前让他嗅一嗅,并对他说:"这是肥皂,香不香?"让小宝宝学会用鼻子呼吸。

3) 实例三

还可以选择散发酸味、甜味和咸味的 3 种食品,一边让小宝宝嗅味道,一边告诉宝宝这是甜味,这是酸味,这是咸味等。

注意事项:家里的人最好不要抽烟,以免破坏了小宝宝的嗅觉灵敏。

(四) 味觉训练

宝宝出生后第 1 个月末至第 2 个月初,开始形成由香味引起的条件反射,或是由甜味引起的条件反射。从第 4 个月起,能够比较准确而精细地区分出酸、甜、苦等不同的味道。这就是人天生具有的本能。有两个实例可以观察出刚出生的小宝宝对味觉的区分非常灵敏。

1) 实例一

宝宝出生 24 小时之后开始有味觉功能,能区分白水、橘子水和白糖水。只接受无味、甜味和乳汁,对其他酸、咸、苦等味道以哭闹拒绝。小宝宝在出生两周以后熹欢喝浓度高的糖溶液,对白开水没有兴趣。

2) 实例二

只吃母乳的宝宝对甜的溶液也不太感兴趣,有时会对菜汁或果汁感兴趣。因此在宝宝刚出生时期,由母乳换牛奶,或牛奶换母乳,不会引起宝宝的拒绝,但再大些后就不行了。当宝宝吃惯了母乳后,突然给他改换了牛奶,宝宝就不喜欢吃,或者以不吃来抗议。随着宝宝逐渐地长大,做父母的更要重视对宝宝味觉功能的培养。

3) 游戏

游戏名称:尝一尝,甜不甜。

游戏目的:发展孩子的味觉,区分甜与不甜的食物。

适合月龄:18～24 个月。

注意事项:活动中注意牙签不要戳到孩子;孩子不想吃的食物不要勉强。

准备物品:装有食物的盘子,苹果、香蕉、蛋糕、酸梅肉、咸菜各两块,牙签两根。

游戏方法:教师说:"宝宝看,教师今天带来了许多好吃的东西。这是苹果,这是香蕉,你们想不想吃呀?"请一个孩子上前品尝,然后问"甜不甜呀?"孩子回答"甜"或"不甜"。给宝宝一份食物,可以和孩子共同品尝,吃相同的食物,吃一种问一次"甜不甜呀?"请孩子回答,直至吃完全部食物。

(五) 触觉训练

触觉能帮助宝宝认知客观事物的整体。对任何一个事物,都包含多方面的属性,单纯靠某一种感觉,是不能把握的。比如我们用一个苹果对宝宝来测验的话,仅凭小宝宝的视觉,只能看到它的颜色;仅凭嗅觉,只能闻到它的清香味;仅凭味觉,只能尝到它的酸甜味;仅凭触觉,也只能感到它的软硬度。所以,对小宝宝来说.加强训练各种感觉器官的综合活动是很必要的。

1)游戏一

在小宝宝躺着或坐着时,给他提供一些纸张,让他做撕扯游戏,撕纸的游戏可以使小宝宝初步认识到自己有改变外界环境的能力,从中得到乐趣,并训练手眼之间的协调能力,促进脑功能的健全与思考能力,还可以使双手的精细动作更加发达,做父母的不可以放弃这个简单易行的游戏。

2)游戏二

给小宝宝不同质感的东西让他触摸。给一些可以敲打的玩具让他游戏。

3)游戏三

给小宝宝能拿在手里拉扯的绳子或能打开盖子的玩具让他游戏。

4)游戏四

游戏名称:划圈抓痒痒。

游戏目的:训练小宝宝的触觉灵敏和反应灵敏。

适合月龄:12～24个月。

注意事项:游戏时,如果宝宝找不准相同的手指的话,父母应耐心地帮助他,可以通过辨别手指外形特征或运用一一对应的方法观察找准手指,进行游戏。父母还可以动脑筋发明新的玩法,比如在手指上画上人脸或动物形状,编小故事和小宝宝一起玩游戏方法。把小宝宝抱坐在腿上,爸爸或妈妈在小宝宝手心上用手指划圈圈,边划边说一个圈、两个圈、三个圈。划时小宝宝手心有点痒,他会很开心地咯咯笑、然后让小孩在大人手心划圈抓痒痒,爸爸或妈妈假意躲闪,逗小宝宝开心。

五、婴幼儿认知能力的训练

(一)指认游戏

1)游戏一

游戏名称:摸五官。

游戏目的:能用手正确指出五官。

适合月龄:10～12个月。

注意事项:等孩子大点还可扩大到脚、手等。

游戏方法:老师和孩子面对面散坐在地毯上。说:"今天,宝宝要和爸爸(妈妈)玩游戏。摸摸眼睛、鼻子、耳朵、嘴在哪里,看看哪个宝宝最能干。""宝宝,摸摸这,摸摸那,摸摸小鼻子,用手指出来。"让孩子用手指住自己的鼻子,老师看看,孩子指对了没有,眼睛、耳朵、嘴用同样的方法。教师再接着说:"宝宝,宝宝真爱玩,摸摸这,摸摸那,摸摸老师的耳朵,用手指出来。"让孩子用手摸成人的五官,眼睛、嘴、鼻子用同样的方法。

2)游戏二

游戏名称:认识衣服和裤子。

游戏目的:能将衣服和裤子分类。

适合月龄:18～24个月。

准备物品:大小衣服和裤子各一套,画有衣服、裤子的卡片3～4张。

游戏方法：教师手拿一件大衣服问："宝宝，这是什么？"可同宝宝一起说（衣服），"这是谁穿的衣服？""爸爸的。""噢，这是一件爸爸穿的大衣服。"教师手举一件小衣服说："这件衣服给谁穿？""宝宝。"用相同的方法认识裤子。教师将衣服和裤子分别放在两张椅子上，然后将衣服和裤子的卡片发给宝宝，宝宝手上拿3～4张。教师说："宝宝，我们来玩个找朋友的游戏，从手上拿一张卡片，看看，是衣服还是裤子，是衣服的放在衣服这边．是裤子的放在裤子那边，看看哪个宝宝的眼睛看得清楚，放得对。""请宝宝把衣服卡片送过来""请把裤子卡片送过来。"这期间，教师观察孩子送对了没有，给送对了的鼓励，给送错了的帮助、提示。反复几次，直到送完。

3）游戏三

游戏名称：听音辨动物。

游戏目的：能用耳朵听动物的叫声辨认动物。

适合月龄：24～36个月。

注意事项：所选用的小动物必须是孩子熟悉的。

准备物品：猫、狗、鸡、鸭、羊的图片，几种动物叫声磁带一盘，录音机一台。

游戏方法：教师依次出示图片问："这是什么动物？""它是怎样叫的？"分别认识并模仿它们的叫声。然后，教师放动物叫声的磁带给宝宝听，让宝宝将动物与动物的叫声对应起来，教师可问宝宝："这是谁在叫？它是怎么叫的？"让宝宝模仿小动物叫；如宝宝说对了，教师便将这个动物出示给宝宝看；如果宝宝说不出，教师也可以出示图片给予提示。再发给宝宝一套动物图片说："宝宝，我们来做个'听声音'，找找小动物的游戏。"老师可以放磁带，也可以自己模仿小动物的叫声，然后请孩子在图片里找出小动物，孩子找对了，宝宝可引导孩子凭自己的生活经验说一说此动物的一些特征，宝宝说得好，老师可以给其鼓掌或亲亲、抱抱宝宝。

（二）记忆游戏

1）游戏一

游戏名称：玩魔方。

游戏目的：锻炼观察力、记忆力。

适合月龄：10～12个月。

注意事项：画的内容可以是孩子感兴趣的任何东西。

准备物品：一个各面贴有好看的彩色画的魔方，如汽车、小花、小猫等。

游戏方法：老师抱宝宝坐在地毯上，让孩子玩魔方，熟悉魔方的画。教师说："宝宝，老师这儿有一个魔方，看看上面有什么？"翻动魔方与宝宝一起指认上面的画面，如转到一个画面时，告诉宝宝，"这是汽车"，"这是小花"……也可让宝宝自己转动魔方，等宝宝比较熟悉画面后，让宝宝听指示语，指出"小花在哪里"，"小猫在哪里"……

2）游戏二

游戏名称：认家门。

游戏目的：训练记忆力。

适合月龄：12～24个月。

注意事项：小心别让人家的宠物吓着宝宝。

游戏方法：这是一个比较漫长的游戏。妈妈在日常生活中应该有意识、有目的地让宝宝记住自己的家，比如房子的形状、阳台上的小鸟笼、楼房的颜色、家门口的树等标志性的东西。等宝宝对家里周围的环境熟悉了以后,找个机会考考他。带宝宝出去,回来快到家的时候让宝宝"带路"。对他说:"妈妈今天迷路了,找不到家门了,由你来带路好不好,好好想想,咱们家周围有什么?"如果宝宝很犹豫,您可以提示他:"咱们家门口有一个好大好大的牌子,上面有个小朋友手里拿着一块蛋糕,对了,门口还有一棵高高的树。"只要您有耐心,用不多久,宝宝就会帮您找到回家的路。还有一招也能让宝宝牢牢记住自己的家门,那就是"将错就错"。如果宝宝确实记错了而走进邻居的家门,那你就带他进去吧。恐怕进去以后不等你说,宝宝自己就"傻眼"了,这时候你再耐心地给他描述自己家里及周围的环境。

3)游戏三

游戏名称:猜猜它是谁。

游戏目的:锻炼观察力和记忆力。

适合月龄:24~36个月。

注意事项:宝宝猜的动物卡片的数量可根据孩子的水平灵活决定。

准备物品:小羊、小兔、小狗、小鸭、小猫的卡片。

游戏方法:教师拿出小熊、小狗、小兔的图片,贴在黑板上,让宝宝说说动物的名称。然后,教师把图片一一翻过来,教师手指一张图片问宝宝这是谁,宝宝说对后,教师把图片翻开,并拍手鼓励;接着教师分别指另两张图片,问宝宝这是谁,说对了,教师拍手鼓励。教师变换图片的位置,用同样的方法.再做一次游戏。教师把卡片发给宝宝,面对面坐好,把卡片摆开让宝宝观察并记住某一动物卡片的位置,然后一一翻过卡片。老师说一个动物的名字.宝宝就从中找出一张卡片,宝宝如找对了,老师可亲亲孩子,待游戏玩熟悉以后,可以让宝宝操作图片说出动物名字给家长猜,游戏可反复玩2~3次再结束。

(三) 方位、观察力游戏

1)游戏一

游戏名称:区分前、后。

游戏目的:能区分前、后。

适合月龄:24~36个月。

准备物品:贴绒画"拔萝卜"。

游戏方法:教师出示画面,说:"老爷爷种的大萝卜长大了,要把萝卜拔出来,可是拔呀拔,拔不出来.老爷爷怎么办?"教师边说边演示动作,并逐一说出:"老奶奶在老爷爷的后面,小姑娘在老奶奶的后面,小猫在小狗的后面……"教师要求宝宝跟着老师一起说。教师接着问"宝宝看看谁在小猫的前面?""谁在小姑娘的前面?"教师反复提问,练习句子"×××在×××的前面或后面"。

2)游戏二

游戏名称:观察石头。

游戏目的:训练宝宝的观察力。

适合月龄:24~36个月。

准备物品:各种各样的石头若干。

游戏方法:教师引导观察。跟宝宝坐在一起,中间放着石头。教师与宝宝共同观察,石头是什么颜色的? 是什么形状的? 鼓励宝宝积极地表达。让宝宝用手摸一摸石头是怎样的? 把石头扔在地上,看看怎么样? 教师小结:石头的颜色有的是黑的,有的是白的,还有的石头上有花,很漂亮。有的石头是尖尖的,还有圆的。石头摸上去凉凉的、滑滑的。石头很硬,不会摔碎。让宝宝发挥想象并去寻找:教师问在哪里见过石头?请孩子发挥想象自由地说。再与孩子一起到户外去找一找石头,并说一说找到石头的颜色、形状,对积极地参与寻找的孩子给予表扬。

(四) 感知抽象性概念游戏

1) 游戏一

游戏名称:套纸盒。

游戏目的:感知大、小。

适合月龄:18~24 个月。

准备物品:2~3 个大小不一的硬纸盒。

游戏方法:教师手拿两个同样形状、大小不同的硬纸盒(长方体或圆柱体的)说:"宝宝,老师手上两个纸盒一样大吗? 哪个大,哪个小?"让孩子指认。教师接着说:"今天我们要和这一大一小两个盒子做游戏,看,老师把小盒子套在大盒子里面,你们也套一套好吗?"在老师的协助下,孩子玩套纸盒游戏。老师再拿两个同样形状、大小不同的硬纸盒对孩子说:"哪个大,哪个小? 请把小的套在大的里面。"看看孩子是否会做,套完一对,要给予鼓励,再继续进行。这次让孩子自己选择大小两个同样形状的纸盒。如大小选择对了,形状选择错了,家长要给予帮助,避免不同形状套不合适。

2) 游戏二

游戏名称:请你摸一摸。

游戏目的:感知物体的光滑、粗糙,获得不同的触觉经验。

适合月龄:24~36 个月。

注意事项:匹配分类时,宝宝如果感觉错了,可提醒反复触摸,不能包办代替。准备物品:粗糙的石头、光滑的鹅卵石、粗糙的塑料弹子和光滑的玻璃弹子,粗糙的松果和光滑的皮球。

游戏方法:教师给宝宝一块石头、一颗塑料弹子和一块鹅卵石、一颗玻璃弹子,与宝宝一起玩,提醒宝宝摸摸不同东西的感觉是不是一样的。教师再给宝宝一个皮球和一个松果,让宝宝摸摸后讲一讲自己的感觉,然后让孩子分别挑出与皮球或松果的感觉差不多的物体放在一起,即把光滑和粗糙的物体各放一边。教师问:"哪一边的东西摸上去是光滑的(或是粗糙的)。"教师小结:有的东西摸上去是光滑的,有的东西摸上去是粗糙的。老师再带孩子到房间的各处去看看:摸摸什么地方是光滑的,什么地方是粗糙的。

3) 游戏三

游戏名称:认识冷和热。

游戏目的:感知物体的冷、热。

适合月龄:24~36 个月。

注意事项:要防止水袋里的热水变冷,游戏时间不宜过长。

准备物品:一瓶白色的冷水,一瓶红色的热水,冷水袋和热水袋各 1 个。

游戏方法:教师指着桌上一红一白两瓶水提问:"这里有几瓶水? 这两瓶水有什么不一样? 我把装水的瓶子给你,请宝宝摸摸看看有什么不同。"教师让宝宝摸一冷一热两个装水的瓶子,并指导宝宝摸摸、看看,讲讲两瓶水不同的地方(颜色、冷热)。教师说:"我们来摸摸红色的水。"启发宝宝说水是热的,让宝宝想想,还有什么东西是热的,帮助宝宝一起回想曾经摸过的或吃过的热的东西,启发宝宝说出来。教师再让宝宝摸白色的冷水,过程同上。

在宝宝面前放上许多冷的和热的水袋,让宝宝摸一摸,按教师指令先拿一个冷水袋,再拿一个热水袋,可反复游戏2~3次,让孩子触摸水袋,从而感知冷和热。

（五）颜色游戏

1）游戏一

游戏名称:绿色日。

游戏目的:找出相同的颜色。

适合月龄:18~24个月。

注意事项:孩子认识颜色,第一步是学习如何将相同的颜色进行配对,但是他还不能正确地指向或者叫出它们的名称。当孩子能够给6种颜色配对时,就可以转入下一步的学习。

游戏方法:安排一个颜色日。可以一周或者几天一次,告诉孩子今天是一个学习颜色日。然后一起把注意力集中在他最感兴趣或者正在学习的一种颜色上。比如,让孩子知道今天是"绿色日"。找出绿色的衣服,用绿色的饮料,制作绿色的爆米花,在用餐的时候为孩子提供绿色的水果和蔬菜等。这一天所做的强调绿色的事情越多,孩子学习的效果就越好。

2）游戏二

游戏名称:指黄颜色。

游戏目的:认黄颜色。

适合月龄:24~30个月。

注意事项:指出颜色,这是认识颜色的第二步。孩子已经能够给相同的颜色配对,现在他将学习按照要求来指出一种特定的颜色。

游戏方法:对孩子说:"在房间里看见了什么黄色的物体?"都鼓励他指出他看到的物体,并且说出颜色的名称,例如,"是那把黄色的椅子吗?"

3）游戏三

游戏名称:选颜色。

游戏目的:指认更多的颜色。

适合月龄:30~36个月。

注意事项:说出颜色的名称,这是学习颜色的最后一步。孩子现在已经能够说出颜色的名称以及物体的颜色。

准备物品:五颜六色的彩带。

游戏方法:老师把五颜六色的彩带抓在手里,选出一根让宝宝看是什么颜色。"宝宝你看,这是什么颜色的彩带?"宝宝答对后给予鼓励,答错了就告诉他正确的内容,让他再次指认,要宝宝想象相同颜色的物体,如:"哦,这是红色的彩带,宝宝再想想看还有什么东西是红颜色的。"

（六）数字、图形游戏

1）游戏一

游戏名称:拼图。

游戏目的:发展观察力和手的协调动作。

适合月龄:24~36个月。

注意事项:宝宝任意拼出什么图,都应鼓励,增强宝宝学习的自信心。

准备物品:准备几个三角形和正方形的彩色纸板。

游戏方法:教师手举三角形和正方形图片,对孩子说:"宝宝,看老师手里拿的是三角形和正方形,今天我们就和它们玩游戏。"教师边说边把图形拼出新的图形,如:"好,宝宝,我们一起来玩拼图游戏。"老师拼图给宝宝欣赏。老师指导宝宝一起做游戏,以提高宝宝的兴趣,老师拼出新的图形时,要让宝宝猜猜像什么,再告诉宝宝拼的是什么。宝宝独自拼图,教师在一旁欣赏、鼓励,使宝宝拼出更多图形组合。

2)游戏二

游戏名称:多、少、一样多。

游戏目的:比较物体的多和少,并获得"一样多"的经验。

适合月龄:30~36个月。

注意事项:可和宝宝常玩此类游戏,相比较的物体数量可根据孩子的能力,逐步增加。

准备物品:2个果盘,6个苹果,糖若干。

游戏方法:教师拿出2个果盘,一个果盘里放有1个苹果,另一个果盘里放有3个苹果。教师提问哪只果盘里的苹果多,哪只果盘里的苹果少,让宝宝指认。然后在放1只苹果的果盘中再放进1个苹果,使其变成3比2,问宝宝现在哪边多,哪边少。宝宝指认后,教师再放进1个苹果使其变成3比3,问宝宝"现在怎样了",启发宝宝当两边的苹果都是3个时,应该说"一样多"。与宝宝面对面坐好,老师左手里有3颗糖,右手里有1颗糖,问宝宝哪个多哪个少,宝宝答对后,右手里增加一颗变成3比2,问"哪个多,哪个少"。老师的两只手里各拿3颗糖问宝宝"两只手各有几颗糖?是不是一样多?"如果孩子答不出,老师可提醒宝宝说"一样多"。然后在手里各放2颗,各放1颗,让宝宝说出"一样多",以加深印象。

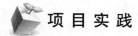

项目实践

案例分析

游戏名称:摸五官。

游戏目的:能用手正确指出五官。

适合月龄:10~12个月。

注意事项:等孩子大点还可扩大到脚、手等。

游戏方法:老师和孩子面对面散坐在地毯上。老师说:"今天,宝宝要和爸爸(妈妈)玩游戏。摸摸眼睛、鼻子、耳朵、嘴在哪里,看看哪个宝宝最能干。""宝宝,摸摸这,摸摸那,摸摸小鼻子,用手指出来。"让孩子用手指住自己的鼻子,老师看看,孩子指对了没有,眼睛、耳朵、嘴用同样的方法。教师再接着说:"宝宝,宝宝真爱玩,摸摸这,摸摸那,摸摸老师的耳朵,用手指出来。"让孩子用手摸成人的五官,眼睛、嘴、鼻子用同样的方法。

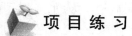

项目练习

一、选择题

1. 可以帮助婴儿提高认知能力的是

    A. 观察和思考　　　　B. 感觉和感知

    C. 感觉和知觉　　　　D. 知觉和直觉

    E. 感觉和触觉

2. 训练婴儿手的精细动作的方法是不正确的是

    A. 摸一摸、动一动、闻一闻

    B. 看一看、爬一爬、跳一跳

    C. 摸一摸、咬一咬、闻一闻

    D. 听一听、看一看、闻一闻

    E. 听一听、看一看、读一读

3. 6~12个月婴儿最常用的认知方式是

    A. 语言　　　　　　　B. 思维判断

    C. 动作　　　　　　　D. 眼睛看

    E. 耳朵听

4. 培养婴儿思维能力的有效方法是

    A. 概括思维教育

B. 抽象思维教育

C. 采用现代化教学方法

D. 用形象、声音、色彩和感觉等直观方法

E. 大量阅读

5. 不属于婴儿认知能力的主要内容的是

A. 早期空间概念的发展

B. 大小概念、几何图形和颜色的概念

C. 自我身体的概念认知

D. 生活自理的提高

E. 空间知觉的发展

6. 婴儿提高认知能力的途径是

A. 认识颜色、认识数字和汉字

B. 认识数字、认识颜色、练习画画、认识自然现象

C. 认识数字和汉字、认识颜色

D. 认识汉字、认识颜色、认识自然现象

E. 练习画画、认识数字和汉字

7. 亲子阅读时常用的方法是

A. 挑选婴儿喜欢的图书或连环画,带婴儿大声朗读,让他体验阅读的快乐

B. 挑选的图书应是家长喜欢的

C. 毫无目的地讲几个故事

D. 阅读后不要问婴儿问题

E. 家长带着孩子默读

8. 婴儿认知能力训练的注意事项是

A. 注重训练结果

B. 要注重宝宝是否都学会了

C. 要注重训练的过程,不要过分追求训练结果

D. 过程和结果都不重要

E. 要注重训练的过程,不要追求训练结果

9. 完成个体言语发声通过

A. 听觉器官和思维

B. 肢体和视觉器官

C. 发音器官和听觉器官

D. 呼吸器官和消化器官

E. 通过声带完成

10. 口语表达包含的主要内容是

A. 肢体语言和书面语言的结合

B. 流利的说话

C. 书面表达和身体动作表达

D. 发音、音调、语法、语意

E. 肢体语言

11. 能够促进婴儿语言理解能力发展的是

A. 口语理解和书面语理解

B. 符号认知以及口语理解

C. 精细动作

D. 感知经验、概念建立以及对符号、口语理解

E. 发生器官

12. 促进婴儿语言早期训练,要

A. 增强宝宝的触觉感知能力

B. 加强婴儿肺、咽、唇、舌四个主要发音器官的锻炼

C. 提高宝宝肢体的协调能力

D. 加大呼吸系统的训练

E. 大声朗读

13. 可以激发婴儿说话的需求的是

A. 强迫婴儿与陌生人打招呼

B. 对不爱说话的宝宝可以惩罚

C. 与婴儿做发音游戏,进行面对面交流

D. 对不爱说话的婴儿要批评

E. 做游戏

二、是非题

1. 4~5个月的小宝宝可以分辨颜色了,最喜欢白色。

2. 要给婴幼儿创造一个丰富的语言环境,要抓紧时机多和婴幼儿说话,让其脑部充分感知语音刺激,传递语言信息。

3. 婴幼儿感知觉能力的训练包括视觉训练、听觉训练、嗅觉训练、味觉训练。

4. 4个月开始的辅食添加,食物从流食向固体食物过渡,也能在某种程度上训练婴儿的唇肌,这样就为婴儿以后的开口讲话做好充分准备。

5. 新生小宝宝的眼睛尽早地接受适当的刺激,可使视觉细胞及感觉功能得到迅速发展,对小宝宝的智力发展极为有利。

6. 24~36个月可感知知物体的光滑、粗糙,获得不同的触觉经验。

7. 10~12个月能用手正确指出五官,等孩子大点还可扩大到脚、手等。

8. 大小概念、几何图形和颜色不属于婴儿认知能力的主要内容的。

9. 口语理解和书面语理解能够促进婴儿语言理解能力发展的是。

10. 促进婴儿语言早期训练,要增强宝宝的触觉感知能力。

三、简答题

婴幼儿感知觉能力的训练包括哪些?

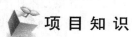

答 案

一、选择题 1. C 2. B 3. C 4. D 5. D 6. B 7. A 8. C 9. C 10. D 11. D 12. B 13. C

二、是非题 1. × 2. √ 3. × 4. √ 5. √ 6. √ 7. √ 8. × 9. × 10. ×

三、简答题 婴幼儿感知觉能力的训练包括视觉训练、听觉训练、嗅觉训练、味觉训练、触觉训练。

(张兴平)

项目四 婴幼儿社会适应性行为及人格培养

考核要点

1. 培养生活自理能力 学会穿脱衣服、学会独立进餐、学会洗漱、培养独立的个人卫生习惯、培养独立排便能力、培养乐于参与家庭劳动的习惯。★★

2. 游戏示范 穿鞋及脱鞋、拾豆豆。★

3. 照顾环境的能力即社会交往能力的培养及方法 帮助婴儿学会社会交往,提高社会适应能力、向婴儿传授社会交往的技巧、在游戏训练中提高社会交往能。★★

4. 良好情绪和人格发展的培养 经常让婴儿获得快乐、让婴儿慢慢学会控制情绪、让婴儿学会忍耐和宽容、和谐美好的家庭生活是培养良好情绪的环境因素。★★

案例导入

宝宝14个月,妈妈每天工作很忙,没有时间照顾宝宝,宝宝一醒来就哭,吃饭时不会用勺,饭粒撒到满地面。鼻涕往袖口处擦,还常常遗尿,妈妈请了一个育婴师。

思考: 育婴师应怎样培养宝宝生活自理的能力?

项目知识

一、照顾自己——生活自理能力的培养

1. 学会穿脱衣服 训练婴儿配合穿衣时要发出"伸手"、"举手"、"抬腿"等口令,让婴儿逐渐熟悉并用这些动作配合穿衣、穿裤。如果听不懂就用手势做示范动作,并对合作进行表扬,以后他就会主动伸臂入袖,伸腿穿裤。训练要从简单到复杂,逐步掌握穿脱衣服的技巧。1岁左右可以开始进行脱衣训练,最好从夏天学习穿背心、短裤开始,随着天气的变化,渐渐增加衣服并增加难度。2岁以后逐渐学会穿脱鞋袜,在成人的帮助下完成穿衣,3岁时能够自己系纽扣。

为了鼓励婴儿自己穿脱衣服的兴趣,防止把衣服穿反,可以买些前后有标记的衣服,如在胸前或膝盖上有动物图案的,使婴儿便于识别前后。训练过程中,成人可以协助完成不同的动作,但不要包办代替。要反复训练,耐心指导,帮助婴儿掌握基本要领。如穿衣服要先套头再伸袖子,系扣子要从下往上,如何分清鞋子的左右等等,同时要求婴儿把脱下来的衣服摆放整齐,养成做事有条理的好习惯。

2. 学会独立进餐 3~4个月的婴儿就可以训练让他自己抱奶瓶喝奶,5~6个月可以自己拿饼干往嘴中喂食,9~10个月学会捧杯喝水,1岁半左右的学会自己拿勺吃饭,2岁以

后就可以学用筷子吃饭。婴儿会坐以后,每次进餐时最好让婴儿单独坐一把椅子,将手洗干净之后,安静地等待就餐。

培养婴儿独立就餐的好处:一是使婴儿用适合自己的速度吃饭,有充足的咀嚼和品尝味道的时间;二是可以在训练吃东西的过程中体验一种快乐和感受;三是有自己主动挑选食物的机会,能够增强食欲。由于婴儿神经系统发育还不完善,吃饭时手的动作还不协调,还不能用勺或筷子准确地把饭送到嘴里,有时会洒到身上、桌面上、地上,出现这种情况一定要有耐心,不要怕麻烦,要通过示范的方式让婴儿来进行模仿,也可以通过讲故事的方式进行引导,不要以各种借口包办代替,剥夺婴儿锻炼的机会。

3. 学会洗漱　漱口和刷牙是保护口腔清洁卫生的重要措施。1 岁左右的婴儿就可以学习漱口。开始时漱不好,经常会把漱口水咽下去,因此要用温开水漱口。2 岁以后 20 个乳牙萌出后就要学习刷牙。可以带婴儿一起去买喜欢的牙刷、牙膏,让婴儿练习自己挤牙膏,培养刷牙的兴趣,使之坚持每天刷牙。刷牙要掌握正确的方法,将牙齿里外上下都刷到,时间不要少于 3 分钟,每天一早晚各一次,刷完后不宜再吃东西,尤其不能吃糖或含糖的食物。

4. 培养独立的个人卫生习惯　1 岁半左右的婴儿,要学会自己擦鼻涕和擦嘴,在他的衣服口袋里放一块干净的手绢,有需要时便于自己使用。2 岁半左右的婴儿要学会用肥皂把手洗干净,并逐步学会洗脸、洗脚,可训练在成人指导下自己准备脸盆、毛巾等用具。培养婴儿在吃东西之前、玩耍和大小便后自己洗手的习惯,每天早晚用温水洗脸,包括洗净五官,用毛巾角擦干净鼻内脏物,用毛巾擦净耳轮和耳背,洗净颈部等;每天晚上自己洗脚,自己脱鞋袜,洗脚趾缝、脚心、脚背,擦干后穿上拖鞋,如厕后自己上床。女孩子在冬季不是天天洗澡时,要学会自己洗下身,用专用的盆和小毛巾,脱去裤子蹲在盆上用小毛巾从前往后冲洗,用小毛巾擦干。要求婴儿认识自己的毛巾、肥皂及其他个人用品,用完放回原来的地方。

5. 培养独立排便能力　大小便训练可以从"把"开始。在婴儿睡醒时或吃奶半小时后,用"嘘"或"嗯"的声音培养排尿及排便的条件反射。经过 10 天左右的训练,就能见效。在把尿及排便的过程中,成人要与婴儿进行语言和非语言的沟通。婴儿认识"把"就是建立一种条件反射,也是一种学习的方式。婴儿满月后就要开始把大小便,养成排便的条件反射。8 个月以后开始练习蹲盆大小便,1 岁左右坐盆时要有人帮忙,2 岁以后可以逐渐培养独立蹲盆大小便。2 岁半以后要培养婴儿大便时自己解开裤子,便后自己用手纸擦屁股。反复练习学会使用手纸和压按冲水的按钮。

训练过程中要注意几点:

(1)把便盆放在固定的地方,使婴儿熟悉并随时可以使用。

(2)便盆要经常消毒,保持清洁。

(3)大小规格要与婴儿的臀部正合适,如果不舒适就会产生反感。

(4)每次坐盆的时间不要太长,一般为 3~5 分钟,长时间坐盆会容易使婴儿脱肛。

(5)坐盆时不要玩玩具或吃东西。

(6)排便后要洗手,养成良好的卫生习惯。

6. 培养乐于参与家庭劳动的习惯　2 岁左右的婴儿对周围的事物已经有所认识,两手也比较灵活,可以适当地参与一些家务劳动,帮助成人做一些力所能及的事情。在劳动的过程中,培养婴儿的劳动意识和习惯,掌握劳动的技能。由最初的自我服务,自己穿衣、吃饭、洗手等,慢慢过渡到为他人服务。可以模仿成人擦桌子、扫地、摘菜的动作,也可以训练婴儿把散乱的玩具收拾整齐,将积木摆放到盒子里,把看过的图书放回原处。

二、游戏示范

1）游戏一

游戏名称:穿鞋、脱鞋。

游戏目的:配合成人穿鞋、脱鞋。

适合月龄:10～12个月。

准备物品:一副手铃。

游戏方法:教师将手铃藏在身后,摇手铃,使手铃发出响声,引起宝宝的注意,再将手铃从身后拿出来:"是什么在响呀? 是铃铛在响,铃铛的声音真好听。"然后教师脱下鞋,将手铃套在脚腕上,走动、踢腿、跳跃等做一些脚部运动,使手铃发出叮叮当当的声音引起孩子对这种活动的兴趣。让宝宝坐在地毯上,对宝宝说:"宝宝,老师帮你把鞋脱掉,套上铃铛跳舞好吗?"当孩子理解老师的意思后,帮孩子脱掉鞋子,套上手铃,如果孩子配合得很好,应该表扬他:"宝宝真乖,小脚不乱动。"再将鞋子,给孩子穿上,此时也要表扬他。穿好后拉着孩子的手坐在一起,引导他模仿摇、蹬、上下、左右动脚等脚部动作,还可以站起来走一走,使铃铛发出好听的声音,孩子会很开心。玩过之后,老师再以同样的方法帮孩子把鞋脱掉、穿上。

2）游戏二

游戏名称:拾豆豆。

游戏目的:帮助成人做简单的事;培养耐心、细心的个性。

适合月龄:18～24个月。

注意事项:注意观察,避免孩子将珠子塞进口中。

准备物品:各种颜色的木珠若干装在布袋内,一个小篓子。

游戏方法:教师出示布袋,让孩子猜一猜布袋里装的是什么,然后出示几颗珠子,告诉孩子:"布袋里面有很多小珠子,小珠子要出来玩,它们很调皮,喜欢在地上滚着玩,小珠子滚呀滚呀,滚得太远了,老师一个人来不及拾,宝宝一起来帮老师拾,把拾到的小珠子放进老师这儿的布袋里。我们看谁最能干,拾得多。"教师将珠子倒在地上,对孩子说:"宝宝,快来帮我拾豆豆吧。"然后引导孩子和教师一起拾。拾的过程中,提醒孩子将拾到的珠子赶快放进袋子里。对宝宝要给予表扬,最后教师以高兴的口吻感谢宝宝帮助。如果宝宝有兴趣,可玩2～3次。

三、照顾环境的能力即社会交往能力的培养及方法

1. 帮助婴儿学会社会交往,提高社会适应能力

（1）鼓励婴儿与同伴进行交往。婴儿初次走出家门与同伴相处时,会有许多不适应,克服与家人的依恋和焦虑情绪时要循序渐进。如经常到公园和街心花园找同伴一起玩游戏,见到同伴后让婴儿主动微笑、点头、打招呼;把自己的玩具主动与同伴进行交换等。

（2）培养婴儿独立自主的能力。要适应社会就必须具备自己吃饭、自己上厕所、自己穿脱衣服和鞋袜、自己动脑筋操纵玩具等方面的基本能力。如果在社会交往中感到自己"不行",会影响婴儿自信心和自尊心的建立。要经常让婴儿参与一些力所能及的家务劳动,学会帮助大人收拾玩具、收拾餐具、擦桌子、扫地、帮别人拿东西,做保持环境卫生的小助手,这些活动都能够促进婴儿的社会交往能力,在社会交往时容易得到别人的称赞。

（3）学会分享与宽容。2～3岁婴儿模仿性较强,成人的态度和行为会对婴儿产生重要

影响。有些家庭把独生子女摆在特殊位置,过分强化婴儿对"我的"概念的理解,养成了自私和独占行为,好东西都是自己的,不许别人动自己的玩具,别人只能服从自己的意愿。稍不如意,就大哭大闹以示威胁。如果不改变这些行为,在社会环境中就很难适应。婴儿在家中要享受平等待遇,有好东西时要学会与别人分享,鼓励婴儿给大家分食物、分玩具和用具;如果与别人发生争吵,建议婴儿做出适当礼让。在点点滴滴的熏陶中,让婴儿懂得共同分享、礼让别人是做人的一种美德,帮助婴儿成为在社会和集体中受人欢迎的成员,感受在社会和群体中的快乐。

2. 向婴儿传授社会交往的技巧

(1)学会使用文明礼貌用语。见到同伴要主动打招呼,说话语气要热情;邀请别人为自己做事要说"请",做完事情要说"谢谢",麻烦别人时要说"对不起"。

(2)学会尊重和理解别人说话时要耐心倾听,不要随便打断或在别人说话时插话。

学会遵守规则。到别人家做客时,要向婴儿介绍基本情况,告诉应该如何称呼,应遵守哪些行为规范,提醒婴儿不要乱翻、乱拿别人的东西;进餐时要等大家一起吃饭等。

3. 在游戏训练中提高社会交往能力

(1)在参与游戏的过程中需要互相交流、互相合作,因此会形成一种自然的语言环境,婴儿在这种快乐融洽的气氛中会变得敢于大声说话,发表自己的意见,有利于培养其语言交往能力。

(2)在游戏中,婴儿通过抓握、拿取等动作,练习手眼协调能力,学会更细微的操作,如穿珠、套碗等。在操作玩具的基础上学会操作工具,如拿筷子、握笔画写、用刀剪、编织、弹奏乐器等。在与同伴的共同操作中,能够激发兴趣,互相促进。例如攀登、骑车、球类等游戏,有利于促进手的动作与全身的协调能力。

(3)在游戏中通过角色扮演会形成许多新的人际关系,常在一起玩就要学会互相帮助、取长补短,善于同情人,只有处处为别人着想才能得到玩伴,处处为自己打算就会受到孤立,游戏有利于锻炼和提高人际关系和交友的技巧。

4. 游戏示范

1)游戏一

游戏名称:玩具给同伴。

游戏目的:愿意与同伴交往,根据指令将玩具给同伴。

适合月龄:6~9个月。

准备物品:每人两件塑料玩具。

游戏方法:教师请两名家长抱孩子上来面对面坐,教师用两件玩具逗引孩子,将玩具给其中的一个孩子,然后对孩子说:"宝宝,把玩具给玲玲。"让孩子听指令将玩具给玲玲,如果孩子不懂,教师就说:"宝宝乖,自己玩一个,给玲玲玩一个。"再拉着他的一只手将玩具给玲玲,然后教师、家长给予表扬并鼓掌。与同伴玩游戏:家长抱孩子两两面对面坐玩游戏,一位家长将两件玩具递给自己的孩子,玩一会儿要求他将一件玩具给同伴。两人各自拿一件玩具玩了一会儿后,家长将两件玩具递给另一位孩子,由那位孩子的家长要求孩子将玩具分一件给这位孩子。家长要多鼓励孩子。最后家长把玩具分给两个孩子,让他们自己随意玩。

2)游戏二

游戏名称:和同伴拉手做游戏。

游戏目的:愿意与同伴合作拉手做游戏。

适合月龄：18～24 个月。

注意事项：游戏过程中，念儿歌的速度慢一些，转动的速度也要慢一些，这样不会感到太疲劳，等孩子能熟悉地掌握游戏方法后，可以稍稍地加快一些速度。

游戏方法：教师请家长带孩子按一位家长一个孩子的规则围坐成一圈，教师先念游戏的儿歌引起孩子的注意："小朋友，拉拉手，拉好小手走一走。"教师请家长拉好孩子的手站起来，按顺时针方向边念儿歌边走．时间的长短可随游戏的具体情况而定。游戏结束时需将儿歌中的"走一走"改成"停一停"。两个孩子和家长为一组进行游戏，游戏结束后，可以问问孩子玩得高不高兴，还想和谁一起玩。自由交换游戏对象重新开始游戏。

四、良好情绪和人格发展的培养

1. 培养方法

（1）注意观察婴儿的情绪变化。如皱眉、纵鼻、撅嘴、哭和笑及身体活跃的感情信息；还包括吸吮、吞咽、睡和醒、呼吸等生理信息；也包括注视、倾听、转向人和物的感官活动。婴儿在学会爬行和步行以后，成人同婴儿间情绪信号的交流是婴儿学习、经验获得和认知发展的媒介。

（2）经常让婴儿获得快乐。婴儿从出生到半岁和 1 岁期间是情绪萌发期，经常快乐的婴儿会对新鲜事物敏感，趋向于探索外界，为智力发展打下良好基础。如婴儿看到新鲜玩具、听到响声就会有追视、趋近和抓握动作；4～9 个月婴儿对自己的活动产生快乐，每认识一种新的东西，都会成为学习新知识的动机。除了生理的满足外，还可以使婴儿产生"我能行"的自我肯定，有助于婴儿个性的健康成长。

（3）让婴儿慢慢学会控制情绪。婴儿出生后 3～4 个月就能察觉成人的表情，1～2 岁时性格基本定型。要让婴儿学会控制和尽快排除不愉快的情绪。如当婴儿经常把玩具放进嘴里时，如果大人做出反对的表示，并告诉他不能吃，他就不再放进嘴里，并逐渐学会控制自己不发怒。大人赞扬和反对的态度不断地诱导着婴儿形成正确的道德观和价值观。

（4）让婴儿学会忍耐和宽容。例如告诉他"粥很烫"，并让他伸出手摸碗边找到烫的感觉；在婴儿刚会走路时学会摔倒后不哭；在遇到别人抢夺玩具时学会暂时让步；在别的小朋友哭时产生同情心，学会安慰和宽容；成人的表情和行为会潜移默化地影响婴儿情绪的发展。

（5）和谐美好的家庭生活是培养良好情绪的环境因素。家庭和睦，成人对婴儿温和亲切，会使婴儿情绪稳定而快乐；家庭不和睦，成人比较急躁，婴儿情绪也容易出现波动。

2. 游戏示范

1）游戏一

游戏名称：坐"飞机"。

游戏目的：喜欢玩游戏，情绪愉快。

适合月龄：6～9 个月。

注意事项：教师应注意观察，提醒家长注意安全，不要将孩子举得太高、转圈转得太多，以免孩子头昏或害怕，动作一定要轻柔、缓慢些。

游戏方法：教师找一胆子稍大的孩子爬到圆圈中间玩游戏用两手将他横托在手上，使孩子面向上方）然后教师说要求，家长根据要求做相应的动作：慢慢地蹲下，再慢慢地站起，并将双手举到与头同高处转一圈，再慢慢地蹲下，使孩子有一种坐飞机的感觉。教师边做边念儿歌:"小宝宝,坐飞机,一会儿高,一会儿低"反复几次。家长与孩子玩游戏:家长找一空地方,和自己的孩子玩游戏:"宝宝坐飞机了,"然后边做边念儿歌。家长也可将自己的孩子与其他孩子交换玩游戏,玩过后应表扬孩子,"宝宝真勇敢,和叔叔玩得真好。"

　　2)游戏二

　　游戏名称:悄悄听。

　　游戏目的:学会安静,增强宝宝的自控力。

　　适合月龄:18~30个月。

　　游戏方法:家长和孩子都做好准备,关上门,关上一切音响设备,安安静静地坐好,闭上眼睛:这能让杂乱情绪消失,还可让孩子感受到从前未感受到的细微声音,如远方车过声、风声、滴水声。几分钟后用耳语或手势表示结束,然后站起来,轻轻离开屋子,开始进行户外欢腾的活动。幼儿经过几分钟的安静训练后,懂得保持安静才能更集中注意力,才听得到以前听不到的细微声音,并学习保持安静的方法。开始训练3分钟,以后渐延至5分钟,每周2次。

 项 目 实 践

案例分析

因为妈妈工作忙,没有时间照顾孩子,宝宝的自理能力较差,应该培养孩子的生活自理能力:

(1)学会穿脱衣服:1岁左右可以开始进行脱衣训练,2岁以后逐渐学会穿脱鞋袜。

(2)学会独立进餐:1岁半左右的学会自己拿勺吃饭,2岁以后就可以学用筷子吃饭。

(3)学会洗漱。

(4)培养独立的个人卫生习惯:1岁半左右的婴儿,要学会自己擦鼻涕和擦嘴,在他的衣服口袋里放一块干净的手绢,有需要时便于自己使用。2岁半左右的婴儿要学会用肥皂把手洗干净,并逐步学会洗脸、洗脚,可训练在成人指导下自己准备脸盆、毛巾等用具。

(5)培养独立排便能力:大小便训练可以从"把"开始。在婴儿睡醒时或吃奶半小时后,用"嘘"或"嗯"的声音培养排尿及排便的条件反射。婴儿满月后就要开始把大小便,养成排便的条件反射。8个月以后开始练习蹲盆大小便,1岁左右坐盆时要有人帮忙,2岁以后可以逐渐培养独立蹲盆大小便。2岁半以后要培养婴儿大便时自动解开裤子,便后自己用手纸擦屁股。

 项 目 练 习

一、选择题

1. 下面对社会性适应能力表述正确的是

　　A. 可以自由的生活能力

　　B. 人们通过对自己表情、姿态、言语、语气、活动、行为的控制,使个人与社会相适应的能力

　　C. 可以督促他人的能力

　　D. 一个人的表达能力

　　E. 心理健康

2. 体现了婴儿社会适应性的能力是

　　A. 语言能力的发展

　　B. 学习能力的提高

　　C. 动作技能的发展

　　D. 生活自理能力、社会交往能力、保持良好情绪

和人格发展

　　E. 单纯社会交往能力

3. 下述对婴儿生活自理能力的培养是不利的是

　　A. 训练要从简单到复杂

　　B. 随着婴儿的成长自然就会了

　　C. 让婴儿反复练习直到会了为止

　　D. 家长要给宝宝做正确的示范

　　E. 训练要从少到多

4. 训练宝宝穿脱衣服错误的方法是

　　A. 帮助掌握基本要领　　B. 耐心指导

　　C. 建立良好的行为习惯　D. 责令宝宝快速的配合

　　E. 示范给宝宝看

5. 婴儿进行社会适应能力的注意事项是

A. 训练时可以用礼物和食物刺激婴儿

B. 婴儿做不到的家长可以代替做

C. 切忌把训练当作刺激或惩罚

D. 家长要严厉地要求婴儿达到预定的目标

E. 训练时要严格要求

6. 能帮助婴儿增强社会适应能力的是

A. 与父母、其他家庭成员和小伙伴交往

B. 独自一人玩耍

C. 只与家庭成员交往

D. 只和父母在一起

E. 只要和小伙伴交往

7. 提高婴儿社会交往能力的有效方法之一是

A. 在集体中小声说话   B. 角色扮演

C. 独自摆弄玩具   D. 不与同伴共同搭积木

E. 只和小伙伴交往

8. 在提高婴儿社会交往能力时应注意的事项是

A. 多给婴儿留一些时间，创造他们与同伴在一起的机会

B. 要多多和婴儿熟悉的小朋友一起玩

C. 让婴儿在安全的地方独自玩玩具

D. 要多给他们留一些时间，创造与家长在一起的机会

E. 强迫与家长在一起

二、是非题

1. 1 岁左右可以开始进行脱衣训练，2 岁以后逐渐学会穿脱鞋袜，3 岁时能够自己系纽扣。

2. 培养良好的情绪和人格发展，注意观察婴儿的情绪变化，经常让婴儿获得快乐。

3. 生活自理能力、社会交往能力、保持良好情绪和人格发展体现了婴儿社会适应性的能力。

4. 婴儿进行社会适应能力的注意事项是训练时可以用礼物和食物刺激婴儿

5. 学会独立进餐，2 岁半左右学会自己拿勺吃饭，3 岁以后学用筷子吃饭。

6. 学会安慰和宽容，成人的表情和行为会潜移默化地影响婴儿情绪的发展。

7. 婴儿出生后 3 ~ 4 个月就能察觉成人的表情，1 ~ 2 岁时性格基本定型，让婴儿学会控制和尽快排除不愉快的情绪。

三、简答题

怎样培养宝宝良好情绪和人格发展？

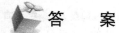

答 案

一、选择题 1. B 2. D 3. C 4. D 5. C 6. A 7. B 8. A

二、是非题 1. √ 2. √ 3. √ 4. × 5. × 6. √ 7. √

三、简答题 注意观察婴儿的情绪变化、经常让婴儿获得快乐、让婴儿慢慢学会控制情绪、让婴儿学会忍耐和宽容、创造和谐美好的家庭生活环境。

（张兴平）

项目五 个别化教学

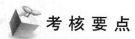

考 核 要 点

1. 个别化教学计划就是根据每个婴幼儿的特点与需要，制订的适合婴幼儿个性的、能够促进婴幼儿发展的教学计划。★★

2. 个别化教育是当今世界教育发展的潮流和趋势，是最大限度地挖掘每个人的潜能的重要方式。★★

3. 将当前婴儿基本活动能力的最高点作为活动计划的起点。★★

4. 活动目标可分为长期目标和短期目标。★

5. 将每个婴儿的长短期目标归纳整理，概括为一个总目标并命名作为活动题目。★

6. 育婴师要把握整体，合理整合长短期目标。★

7. 如果是入户教学，需按约定的时间准时到达婴儿的家庭，注意避开婴儿的睡眠

时间。★★

8. 设计一日个别化教学计划要采取强势带弱势原则,促进弱势的发展。★★

9. 通过点头、微笑、抚摸、搂抱、蹲下来与婴儿交谈、看着婴儿眼睛说话等方式,体现对婴儿的尊重、关心和爱护。★

10. 用目光与婴儿进行交流。★

11. 一般情况下小组/团体教学的人数划分为 3 人以上为小组,7 人以上为团体。★★

12. 领域教学相对划分为健康、语言、社会、科学、艺术等五个领域。★★

13. 各领域的内容相互渗透,从婴儿的大动作、精细动作、认知、语言、社会行为培养等几大领域的发展水平和目标实施教学。★★

14. 综合教学要求熟练掌握婴儿不同领域、不同年龄发育水平测评标准,包括测评项目、测评方法、达标情况。★

15. 个别化教学是通过日复一日的教学活动来实现的,一日教学活动是个别化教学的基础,是个别化教学的精髓。一日活动是多种多样的,其中单元活动最为常见。★★

16. 一日活动的类型有:特别活动时间、单元教学活动、团体活动、一对一的教学、情景教学活动。★★

17. 对婴儿的情景教学活动常见的形式有:户外活动、午点时间、如厕、吃饭等。★

18. 编制综合性个别化教学计划的原则要了解婴儿当时的基本情况,确定教学计划的起点和教学活动的内容,制订适宜的教学目标。★

19. 确定婴儿在几大行为领域的最高点,将这个能力的最高点作为教学计划的起点。找到婴儿教育的起点之后,才能决定教学的内容和方法。★

20. 婴儿的活动是多种多样的,其中最基本的活动是游戏。★★

21. 婴儿身心发展迅速,生理和心理的发展相互促进、相互协调,五个领域的内容要互相联系、互相渗透。★

22. 婴儿的个体差异是客观存在的,是群体婴儿发展的绝对规律。★

23. 教育的最终目标是尊重每个婴儿的个体发展的差异,设计能够促进婴儿个体各个领域发展的教学计划,促进婴儿在原有水平上的提高和发展。★

24. 环境育人是现代教育发展的一大趋势。★★

25. 婴儿所得到的知识和经验都是在多次反复中获得的。★

案 例 导 入

男孩小宝,2 岁,整体发展水平相当于 2 岁,运动能力相当于 2 岁 2 个月水平,语言能力相当于 1 岁 6 个月水平,认知相当于 1 岁 8 个月的水平,社会性相当于 2 岁 6 个月的水平。

思考:如何确定游戏目标?

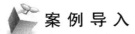

项 目 知 识

人与人是不同的,这是个体之间的差异;每个人本身内在的各种能力也有所不同,这是个体内在的差异。由于这两种差异的存在,使得每个人的特点与需求不同。只有就个体特点与需求进行有针对性的教育训练,才能最大限度地挖掘每个人的才能。个别化教育是当今世界教育发展的潮流和趋势,是最大限度地挖掘每个人的潜能的重要方式。根据婴幼儿教育的特点,实施个别化教学的形式主要有:一对一个别教学(家庭进行)、小组教学和团体教学(托幼机构进行)三种形式。

一、在教育训练中需掌握与婴儿进行沟通的技巧

与婴儿沟通的主要方式包括语言沟通和非语言沟通。

1. 语言沟通　包括懂话和说话两个方面。在婴儿不会说话时就要开始进行交谈,可以扩大婴儿懂话的范围,促进说话的发展。

2. 非语言沟通,包括育婴师的个人表情和身体接触。通过点头、微笑、抚摸、搂抱、蹲下来与婴儿交谈、看着婴儿眼睛说话等方式,体现对婴儿的尊重、关心和爱护。

3. 用生动的语言、动作和表情与婴儿进行交流

(1) 要熟记婴儿的名字:育婴师不要叫婴儿的乳名,并帮助婴儿记住自己的名字,让婴儿感到亲切,婴儿就会做出积极的反应。

(2) 说话的语调和速度要恰当:与婴儿说话的语调要自然,音量适当,重要的话要加强语气,有所停顿,达到吸引婴儿注意的效果。

(3) 语言要简明,用词尽量生活化、形象化,容易被婴儿所接受。

(4) 说话态度要和蔼、友善,尽量用语言表达自己对婴儿的赞赏和支持,使用正面语言,最好不要说反话。

(5) 用目光与婴儿进行交流:在实施团体教学时,不要把目光仅停留在一个婴儿身上,而是使每个婴儿都受到关注。成人要蹲下来与婴儿说话,保持与婴儿目光平视接触。

(6) 善于倾听,要耐心听婴儿说话,并使用恰当的语言与婴儿进行交谈。

二、婴幼儿个别化教学计划

因为同种教材教法不能细致地针对集体内儿童的个体差异,所以要根据婴儿的发展水平来设计和制订个别化教学计划。个别化教学计划就是根据每个婴幼儿的特点与需要,制订的适合婴幼儿个性的、能够促进婴幼儿发展的教学计划。育婴师在实施个别化教学中的原则是设计与指导并重。

(一) 个别化教学的基本要求

1. 了解婴幼儿粗大动作发展的基本状况　在设计编制个别化教学计划之前,要了解对象当前粗大动作发展的基本状况,要依据每个婴儿的特点与需要,尤其要全面了解其运动发展的实际能力和水平,还需要了解他的个性特点,比较喜欢的学习方式。

2. 确定活动教学计划的起点　确定婴儿运动能力发展的基本起点,将当前婴儿基本活动能力的最高点作为活动计划的起点。找到婴儿教育的起点之后,才能确定下一阶段活动的目标和内容。

3. 制订适宜的活动目标　活动目标是活动所要达到的基本要求。活动目标可分为长期目标和短期目标。长期目标是指婴儿发展的阶段性目标。如婴儿会独坐,已经坐得很稳,就应该把站立作为下一个长期目标。长期目标从整体上确定了一个年龄段的教育内容和范围。

短期目标是将长期目标的过程分解为连续的若干个小步骤,如把坐稳到站立这个长期目标分解为拉栏杆站立-扶物站立,从独站瞬间-独站较长-独立站稳,每一个小步骤就是一个短期目标。短期目标是按照婴儿的发展水平和学习能力决定的。

将每个婴幼儿的长短期目标归纳整理,概括为一个总目标并命名作为活动题目。育婴

师要把握整体,合理整合长短期目标。

4. 设计活动的基本内容和游戏方案　有了基本的设想和规划,接着就可以根据确定的活动目标来设计学习内容和游戏方案。

婴幼儿活动游戏设计编制包括游戏活动目标、游戏材料、游戏活动内容和游戏活动方法。

5. 准备实施教学计划的相关设施　根据游戏活动计划,准备、落实所需的活动设施与器具,如玩具、材料、教具等。

(二) 个别化教学的主要类型

1. 一对一的个别化教学

(1) 实施一对一的个别化教学计划的步骤

1) 熟悉个别化教学计划的内容和及操作方法。

2) 准备一对一教学过程中必备的玩教具。

3) 按约定的时间准备等候婴幼儿,如果是入户教学,则需按约定的时间准时到达婴幼儿的家庭,注意避开婴幼儿的睡眠时间。

4) 按常规要求接待家长,如果是入户,进门后要主动换鞋、洗手。

5) 按照个别化教学计划的要求进行操作。

6) 注意做好个别化教学计划实施的记录。

2. 小组/团体教学　一般情况下小组/团体教学的人数划分为3人以上为小组,7人以上为团体。小组(团体)教学是对婴幼儿教育不可缺少的方法,它有利于婴幼儿的社会性发展,为婴幼儿间互相交流提供条件。

3. 领域教学　根据婴幼儿几大领域的发展水平和发展目标,选择相应的教育内容,设计制定促进要发展的游戏方案,并依照方案实施教学。

托幼机构的教育内容是全面的、启蒙性的,可以相对划分为健康、语言、社会、科学、艺术等五个领域,各领域的内容相互渗透,从婴幼儿的大动作、精细动作、认知、语言、社会行为培养等几大领域的发展水平和目标实施教学。

4. 综合教学　教学活动和游戏方案涵盖婴幼儿发展的各个领域,在教学和游戏活动的过程中,各个领域的内容互相联系,互相渗透,各方面的教育综合组织为一体。综合教学要求熟练掌握婴幼儿不同领域发育水平测评标准(参见附录二);熟练掌握婴幼儿发育状态的测评、分析方法;熟练掌握婴幼儿发育中各种不同状态;熟练掌握安排多种活动形式的方法,例如,2～3个月婴儿智能发育(表7-1),经过测评,可以获得婴幼儿在各个领域能力发展的最高点,这个最高点就是教育训练的起点,以这个起点为基础,向育婴员或家长提供教育训练或游戏建议。

表7-1　2～3个月婴儿智能发育测评表

	大动作	精细动作	认知能力	言语	情绪与社会行为
测评项目	①会翻身(仰卧变俯卧) ②扶腰能坐	主动够取物件	头转向声源	①大声笑 ②独自一人咿呀学语	①见食物有兴奋模样,包括母亲的乳房 ②见妈妈伸手要抱 ③辨认生熟人(见生人盯着看,躲避、哭等)

续表

	大动作	精细动作	认知能力	言语	情绪与社会行为
测评方法	①宝宝仰卧,用玩具在宝宝一侧逗引 ②抱宝宝坐在大人腿上,用两手扶住宝宝腰	大人抱宝宝坐着,将玩具如摇铃放在桌面上,距宝宝手约2.5cm处	大人抱宝宝坐着,在距宝宝耳侧水平方向约15cm处摇铃	①逗引宝宝,如胳肢痒,抱到户外,引起愉快情绪 ②宝宝独自一人安静时,观察其发音	①观察宝宝见到妈妈乳房或奶瓶时的表情 ②观察宝宝见到妈妈时的反应 ③观察宝宝见到生人的反应
达标	①能从仰卧翻成侧卧再俯卧 ②能靠大人的帮助自己坐稳5秒以上	主动够取桌面上距手2.5cm的玩具并紧握	能转头找到声源	①笑声响亮 ②咿咿呀呀无意义自言自语	①见到食物两眼盯着看 ②伸手要妈妈抱

(三)一日教学活动

个别化教学是通过日复一日的教学活动来实现的,只有精心设计好每日不同类型的教学活动,才能有效地实施个别化教学计划。一日教学活动是个别化教学的基础,是个别化教学的精髓。设计一日个别化教学计划的原则有:①小步伐原则,因为婴幼儿各领域能力发展的规律是循序渐进的,如穿衣,要分解成若干步骤,根据婴幼儿的能力,决定阶梯跨度。所以设计一日个别化教学计划需用小步伐原则。②强势带弱势的原则,利用各个领域活动的相互渗透和交互作用,设计一日个别化教学计划要采取强势带弱势原则,促进弱势的发展。因为婴幼儿的重要学习方式是模仿学习,所以育婴师要扩大正面强势的影响,消灭负面强势的影响。

一日活动是多种多样的,其中单元活动最为常见。一日活动的类型有:

1. 特别活动时间　用特别活动这段时间进行常规教育和训练,其活动内容相对固定,在一个周期反复进行几种特别项目的训练,如:通过几种不同的音乐来控制婴幼儿的教学常规,教会与婴幼儿互动。

2. 单元教学活动　单元教学活动是个别化教学的主要内容之一,在幼儿园(托儿所)是很常见的一种教学形态。较注重团体教学,由育婴师根据他对孩子能力与兴趣的了解,为孩子选择单元主题,并在事前准备好学习内容与活动。将每个婴幼儿的长短期目标归纳整理,概括为一个总目标并命名即成为活动题目,这个题目代表一个单元的活动,一个单元可以几天完成,也可以十几天完成,完成时间因人而异。单元确定后,再订出教学计划,确定每日的教学活动。以"交通安全"单元为例,在设计教案之初,会预先订下如:"知道交通安全的重要性"、"认识各种交通工具的功能及名称"、"培养遵守交 通规则的习惯"等活动目标,并设计如:"常见的交通工具"、"认识交通标志"、"步行安全"、"小小交通指挥者"等四个小单元。单元教学的优点在于"学习内容的广度与系统性",该知道的生活常识大都会被列入学习范围,由于多采团体教学,且有教案设计,育婴师较能掌握孩子的学习内容与进展。单元教学活动涵盖的内容有感官知觉、大动作、精细动作、认知、语言、生活自理、社会交往等方面内容(表7-2)。

3. 团体活动　团体活动一般通过音乐、美术、劳动技能以及戏剧等形式来实现。团体活动的教学目标一般要加入每个婴幼儿的短期目标。婴幼儿的游戏活动,无论什么形式,其核心内容都是基本领域的内容。例如,美劳游戏是以精细动作为核心编制而成。感官课程是以感知、认知为核心编制而成。即便是音乐课程,也是以基本领域为载体,辅以节奏、韵律,让婴幼儿在感受音乐的节奏、韵律中成长。

4. 一对一的教学　是对婴幼儿进行教育训练时不可缺少的方法,有很强的针对性。特别针对那些没有收到预期效果和一些有特殊需要的婴幼儿,必须要进行一对一的教学。

5. 情景教学活动　这是一类综合性的教学活动。对婴幼儿的情景教学活动常见的形式有:户外活动、午点时间、如厕、吃饭等。

表 7-2　一日教学活动表

领域	长期目标	短期目标	活动题目	一日活动
大动作	加强平衡能力	①不需别人扶,向前走 ②可后退 3 步 ③沿直线向前走不偏离	"逛公园"	用小车推动物玩具,拉动物玩具
精细动作	训练手脚协调	①搭二层积木成功 ②搭四层积木成功	小小建筑师	用积木搭高
认知	认识动物,叫动物名称	①认识猫、狗、兔 ②指出猫、狗、兔 ③会叫动物名字	动物运动会(使用婴幼儿喜欢的绒毛玩具)	抱宝宝参加运动会
语言	简单的语言理解	①能翻图书 ②能看一会儿 ③能听一首儿歌	亲子阅读	读三首儿歌
社会	玩交往的游戏	①看别人玩 ②能与其他小朋友玩 ③能玩一来一往的游戏	传球游戏	与小朋友传球玩
生活自理	会脱袜子	①会把拇指伸进袜子 ②会把袜子扯下来 ③会把脚伸进盆子里玩水	玩水游戏	会把脚伸进盆子里玩水

三、编制综合性个别化教学计划的原则和方法

(一) 编制综合性个别化教学计划的原则

1. 了解婴幼儿的基本情况　在设计编制个别化教学计划之前,要了解婴幼儿当时的基本情况,尤其要全面了解婴幼儿几大行为领域的实际能力和水平,还需要了解婴幼儿已经掌握了哪些基本技能,对哪些问题感兴趣,比较喜欢的学习方式等。

2. 确定教学计划的起点和教学活动的内容　确定婴幼儿在几大行为领域的最高点,将这个能力的最高点作为教学计划的起点。找到婴幼儿教育的起点之后,才能决定教学的内容和方法。

3. 制订适宜的教学目标　为了使婴幼儿教育和训练扎扎实实达到长期目标,必须把长期目标分解成几个具体的短期目标进行操作,才能实现最终目标,达到最佳效果。

4. 实施教学计划的相关服务设施　根据确定的教学目标来设计教学内容和游戏方案,为家长和婴幼儿提供与实施教学计划有关的咨询和服务,并准备必要的教学用具。

游戏方案可以用图表或记录表进行记录。记录内容包括:游戏活动所用的玩教具、道具

等。在执行教学计划或游戏方案时使用一些技巧和方法。如用身体、语言、视觉为婴幼儿提供帮助;为婴幼儿提供进行多种方式练习的机会,对婴幼儿的正确反应提出及时的表扬,将婴幼儿的变化情况及时记录在记录表上。

5. 评估　在实施婴幼儿个别化教学计划的过程中,需要采用科学的手段进行评估,这种评估是行程性评估,或称过程评估。

行程性评估的目的:

(1) 确定短期目标是否符合婴幼儿发展的实际水平,游戏活动设计得是否合理。

(2) 以评估结果为依据,及时调整和修正教学计划和游戏活动方案。

教学活动告一段落或者长期目标基本实现后,还要进行总结性评估,目的是评估婴幼儿成长的进步情况,以及评估育婴师的教育教学成果。

以教学内容分,有自然常识类和社会认识类;以教学组织形式分,有一对一的个别活动、小组活动及团体教学活动;以活动的空间场合分,有室内活动和室外活动;以获取教育结果的方法分,有教师演示式、传授式教育和幼儿动手操作式、游戏式直接得到经验等。一日活动包括特别活动时间、单元教学活动、团体活动、一对一的教学、情景教学活动等。在特别活动时间进行常规教育和训练,其活动内容相对固定。

(二) 编制综合性个别化教学计划的方法

综合性个别化教学计划是一种全面反映婴幼儿发展情况,又针对婴幼儿的个别需要所编制的书面教学计划。个别化教学计划的编写没有统一的格式,但其设计格式和项目内容大致相同。以下面的例子来具体说明设计和编制个别化教学计划的方法(表7-3)。

表7-3　某18个月幼儿个别化教学计划(例)

姓名:　　性别:　出生:　年　月　日　填写:　年　月　日　年龄:

领域	目前水平	长期目标	短期目标	教学/游戏/策略
大动作	能独立走,但不稳定	加强行走和平衡能力	①不需别人扶助,走5步左右 ②踩脚印走,不跌倒	①教学或户外活动时 ②设计走一定距离的亲子游戏
精细动作	可以自发乱画,翻书不能一页一页翻	促进手眼协调	①画一个太阳,或小蝌蚪等 ②一页一页翻书连续3次以上	①利用墙壁画画 ②开展亲子阅读活动,进行翻书游戏
认知	知道并指出五官	分辨左右	①知道使用哪只手写字 ②说出左边小朋友的名字	①拿笔画画或吃点心时进行 ②排队或围成圆圈时进行
语言	能说基本语言如"爸爸"、"妈妈"	能用简短句子表达	①模仿大人说5个字以上的长句子 ②说出熟悉物品的名称,说出自己的五官	①用比赛的方式,看谁说得又多又快 ②利用户外活动,组织认识五官的游戏
社会	会脱袜子 模仿做家务	自我照料能力	①会脱内衣 ②会帮大人扫地等简单活	①利用每晚睡前做练习 ②帮组老师或家长干力所能及的家务

1. 设计编制实施个别化教学计划的游戏活动

（1）游戏活动的重要性：游戏活动是促进婴幼儿各领域发展的重要形式，实施教育教学的重要手段。要实现促进婴幼儿身心和谐发展的根本任务，必须根据婴幼儿几大领域的发展水平来设计教学计划，选择教育内容，做到因材施教。

《幼儿园工作规程》中明确指出："游戏是对幼儿进行全面发展教育的重要形式。"幼儿园"以游戏为基本活动，寓教育于各项活动之中。""幼儿园的教育活动是有目的、有计划引导幼儿生动、活泼、主动活动、多种形式的教育过程"，其教育思想和原则同样适合婴幼儿的教育教学。

（2）设计游戏活动的基本原则

1）活动性、游戏性原则：婴幼儿的活动是多种多样的，其中最基本的活动是游戏。在游戏活动中，因而既能操作各种材料，与物体相互作用，又能与同伴交往，与人相互作用。在相互作用的过程中使婴幼儿的思维、想象、感觉等心理活动充分展开，促进身心和谐发展。在活动中还可以获得认识周围事物的机会，了解人与自然、人与环境的关系，学习认识问题和解决问题的方法，体验探索的乐趣和获得成功的愉快。

2）整体教育思想的原则：注意在教学过程中发挥游戏的整体功能，使婴幼儿获得较好的发展。整体观念体现在设计各领域教育目标、教学内容上的互相渗透和有机结合，既要保留各领域在教育目标和内容上纵向的系统性，也要考虑到教学内容上横向的有机结合，实现各领域教育在途径、方法上的交互作用。

整体教育原则主要体现在四个方面：①教育目标的整体性。婴幼儿身心发展迅速，生理和心理的发展是相互促进、相互协调，不能偏重哪一方面。要把婴幼儿作为一个独立的人、完整的人、生长发育中的人来看待，设计各领域发展的游戏活动，才能促进其和谐发展。②教育理念要渗透到各个领域。五个领域的划分是根据婴幼儿所接触的周围环境和应当获得的生活经验确定的，并不是五个系统的学科。在教育过程中，不能过分强调某一领域而忽视另一个领域，五个领域的内容要互相联系、互相渗透。综合组织各方面教学，强调教育的整体效果。③实现教育手段、教育途径的整体性。通过多种形式、多种途径进行教育，科学安排婴幼儿的一日生活，充分发挥一日生活的整体教育功能。④要把早期教育机构、亲子园、家庭、社会几方面的教育资源进行整合，为婴幼儿的全面发展创造良好的社会环境。

3）差异性原则：婴幼儿的个体差异是客观存在的，是群体婴幼儿发展的绝对规律。教育的最终目标是尊重每个婴幼儿的个体发展的差异，设计能够促进婴幼儿个体各个领域发展的教学计划，促进婴幼儿在原有水平上的提高和发展。

4）环境育人原则：环境育人是现代教育发展的一大趋势。良好的教育环境包括：物质环境（即为婴幼儿发展提供可感知的丰富的玩具和材料）；精神环境（即营造宽松、愉快的精神氛围，如父母、育婴师的情感、态度、教育观念和教育行为对婴幼儿的影响等）两个方面。

5）反复性原则：婴幼儿所得到的知识和经验都是在多次反复中获得的，每次反复都是对获得的感知和经验的一中整合，都是一种积累和飞跃。婴幼儿喜欢反复操作同一种玩具，反复做同一种游戏，反复倾听同一个故事，因此，在设计各领域发展目标和游戏活动时也要充分考虑婴幼儿发展的需要和学习的兴趣，有选择、有间隔、有变化的反复进行训练，帮助婴幼儿积累多种经验，熟练掌握各种操作技能，促进各领域的发展。

2. 促进各领域综合发展的游戏活动

（1）确定游戏目标

1）确定个体游戏目标：确定游戏目标的难易程度要与婴幼儿的实际发展水平相适应，

最好略高于发展水平,使婴幼儿稍微努力即能达到为宜。根据每个婴幼儿在运动、语言、认知、社会行为等各方面的发展水平,在临近和略高于这个发展水平的位置确定各个领域游戏的目标。

2）确定团体游戏目标:确定目标的方法与个体游戏的要求基本相同,但适应的是团体中所有儿童发展水平的平均值。因此,确定团体游戏目标无论是总目标还是各领域的目标,都要相对概括一些,使目标有一个可调节的幅度,育婴师要灵活的、因人而异的掌握目标的幅度,使每个婴幼儿都可以得到提高并有所收获。

（2）选择游戏内容

目标是选择内容的依据,内容是为目标服务的。选择内容一般要围绕运动、语言、认知、社会性、情绪和艺术等五个领域,选择素材要围绕季节、节日、婴幼儿的年龄特点、婴幼儿的生活经验、婴幼儿的需要与兴趣、难易程度适当等有关因素进行安排。

（3）设计具体游戏活动的程序

1）确定目标:涵盖各领域发展水平。

2）教学准备:包括游戏环境的创设,玩具、材料、教具的提供。

3）教学方法:包括进行和结束两部分。

4）游戏规则:有利于调动婴幼儿参与游戏的主动性、积极性和创造性。

（4）注意事项

1）编制促进各领域发展的游戏活动,要考虑社会领域对婴幼儿的发展价值、婴幼儿身心特点两个要素。

2）设计促进各领域发展的游戏活动,要从本地、本园、个体条件出发,结合婴幼儿的实际情况来设计方案。

3）各领域发展的游戏活动要以所提出的各领域目标为指导,并结合本班婴幼儿的发展水平、经验和需要来确定。

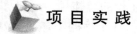 项 目 实 践

案例分析

确定游戏目标的难易程度要与婴幼儿的实际发展水平相适应,最好略高于发展水平,使婴幼儿稍微努力即能达到为宜。根据每个婴幼儿在运动、语言、认知、社会行为等各方面的发展水平,在临近和略高于这个发展水平的位置确定各个领域游戏的目标。所以在本例中确定游戏目标时,总目标按照 2 岁的标准来确定,其中运动游戏和社会性游戏的目标要高于 2 岁,可达到 2 岁半的水平,语言和认知能力游戏目标要低于 2 岁,以婴幼儿能接受为宜,如果不能准确定难易程度,可以采用 1 岁 8 个月至 1 岁 9 个月的水平作为参考目标。

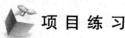 项 目 练 习

一、选择题

1. 育婴师在实施个别化教学中的原则是

   A. 根据婴幼儿的家庭条件来设定教学计划

   B. 教师任意的设定教学计划

   C. 以指导为主

   D. 教学计划越是简单越好

   E. 设计与指导并重

2. 为了最大限度地挖掘每个人的潜能,最重要的方式是

   A. 领域教学 B. 个别化教学

   C. 小组/团体教学 D. 拔高教学

   E. 游戏教学

3. 个别化教学计划的依据是

   A. 以发育较差的婴幼儿水平为基础

   B. 整体婴幼儿的特点与需要

   C. 大部分婴幼儿的特点与需要

D. 每个婴幼儿的家庭情况

E. 每个婴幼儿的特点与需要

4. 育婴师合理整合长短期目标的要求需要

A. 把握整体

B. 把握每天的单元活动

C. 把握短期目标

D. 把握好活动题目

E. 把握长期目标

5. 个别化教学的基础是

A. 一日教学活动　　B. 认知活动

C. 领域教学　　　　D. 综合教学

E. 音乐活动

6. 个别教学是

A. 个别育婴师对幼儿的教学

B. 一对一的教学,是对婴幼儿进行教育训练时不可缺少的方法,有很强的针对性

C. 教学活动只限一种内容,有很强的针对性

D. 对婴幼儿进行教育训练唯一的方法

E. 对个别特殊婴幼儿进行教学

7. 一般情况下小组/团体教学的人数划分为

A. 5 人以上为小组,6 人以上为团体

B. 4 人以上为团体,7 人以上为小组

C. 2 人以上为小组,5 人以上为团体

D. 3 人以上为小组,7 人以上为团体

E. 7 人以上为小组,10 人以上为团体

8. 小组(团体)教学的优势是

A. 利于婴幼儿的个性发展

B. 教学活动和游戏方案涵盖婴幼儿发展的各个领域

C. 有利于婴幼儿的社会性发展,为婴幼儿间互相交流提供条件

D. 对幼儿掌握游戏方法有利

E. 对提高幼儿智力发展有利

9. 领域教学不包括

A. 大动作　　　　　B. 精细动作

C. 认知　　　　　　D. 珠算活动

E. 社会行为培养

10. 下列对综合教学描述不正确的是

A. 教学活动和游戏方案涵盖婴幼儿发展的各个领域

B. 各个领域的内容互相联系

C. 各方面的教育综合组织为一体

D. 以小组和团体方式进行集体教学

E. 综合教学互相渗透

11. 下列对婴幼儿智能发育测评表中涵盖领域的指标描述正确的是

A. 包括测评项目、测评方法、达标 3 项

B. 包括测评方法、达标、注意事项 3 项

C. 包括测评项目、测评方法、达标、注意事项 4 项

D. 包括测评要求、测评项目、测评方法、达标 4 项

E. 包括测评要求、测评项目、测评方法、达标、注意事项 5 项

12. 教育训练的起点是

A. 根据婴幼儿在各个领域能力发展的平均值

B. 根据婴幼儿在各个领域能力发展的常用点

C. 根据婴幼儿在各个领域能力发展的平均点

D. 根据婴幼儿在各个领域能力发展的最高点

E. 根据训练计划固定的内容

13. 婴幼儿各领域能力发展的规律是

A. 不均衡的　　　　B. 相同的

C. 循序渐进的　　　D. 平稳的

E. 相互独立的

14. 根据婴幼儿个体各个领域活动的相互渗透和交互作用,设计一日个别化教学计划要采取

A. 小步伐原则　　　B. 强势带弱势原则

C. 强力度原则　　　D. 平稳性原则

E. 共同发展原则

15. 婴幼儿的活动是多种多样的,但最基本的活动是

A. 音乐活动　　　　B. 体育活动

C. 看书活动　　　　D. 游戏活动

E. 户外活动

16. 构成一日活动的内容除外

A. 特别活动时间　　B. 单元教学活动

C. 团体活动　　　　D. 自由活动

E. 一对一的教学

17. 在特别活动时间进行常规教育和训练,其活动内容

A. 较容易　　　　　B. 相对固定

C. 较广泛　　　　　D. 较困难

E. 相对单一

18. 下列哪一项不属于单元教学活动的内容

A. 生活自理、情绪情感　B. 精细动作

C. 感官知觉　　　　D. 大动作

E. 社会交往

19. 将每个婴幼儿的长短期目标归纳整理,概括为

一个总目标并命名作为

A. 活动目标　　　　B. 活动条件

C. 活动内容　　　　D. 活动延伸

E. 活动题目

20. 团体活动一般不包括

A. 音乐　　　　　　B. 美术

C. 劳动技能　　　　D. 戏剧

E. 看电视

21. 团体活动的教学目标一般要加入

A. 大部分婴幼儿的短期目标

B. 小部分婴幼儿的短期目标

C. 特殊情况婴幼儿的短期目标

D. 其中一个婴幼儿的短期目标

E. 每个婴幼儿的短期目标

22. 以精细动作为核心编制而成的是

A. 美劳游戏　　　　B. 音乐课程

C. 运动课程　　　　D. 感官课程

E. 阅读课程

23. 一对一的教学主要针对

A. 婴幼儿的普遍需要

B. 没有收到预期效果和一些有特殊需要的婴幼儿

C. 情绪不稳定的婴幼儿

D. 收到了预期的效果但为了满足婴幼儿的普

遍需要

E. 智商较低的婴幼儿

24. 情景教学活动是

A. 团体活动　　　　B. 一对一的教学

C. 特别活动　　　　D. 户外活动

E. 综合性的教学活动

二、是非题

1. 婴幼儿智能发育测评表包括大动作、平衡能力、言语、情绪与社会行为等5项测评指标。

2. 感官课程是以感知和社会性为核心编制而成的。

3. 户外活动、午点时间、如厕、吃饭等是在婴幼儿情景教学活动中常见的形式。

4. 一日教学活动表中包括领域、长期目标、短期目标、活动形式、一日活动共五项内容。

5. 因为婴幼儿的特点与需要相同,所以要根据婴幼儿的发展水平来设计和制订个别化教学计划。

6. 一日教学活动是个别化教学的精髓。

7. 在婴幼儿学习过程中,育婴师要扩大正面强势的影响。

8. 先确定好单元教学活动的题目,再确定每日的教学活动。

三、简答题

请设计一个以"交通安全"为活动题目的单元教学活动。

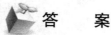 答　案

一、选择题　1. A　2. C　3. A　4. E　5. E　6. B　7. D　8. C　9. D　10. D　11. A　12. D　13. C　14. B　15. D　16. D　17. B　18. A　19. E　20. E　21. E　22. A　23. B　24. E

二、是非题　1. ×　2. ×　3. √　4. ×　5. ×　6. √　7. √　8. √

三、简答题　略

（杨　静）

第八章　家庭养育指导

项目一　婴幼儿家长指导

每一个孩子的大脑都有取之不尽、用之不竭的宝藏。著名幼儿教育家蒙台梭利将0~6岁作为人生的第一个时期,其中0~3岁为幼儿时期,是激发幼儿"吸收"的时期,也是大脑和智力发展的重要时期。对孩子的教育,家长负有重要责任,但需育婴早教人员的帮助。

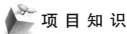 **考 核 要 点**

1. 婴幼儿家庭教养指导工作的重要性:0~3岁为幼儿时期,是儿童智力的发展非常迅速的时期,是大脑发育和智力发展最快的"黄金时期",是孩子的特殊才能开始表现的时期,也是个性、品质开始形成的时期。★★

2. 家庭教育指导的目的、任务、内容及原则:使每一个儿童家庭得到科学指导,使每一个儿童受益。让每一个儿童从一出生就受到良好的早期教育。★★

3. 家庭教育指导的方式:入户服务、早教中心、社区服务等。★

4. 家庭教育指导的方法。★

5. 育婴师社交场合礼仪礼貌的基本要求:衣着、仪态、沟通技巧、礼貌。★

案 例 导 入

文文,2岁半,是一个人见人爱的小姑娘,因为父母忙于工作,长时间不在身边,文文大部分时间和爷爷奶奶在一起,爷爷喜欢喝酒,奶奶爱打麻将,文文常常和小朋友打架,现在的文文只能说一些简单的短语,脾气怪异,动辄发火,砸东西。爸爸妈妈来看她,她的冷漠深深地刺激了妈妈。

思考:1. 家庭中父母教育的重要性?

2. 家庭养育的方法有哪些?

3. 对孩子以后的教育该采取哪些措施?

项 目 知 识

一、婴幼儿家庭教养指导工作的重要性

每一个孩子的大脑都有取之不尽、用之不竭的宝藏。著名幼儿教育家蒙台梭利将0~6岁作为人生的第一个时期,其中0~3岁为幼儿时期,是激发幼儿"吸收"的时期,也是大脑和智力发展的重要时期。这一时期是儿童智力的发展非常迅速的时期,是大脑发育和智力发展最快的"黄金时期",是孩子的特殊才能开始表现的时期,也是个性、品质开始形成的时期。幼儿期个性的形成是以后个性发展的重要基础。具体来说,新生儿出生时的脑重量相当于成人脑重量的30%,2岁时达到成人脑重量的70%~90%,最后在20岁左右脑重量完

全达到成人水平。并且人的大脑蕴藏着细胞总数大约为 100 亿个左右,其中 70%～80% 是 3 岁以前形成的。在这一时期主要形成言语、音感和记忆细胞,大脑的各种特征也日趋完善。近年来,许多儿童教育家把 1～3 岁看做是早期儿童智力开发的"关键年龄",并引起社会和家长的普遍重视。因此早期教育进行得越早,理念和方法越科学合理,潜能挖掘收效就越大。有人说"三岁之貌、百岁之才",意思是说 3 岁之前形成的才华能决定他的一生。并有"三岁定八十,七岁看终身"的说法,这是说幼儿时期所受的教育和养成的习惯,年至 80 岁还保留着。反之,如果在儿童早期不及时教育,错过了这个"黄金时期",将使儿童的潜能发展受限,儿童永远达不到他应该达到的发展水平。

家长是孩子的第一任老师,儿童早期教育的主要担任者是家长,因此家长的早期教育理念、知识和技巧水平的高低决定了孩子身心发展水平的高低,决定了孩子一生潜能开发的质和量。

我国 0～3 岁的婴幼儿绝大多数未进入专门教养机构而散居于社区中,其养护及教育主要由家庭承担,家长绝大多数没有受过严格的育婴早教知识、技能的正规培训,虽然对孩子具备足够的爱心,但教养的方式、方法存在很多问题,有些家长错误地认为只要孩子身体健康,不生病,就算完成了抚养的责任,而教育则是幼儿园和学校老师的责任。加之大部分家长一边工作一边照顾孩子,一心难以二用,常常顾此失彼,导致他们在教养婴幼儿头三年过程中,困难重重,三字经上说"养不教,父之过",意思是说,对孩子的教育,家长有绝对的重要责任。这就需要有专业的育婴早教人员帮助,对家庭养育的理念、知识、技能和经验进行指导。育婴师就成为这种社会需要的最专业、最恰当的职业从业者,育婴师对家长的教养指导工作也就显得尤为重要。

二、家庭教育指导的目的、任务、内容和原则

(一) 目的

我们对家庭教育进行指导的目的是发挥家庭的教育功能,运用现代早期教育理论指导家长及看护儿童的人员学习并掌握科学的早期教育方法,提高他们的教育实践能力,使每一个儿童家庭得到科学指导,使每一个儿童受益,让每一个儿童从一出生就受到良好的早期教育。

1. 提高家长的教育素质　包括转变家长的教育观念,形成对子女正确的教育态度,培养家长教育子女的能力。

2. 提高家庭教育的质量　包括创造良好的家庭环境,正确对待子女的行为、表现,对子女实施适当的主动教育。

3. 促进婴幼儿健康成长　包括身体的发育和心理的发展。

(二) 任务

1. 指导家长优化家庭环境　通过指导,促使家长为孩子提供基本的生活、游戏和学习条件,形成良好的亲子关系、夫妇关系、婆媳关系等家庭关系和邻里关系,建立民主、平等、和谐的家庭氛围,为婴幼儿的健康成长创造良好的家庭环境。

2. 指导家长提高养育水平　通过指导,提高婴幼儿家长的科学喂养知识普及率,向家长提倡科学喂养,培养婴幼儿良好的饮食习惯;倡导母乳喂养,提高儿童的营养水平;从整体上增强婴幼儿体质,提高健康水平。

3. 指导家长提高教育水平　通过指导,提高家长家庭教育知识的知晓率,转变教育

观念、改进教育态度、增强教育能力,改进家庭教育,提高家庭教育质量,促进婴幼儿身心发展。

4. 向家长进行法制教育　通过向家长宣传《中华人民共和国未成年人保护法》、《中华人民共和国预防未成年人犯罪法》和《中华人民共和国未成年人收养法》等法律法规和《儿童权利公约》,提高法律意识,依法保障儿童生存权、发展权、受保护权和参与权。

(三) 内容

着力传播"早期教育影响孩子的一生","家长是孩子的终身老师"的理念,引导家长重视孩子的早期教育问题,便于家长积极采取行动,自觉自愿学习并主动与育婴师或早教机构专家老师交流沟通,开展有效咨询。帮助家长确信"每一个孩子都是独特的","每一个孩子都是宝藏","天生我才必有用"的教育信念,做到尊重孩子,珍爱孩子,帮助孩子,与孩子共同发展。与家长交流孩子身心全面发展和谐发展的培养要务,帮助家长抓住 0～3 岁婴幼儿成长关键期的培养重点,把"素质教育决定未来"的理念落实到实处。确立以孩子为本体的思想,改变说教式的教育模式,用孩子喜闻乐见的学习交流方式与孩子共同学习成长。认识"性格决定命运"的人生道理,从而重视父母双方以及与育婴师的配合。从自己做起,从点滴做起,以身作则,加强自我修养,为孩子树立一个好的榜样。

(1) 科学的儿童观、发展观和教养观。

(2) 正确认识早教机构。

(3) 创造健康的家庭环境。

(4) 以日常养护为基础。

(5) 指导婴幼儿肢体锻炼、运动和游戏。

(6) 指导早期智能开发。

(7) 指导建立良好的亲子关系,养成良好的道德品质和性格。

(四) 原则

家庭教育指导应注重科学性、针对性和适用性。

(1) 坚持"儿童为本"原则:家庭教育指导应尊重儿童身心发展规律,尊重儿童合理需要与个性,创设适合儿童成长的必要条件和生活情景,保护儿童的合法权益,特别关注女孩的合法权益,促进儿童自然发展、全面发展、充分发展。

(2) 坚持"家长主体"原则:指导者应确立为家长服务的观念,了解不同类型家庭之家长需求,尊重家长愿望,调动家长参与的积极性,重视发挥父母双方在指导过程中的主体作用和影响,指导家长确立责任意识,不断学习、掌握有关家庭教育的知识,提高自身修养,为子女树立榜样,为其健康成长提供必要条件。

(3) 是坚持"多向互动"原则:家庭教育指导应建立指导者与家长、儿童,家长与家长,家庭之间,家校之间的互动,努力形成相互学习、相互尊重、相互促进的环境与条件。

(4) 方向性原则。

(5) 理论联系实际原则。

(6) 分层分类指导原则。

(7) 整合各类资源原则。

(8) 跟踪服务指导原则。

三、家庭教养指导工作的方式

(1) 入户个别服务和指导。
(2) 通过早教中心和托幼教养机构服务指导。
(3) 社区的服务指导。

四、家庭教养指导工作的方法

(1) 以不变应万变。
(2) 灵活多样。
(3) 注意礼仪礼貌。

五、家庭教育指导应注意的问题

(一) 礼仪规范要求

1. 衣着　颜色明快、整洁大方、方便安全。
2. 仪态　站、坐、微笑、目光。
3. 礼貌　声音、动作、语言、性情等。

(二) 注意沟通技巧

1. 与婴幼儿的沟通　善用非言语沟通技巧:面部表情;抚触;应答。
2. 与家长的沟通　学会倾听;指导具体、明确、有针对性;因人而异。

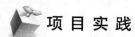

项 目 实 践

案例分析

　　文文的怪异脾气可以反射出良好的家庭教育在孩子的成长中起到重要的作用,而家长的参与,为健康成长提供必备条件。而家庭教育中的方式方法也极为重要。

　　教育措施:创设适合儿童成长的必要条件和生活情景,调动家长参与的积极性,发挥父母双方在指导过程中的主体作用和影响,家长确立责任意识,不断学习、掌握有关家庭教育的知识,提高自身修养,以日常养护为基础,指导建立良好的亲子关系,养成良好的道德品质和性格。

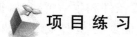

项 目 练 习

一、选择题

1. 人的智力发展的奠基时期是
　A. 0~6岁　　　　B. 0~5岁
　C. 0~3岁　　　　D. 0~7岁
　E. 3~5岁

2. 婴幼儿期的教养原则是
　A. 教养结合
　B. 教育为主,玩耍为辅
　C. 养育为主
　D. 玩耍第一
　E. 自然发展

3. 决定婴幼儿之间个性差异的主要原因的是

　A. 教育的内容
　B. 父母受教育的程度
　C. 接受教育的时间和程度
　D. 家庭教育的目的
　E. 先天因素

4. 对婴幼儿教育的错误原则是
　A. 尊重婴幼儿发展权利的原则
　B. 促进婴幼儿全面和谐发展的原则
　C. 教育第一,养育第二的教养原则
　D. 以情感体验为主体的原则
　E. 坚持"儿童为本"原则

5. 良好的教育环境包括

A. 优良的教育设施

B. 直观性的教具和活泼的教育围

C. 正确的教育观念和科学的教育方法

D. 优良的师资队伍和完好的制度

E. 优良的卫生措施

二、是非题

1. 亲子阅读应为婴幼儿准备好奖品再进行。

2. 婴幼儿社会适应能力是通过与父母、其他家庭成员和小伙伴的交往中逐渐形成的。

3. 婴幼儿在家中要享受平等待遇,有好东西时要学会与别人分享。

三、简答题

1. 家庭养育指导工作的重要性?

2. 家庭养育指导工作的内容和形式有哪些?

答　案

一、选择题　1. C　2. A　3. C　4. C　5. C

二、是非题　1. ×　2. √　3. √

三、简答题　略

（陈　静）

第九章　育婴师的职业道德与相关法规

育婴师不同于家庭保姆,也有别于幼儿园中的保育员,是在家庭、社区和早期教育机构中为0~3岁婴幼儿综合发展提供全方位指导和服务的专业人员,承担着一种社会责任,这一职业要求育婴工作者拥有较高的道德素质和高尚的职业道德。

项目一　育婴师的职业道德与工作常规

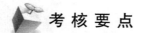 考 核 要 点

1. 职业道德的含义与内容:熟悉职业道德的含义,掌握职业道德的内容。★★
2. 育婴师工作常规:熟悉育婴师工作常规的三个方面。★
3. 育婴师的专业素养和职业守则:知道育婴师专业素养要求和职业守则内涵。★

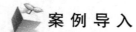 案 例 导 入

央视报道:每年,我国新生婴儿超过2000万,其中七成左右的孩子是通过奶粉喂养长大的,巨大的需求让中国的婴幼儿奶粉市场发展迅速。为规范市场,确保孩子健康成长,国家在2011年正式出台了《母乳代替品销售管理办法》,其中,明令禁止在医院向产妇推销、宣传奶粉产品。但是"多美滋"等奶粉企业在天津一个地区,不惜出巨资,贿赂医生护士。"白衣天使"在巨大诱惑之下,强行给孩子喂食某些品牌奶粉,让新生儿产生依赖。孩子的第一口奶在医商勾结之下完全沦陷。

思考:1. 如何理解莫让婴儿的"第一口奶"被黑心利益链所利用?
　　　　2. 前车之鉴,请思考作为育婴师我们应该具备怎样的职业道德?

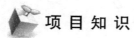 项 目 知 识

一、职业道德的含义及其意义

1. **道德的分类**　社会生活领域-社会公德;职业生活领域-职业道德;家庭生活领域-家庭美德。

2. **职业道德的含义**　职业道德是指从事一定职业的人,在工作或劳动过程中,所应该遵循的与其职业活动密切联系的道德规范的总和,是一种非强制性的约束机制。为了确保职业活动的正常进行,必须建立调整职业生活中发生的各种关系的职业道德规范。

3. **良好职业道德的意义**

(1)职业道德具有纪律的规范性。

(2)职业道德具有行为的约束性。

(3)职业道德有助于维护和提高本行业的信誉。

二、职业道德的内容

(一) 爱岗敬业,优质服务

爱岗敬业,优质服务是社会主义职业道德最重要的体现,是对从业人员的最基本要求。

(1) 爱岗就是热爱自己的工作岗位,热爱本职工作,亦称热爱本职。爱岗是对人们工作态度的一种普遍要求。每个岗位都承担着一定的社会职能,都是从业人员在社会分工中所扮演的一个公共角色。在现阶段,就业不仅意味着以此获得生活来源,还意味着有了一个社会承认的正式身份,能够履行社会的职能,掌握一种谋生手段。热爱本职,就要求育婴师以正确的态度对待本职业的劳动,努力培养热爱自己所从事工作的幸福感、荣誉感。

一个人一旦爱上了自己的职业,他的整个身心就会融合在职业工作中,就能在平凡的岗位上做出不平凡的事业,从而实现自身的价值。

(2) 敬业就是用一种严肃的态度对待自己的工作,勤勤恳恳、兢兢业业、忠于职守、尽职尽责。中国古代思想家就提倡敬业精神,孔子称之为“执事敬”,朱熹解释敬业为“专心致志,以事其业”。

目前,敬业包含两层含义:一是谋生敬业。许多人是抱着强烈的挣钱养家、发财致富的目的对待职业的。这种敬业道德因素较少,个人利益色彩较多;二是真正认识到自己工作的意义敬业,这是高一层次的敬业,这种内在的精神才是鼓舞人们勤勤恳恳、认真负责工作的强大动力。

育婴师面对的是 0 ~ 3 岁婴幼儿,非常活泼好动,但体能和智能还没有达到成熟的程度,很容易惹出麻烦;生活上又很依赖育婴师,常常使育婴师费心、费力。带养婴幼儿需要极大的责任心,需要调整自我的心态,认识到工作中遇到的许多困难都是婴幼儿发展过程中的必然现象。

(二) 热爱婴幼儿,尊重婴幼儿

0 ~ 3 岁是人的一生中生长发育最快的时期,对人一生的生长发育、身体素质、智力和人格发展将产生重要而深远的影响。有人把婴幼儿教育形象地比喻为一种“根”的教育,只有培育好幼苗,才能长成参天大树,才能成长、成才,甚至成为国家的栋梁。

(1) 热爱婴幼儿必须了解婴幼儿,掌握婴幼儿在不同年龄阶段的生理、心理和行为特点,根据婴幼儿的生长发育规律给予科学的教育和指导。

热爱婴幼儿必须要有爱心、耐心、诚心和责任心,学会站在婴幼儿的角度上考虑问题。只有热爱婴幼儿,才能以饱满的热情投入到实际工作中去,才能全心全意地为婴幼儿和其家长提供最优质的服务。

(2) 尊重婴幼儿,主要是尊重婴幼儿生存和发展的权利,尊重婴幼儿的人格和自尊心,用平等和民主的态度对待每一个婴幼儿,满足每一个婴幼儿的合理要求。

了解婴幼儿的发育规律是热爱婴幼儿、尊重婴幼儿的前提,如果真正做到这一点,就不会把婴幼儿看作“物”,而是看作“人”,即有想法、有感情、需要交流的人。因此,育婴师不能对育婴工作简单了事,而是要在实际操作中和婴幼儿进行情感、语言的交流。

(三) 遵纪守法,诚实守信

(1) 遵纪守法是每一个从业人员必须具备的最起码的道德要求,也是衡量一个从业人员道德水平高低的标准。

遵纪守法是做好育婴工作的前提。一个具有高尚职业道德品质的人,肯定是一个模范遵守职业纪律的人。要做到遵纪守法,必须经常学习法律知识,做到懂法、用法、依法办事、依法律己、依法指导本职工作,不断增强遵纪守法的自觉性,模范地恪守职业道德守则。

(2)诚实守信是做人的根本,是中华民族的传统美德,也是优良的职业作风。诚实是在职业活动中从业者应严格按照每道工序的操作程序去做,做到诚实劳动,守信是诚实的具体体现。在职业活动中,要遵守信誉,言行一致,表里如一。不轻许诺言,对婴幼儿及其家庭的有关资料保密,保护个人隐私,才能得到同行和家长的信任,建立和谐的人际关系。

育婴师是直接为婴幼儿、为家长、为社会提供服务的一种"窗口行业",所以必须用真诚的态度对待工作。无论是对婴幼儿,还是对家长都要以诚相待,为他人着想,多一些理解和谅解,以诚实守信的道德品质赢得社会和家长的信任。

三、工作常规

育婴师的日常工作主要有三个部分:照顾婴幼儿、和婴幼儿游戏、与家长交流。

1. 照顾婴幼儿　包括照顾婴幼儿的饮食与喂哺、照料其清洁卫生、照顾睡眠以及保持婴幼儿生活环境的整洁等。

2. 和婴幼儿游戏　包括进行促进婴幼儿视觉、听觉、触觉方面的游戏,进行讲故事、念儿歌、看图书、唱歌等活动,进行体能方面的游戏,进行图画、做手工、扮演等游戏或活动。

3. 与家长交流　主要发生在每天早晨,和家长交流婴幼儿的健康状况、早餐的情况,询问有无病痛,进行晨间检查(问、摸和查);以及晚间离开时,向家长汇报婴幼儿一天的情况,并且提出中续的照料要求。

上述工作不是完全按部就班,也不是一成不变,不同年龄段的婴幼儿的信息不同,育婴师需要根据婴幼儿的日常生活秩序安排好一天所有的工作。

四、专业素养要求

育婴师的专业素养要求主要包括以下几个方面:

(1)勤奋好学、乐观积极。

(2)富有爱心、耐心、细心和责任心,有良好的心理素质、健全的人格,身心健康。

(3)热爱儿童,并尊重和关心儿童。

(4)具有现代教育观念及科学育婴的专业知识。

(5)做事麻利有条理、干净而整洁。

(6)具有广泛的兴趣爱好,有宽泛的知识视野。

(7)有良好的语言表达和人际沟通能力。

(8)具有一定的分析、评估、判断和解决问题能力。

五、职业守则

育婴师职业守则是从事育婴师职业者应该遵守的职业道德与行为规范。具体包含以下几个方面:

(1)认真履行工作职责,具有服务意识、主人翁精神及奉献精神。

(2)平等对待每一个儿童,注意培养他们的安全感、自信心及自尊心。

(3)掌握婴幼儿的身心发育特点和规律,用科学的方法精心喂养和教育。

(4)坚持保教并重的原则,注意培养婴幼儿的个性、品德和行为习惯。

（5）宣传科学育婴、保教并重的基本观念。

（6）尊重婴幼儿的个性差异，促进其潜能的充分发挥。

（7）掌握婴幼儿生活照料、护理、教育的专业知识和操作技能。

（8）对雇主家庭的有关资料保密，保护个人隐私。

（9）根据雇主家庭和社会有关方面的意见，改进和提高工作质量。

（10）密切配合卫生保健、学前教育机构，协调一致，为婴幼儿健康成长创造良好的社会环境。

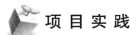

案例分析

央视记者在天津的暗访案例，让"第一口奶"的内幕被揭开，引起强烈反响。公众未曾料到，婴儿初乳与灰色利益交换之间，竟会产生密切联系。以懵懂无瑕的新生儿，作为利益链寄生的载体，也愈显其晦暗，给人强烈的心理冲击。

婴儿"第一口奶"的重要性，若非媒体"科普"，或许很多人并不明晰。原来喂母乳与喂奶粉，竟然效果迥异。若是喂奶粉，或剥夺孩子建立免疫系统、抗菌屏障的机会，使其陷入奶粉依赖、排斥母乳，身心也要受到损害。所以说，在初乳选择上，当坚持母乳优先，奶粉只是次优选择。把婴儿"第一口奶"当做分肥盛宴，这委实令人愤然，利欲鼓胀，职业道德消泯投射在其中。这也亟需监管者循迹深挖、责任倒查，严查猫腻，肃清医疗环节的"淤泥"。

作为育婴师在工作服务中一定要铭记前车之鉴，决不能参与藏污纳垢的利益链，要始终坚守我们职业道德的底线，绝不触碰法律的红线。

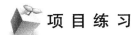

一、选择题

1. 培训指导中传授相关知识和工作技能的技巧和方法是
   A. 既要有系统的理论知识，又要体现实际操作能力
   B. 要体现传授课程的欣赏性
   C. 只注重实际操作能力的培养
   D. 只注重理论性的培养
   E. 注重人格培养

2. 职业道德起着增强企业凝聚力的作用，主要通过
   A. 协调员工之间的关系
   B. 增加职工福利
   C. 为员创造发展空间
   D. 调节企业与社会的关系
   E. 沟通

3. 对培训指导家长（看护人）意义叙述错误的是
   A. 妇女的任务就是教子
   B. "家长是孩子的第一任老师"
   C. 家长是婴幼儿物质生活的提供者和监护人
   D. 家庭环境对婴幼儿的成长很重要
   E. 家长（看护人）的行为对婴幼儿的成长至关重要

4. 职业道德是一种
   A. 强制性的约束机制　　B. 非强制性的约束机制
   C. 随意性的约束机制　　D. 自发性的约束机制
   E. 公共性的约束机制

5. 阐述职业道德与事业关系的正确选项是
   A. 没有职业道德的人不会获得成功
   B. 要取得事业的成功，前提条件是要有职业道德
   C. 事业成功的人往往并不需要较高的职业道德
   D. 职业道德是人获得成功的重要条件
   E. 只要事业成功无所谓职业道德

6. 职业道德是指从事一定职业劳动的人们，在长期的职业活动中形成的
   A. 行为规范　　　　B. 操作程序
   C. 劳动技能　　　　D. 思维习惯
   E. 习惯技能

7. 下列选项中属于职业道德范畴的是
   A. 企业经营业绩　　B. 企业发展战略
   C. 员工的技术水平　D. 人们的内心信念
   E. 工作思路

8. 在市场经济条件下，职业道德具有的社会功能是
   A. 鼓励人们自由选择职业
   B. 遏制牟利最大化

C. 促进人们的行为规范化

D. 最大限度地克服人们受利益驱动

E. 提高工作业绩获得经济效益

9. 职业道德是人的事业成功的

A. 重要保证   B. 最终结果

C. 决定条件   D. 显著标志

E. 以上都不对

10. 爱岗敬业作为职业道德的重要内容，是指员工

A. 热爱自己喜欢的岗位

B. 热爱有钱的岗位

C. 强化职业责任

D. 不应多转行

E. 爱好或嗜好

11. 爱岗敬业的具体要求是

A. 看效益决定是否爱岗

B. 转变择业观念

C. 提高职业技能

D. 增强把握择业的机遇意识

E. 提高职业道德

12. 市场经济条件下不违反职业道德规范中关于诚实守信的要求的是

A. 通过诚实合法劳动实现利益最大化

B. 打进对手内部增强竞争优势

C. 根据服务对象决定是否遵守承诺

D. 凡有利于增大企业利益的行为就做

E. 不择手段获得私利

13. 个人修养的核心是

A. 道德修养   B. 人格魅力

C. 自尊   D. 自律性

E. 信仰

14. 不同的生活领域，具有不同的道德标准，一般所指的领域是

A. 思想品德、家庭美德、社会美德

B. 职业道德、家庭美德、社会公德

C. 职业道德、政治品德、社会公道

D. 职业道德、家庭美德、科学品德

E. 职业道德、政治品德、敬业精神

15. 职业集中体现着社会关系中的

A. 名、权、利   B. 责、任、利

C. 真、善、美   D. 责、权、利

E. 名、善、利

16. 社会主义职业道德的核心是

A. 社会公德   B. 为集体服务

C. 为共产党服务 D. 为人民服务

E. 改革创新

17. 育婴职业工作内容的模块是

A. 生活照料和看护

B. 自身素质的提高和婴幼儿的看护

C. 日常生活保健与护理

D. 生活照料、日常生活保健与护理、教育

E. 教育、开导、照料

二、是非题

1. 向企业员工灌输的职业道德太多了，容易使员工产生谨小慎微的观念。

2. 职业道德活动中做到严肃待客、不卑不亢是符合职业道德规范要求的。

三、简答题

1. 简述育婴师的工作常规。

2. 简述育婴师的专业素养要求有哪些方面？

答　案

一、选择题 1. A 2. D 3. A 4. B 5. D 6. A 7. D 8. C 9. A 10. C 11. C 12. A 13. A

14. B 15. D 16. D 17. D

二、是非题 1. × 2. ×

三、简答题 略

（廖烨纯）

项目二　育婴师的职业保护和相关法规

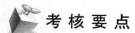 **考核要点**

1. 育婴师的职业保护：学习相关法律知识，提高遵纪守法意识。★

2. 育婴师的相关法规:熟悉《宪法》、《母婴保健法》、《未成年人保护法》、《儿童权利公约》、《中国儿童发展纲要》、《食品卫生法》、《劳动法》中的相关知识。★★

案 例 导 入

住在昆明某小区的吕先生夫妇花高价请来育婴师王女士,却引来了烦心事,育婴师王女士呵护婴幼儿没几天,婴幼儿却因大肠埃希菌感染住进了医院。为此,吕先生怀疑是王女士没有按要求清洁奶具,导致宝宝生病住院,双方最终闹僵走上法庭。一审法院判决由王女士所在母婴公司赔偿4600多元,母婴公司不服上诉到昆明中院。最终,双方在二审中达成协议:由母婴公司赔偿4000元。

思考:1. 作为育婴师是否应该具备良好的职业道德和专业技能?

2. 育婴师应该熟悉哪些相关法律法规,来进行职业保护?

项 目 知 识

法律是社会行为的规范和准则,懂得基本的法律知识是育婴师职业的从业前提。作为一名育婴师,必须了解相关法律知识,提高法纪意识,并且运用相关的法律法规知识提升自己的工作素养,切实维护自身的合法权益。

一、《宪法》中与育婴师职业相关的知识

(1) 公民参与政治方面的权利包括平等权、选举权与被选举权。

(2) 人身自由和信仰自由。包括人身自由、人格尊严不受侵犯、住宅不受侵犯、通信自由和通信秘密受法律保护、宗教信仰自由等。

(3) 公民的社会经济、教育和文化方面的权利。包括劳动的权利和义务,劳动者休息的权利,获得物质帮助的权利,受教育的权利和义务,进行科学研究,文学艺术创作和其他文化活动的自由等。

(4) 特定人的权利。包括保护妇女的权利,保障退休人员的权利,保护婚姻、家庭、母亲、儿童和老人,关怀青少年和儿童成长,保护华侨的正当权利等。

(5) 维护国家统一和各民族团结。

(6) 必须遵守宪法和法律、保护国家秘密、爱护公共财产、遵守劳动纪律、遵守公共秩序、尊重社会公德。

(7) 保护祖国安全、荣誉和利益。

(8) 保卫祖国,依法服兵役和参加民兵组织。

(9) 依照法律纳税。

(10) 其他方面的义务。

二、《母婴保健法》中与育婴师职业相关的知识

《中华人民共和国母婴保健法》(简称《母婴保健法》)是根据宪法制定的。1994年10月2日第八届全国人民代表大会常务委员会第十次会议通过,1995年6月1日施行。《母婴保健法》是我国第一部保护妇女儿童健康的专门法律,其立法宗旨是"为了保障母亲和婴儿健康,提高出生人口素质"。它是通过法律来规范医疗保健机构开展母婴保健专项技术服务的行为,并充分尊重公民享有母婴保健服务的权利和知情选择权。《母婴保健法》规定

医疗保健机构为公民提供以下保健服务。

1. **婚前保健服务** 包括婚前卫生指导、婚前卫生咨询和婚前医学检查。通过以上保健服务，公民可以得到生殖健康教育，使准备结婚的男女双方在结婚前了解性生理、性卫生和新婚避孕等知识，了解健康与婚姻的关系，了解营养、疾病对后代的影响。通过婚前医学检查，发现影响婚育的严重疾病，可在医生的指导下采取不同的措施，并可得到及时的治疗。这样做，对身体健康、婚姻美满、家庭幸福、优生优育均有积极的作用，是一项利国利民的好事。

2. **孕产期保健服务** 包括母婴保健指导，孕妇、产妇保健，胎儿保健服务。通过孕产期系列保健服务，不仅保护母亲的健康，而且保护了胎儿的健康。

3. **婴幼儿保健服务** 包括母乳喂养的指导，新生儿疾病筛查、婴幼儿体格检查、预防接种、多发病和常见病的防治等。

三、《未成年人保护法》中与育婴师职业相关的知识

新修订的《中华人民共和国未成年人保护法》已于 2007 年 6 月 1 日起施行。新法规定：未成年人享有受教育权，未成年人享有生存权、发展权、受保护权、参与权等权利。国家、社会、学校和家庭尊重和保障未成年人的受教育权。

第五条 保护未成年人的工作，应当遵循下列原则：

（1）尊重未成年人的人格尊严。

（2）适应未成年人身心发展的规律和特点。

（3）教育与保护相结合。

第六条 爱护未成年人，是国家机关、武装力量、政党、社会团体、企事业组织、城乡基层权重性自治组织、未成年人的监护人和其他成年公民的共同责任。

第二十一条 学校、幼儿园、托儿所的教职工应当尊重未成年人的人格尊严，不得对未成年人实施体罚、变相体罚或者其他侮辱人格尊严的行为。

第三十四条 禁止任何组织、个人制作或者向未成年人出售、出租或者以其他方式传播淫秽、暴力、凶杀、恐怖、赌博等毒害未成年人的图书、报刊、音像制品、电子出版物以及网罗信息等。

第三十五条 生产、销售用于未成年人的视频、药品、玩具、用具和游乐设施等，应当符合国家标准或者行业标准，不得有害于未成年人的安全和健康；需要标明注意事项的，应当在显著位置标明。

第四十条 学校、幼儿园、托儿所和公共场所发生突发事件时，应当优先救护未成年人。

第四十四条 卫生部门和学校应当对未成年人进行卫生保健和营养指导，提供必要的卫生保健条件，做好疾病预防工作。卫生部门应当做好对儿童的预防接种工作，国家免疫规划项目的预防接种施行免费；积极防治儿童常见病、多发病，加强对传染病防治工作的监督管理，加强对幼儿园、托儿所卫生保健的业务指导和监督检查。

第五十二条 人民法院审理继承案件，应当依法保护未成年人的继承权和受遗赠权。人民法院审理离婚案件，涉及未成年子女抚养问题的，应当听取有表达意愿能力的未成年子女的意见，根据保障子女权益的原则和双方具体情况依法处理。

四、《儿童权利公约》中与育婴师职业相关的知识

《儿童权利公约》旨在建立保护儿童的国际标准，以防止儿童被忽视、受剥削和虐待。公约将"儿童"界定为"18岁以下的任何人"。公约共54条，其条款适用于儿童生存、发展和保护等三方面。公约的基本原则是：公约确立的权利一致适用于所有的儿童，不受种族、肤色、性别、语言、宗教信仰、政治主张等影响；儿童的"最大利益"，包括儿童的健康、幸福和尊严，是决策者考虑一切问题的重要出发点。《儿童权利公约》做了如下规定：

（1）每个儿童有固有的生命权，各国应最大限度地确保儿童的生存与发展。

（2）每个儿童都有自出生起即获得姓名和国籍的权利。

（3）尊重儿童维护其身份包括法律所承认的国籍、姓名与家庭关系而不受非法干扰的权利。

（4）法庭、福利机构或行政当局在处理儿童问题时，应将儿童的最大利益作为首要考虑事项。

（5）各国应为便利家庭团聚准许入境或出境。

（6）各国应采取措施制止非法将儿童转移到国外和不使其返回本国的行为。

（7）确保有主见能力的儿童有权对影响到其本人的一切事项自由发表自己的意见，对儿童的意见应按照其年龄和成熟程度给予适当地看待。

（8）儿童享有自由发表言论的权利，思想、信仰和宗教自由的权利；结社自由及和平集会自由的权利。

（9）儿童的家庭隐私、住宅或通信不受任意或非法干涉。

（10）父母对儿童成长负有首要责任，但各国应向他们提供适当协助和发展育儿所。

（11）各国应保护儿童免受身心摧残、伤害或凌辱、忽视、虐待或剥削，包括性侵犯。

（12）各国应为失去父母的儿童提供适当的其他照管；确保得到跨国收养的儿童享有与本国收养相当的保障和标准。

（13）确保申请难民身份的儿童或按照适用的国际法或国内法及程序可视为难民的儿童，不论有无父母或其他任何人陪同，均可得到适当的保护和人道主义援助。

（14）残疾儿童应享有得到特殊待遇、教育和照管的权利。

（15）儿童有权享有可达到的最高标准的健康；每个儿童均有权享有足以促进其生理、心理、精神、道德和社会发展的生活水平；儿童有受教育的权利；学校执行纪律的方式应符合儿童的人格尊严；教育应本着谅解、和平和宽容的精神培育儿童。

（16）宗教、语言等方面属于少数人或原为土著居民的儿童有享有自己的文化、信奉自己的宗教，或使用自己语言的权利。

（17）儿童应有时间休息和游戏，有同等的机会参加文化和艺术活动。

（18）各国应保护儿童免受经济剥削和从事任何可能妨碍或影响儿童教育或有害儿童健康或身体、心理、精神、道德或社会发展的工作。

（19）各国应保护儿童不致非法使用毒品和涉及毒品生产或贩运。

（20）应白去一切适当措施，防止诱拐、买卖或贩运儿童。

（21）对未满18岁人所犯罪行，不应判处死刑或无期徒刑；被监禁的儿童应与成年犯隔开；不得对儿童施以酷刑或残忍、不人道或有辱人格的待遇或处罚；15岁以下儿童不得参与任何敌对行动；遭受武装冲突之害的儿童应受到特别保护；受到虐待、忽视或监禁的儿童应

得到适当的医疗或康复和复原疗养;处理触犯刑法儿童的方式应在于促进他的尊严和价值感,目的是使他们重返社会。

按照公约的规定,在其生效后6个月成立儿童权利委员会,以审查缔约国在履行根据公约所承担的义务方面取得的进展。缔约国应定期向委员会提交关于他们为实现公约确认的权利所采取的措施以及关于这些权利的享有方面的进展情况的报告。

五、《中国儿童发展纲要》(2011—2020 年)中与育婴师职业相关的知识

根据《中华人民共和国国民经济和社会发展第十个五年计划纲要》的要求,以《九十年代中国儿童发展规划纲要》的儿童发展水平和工作为基础,我国提出了2011-2020 年中国发展规划的工作目标。其主要内容涉及以下四个领域:

1. 儿童与健康　将儿童卫生保健拓展为儿童健康,增加了增强儿童体质、体育锻炼和心理健康教育等内容。针对目前未成年人吸烟、吸毒人数增加和性病、艾滋病、结核病呈增长蔓延趋势等问题,增加了儿童卫生保健教育的目标。保留了原纲要中关于降低儿童死亡率和孕产妇死亡率等重要目标。

2. 儿童与教育　普及九年义务教育仍作为最主要的目标,并在目标值上提出了更高的要求。强调发展特殊教育,保障贫困地区和少数民族地区儿童、残疾儿童、流动人口中的儿童接受义务教育。还提出了普及高中阶段教育,发展 0 ~ 3 岁儿童早期教育,提高教育的质量和效益等目标。

3. 儿童与法律保护　增加了依法保护保障儿童生存权、发展权、受保护权和参与权,打击侵害儿童合法权益的违法犯罪行为,预防和控制未成年人犯罪,对违法犯罪的未成年人进行司法保护等主要目标。

4. 儿童与环境　包括改善自然环境、优化社会环境和保护处于困境中的儿童三方面内容。增加了提高空气质量、森林和绿地面积,为儿童提高娱乐时间、安全用品、健康精神产品,创造良好的家庭环境等社会环境方面的目标,突出了对残疾儿童、孤儿等困境儿童的保护。

六、《食品卫生法》中与育婴师职业相关的知识

专供婴幼儿的主、辅食品必须符合国务院卫生行政部门制定的营养、卫生标准和管理办法的规定,其包装标志及产品说明书必须与婴幼儿主、辅食品的名称相符。主食品是指含有婴幼儿生长发育所需的营养素的主要食品。辅食品是指根据婴幼儿生长发育的不同阶段对各种营养素需求的增加,而添加、补充其他营养素的辅助食品。食品应当无毒、无害,符合应当有的营养要求,具有相应的色、香、味等感官性状。

1. 食品生产经营过程必须符合下列卫生要求

(1) 保持内外环境整洁,采取消除苍蝇、老鼠、蟑螂和其他有害昆虫及其滋生条件的措施,与有毒、有害场所保持规定的距离。

(2) 食品生产经营企业应当有与产品品种、数量相适应的食品原料处理、加工、包装、储存等厂房或者场所。

(3) 应当有相应的消毒、更衣、盥洗、采光、照明、通风、防腐、防尘、防蝇、防鼠、洗涤、污水排放、存放垃圾和废弃物的设施。

（4）设备布局和工艺流程应当合理,防止待加工食品与直接入口食品、原料与成品交叉污染,食品不得接触有毒物、不洁物。

（5）餐具、饮具和盛放直接入口食品的容器,使用前必须洗净、消毒,炊具、用具用后必须洗净,保持清洁。

（6）储存、运输和装卸食品的容器包装、工具、设备和条件必须安全、无害,保持清洁,防止食品污染。

（7）直接入口的食品应当有小包装或者使用无毒、清洁的包装材料。

（8）食品生产经营人员应当经常保持个人卫生,生产、销售食品时,必须将手洗净,穿戴清洁的工作衣、帽;销售直接入口食品时,必须使用售货工具。

（9）用水必须符合国家规定的城乡生活用水卫生标准。

（10）使用的洗涤剂、消毒剂应当对人体安全无害。

2. 禁止生产经营下列食品

（1）腐败变质、油脂酸败、霉变、生虫、污秽不洁、混有异物或者其他感官性状异常,可能对人体健康有害的。

（2）含有毒、有害物质或者被有毒、有害物质污染,可能对人体健康有害的。

（3）含有致病性寄生虫、微生物的,或者微生物毒素含量超过国家限定标准的。

（4）未经兽医卫生检验或者检验不合格的肉类及其制品。

（5）病死、毒死或者死因不明的禽、畜、兽、水产动物等造成污染的。

（6）容器包装污秽不洁、严重破损或者运输工具不洁造成污染的。

（7）掺假、掺杂、伪造,影响营养、卫生的。

（8）用非食品原料加工的,加入非食品化学物质的或者将非食品当做食品的。

（9）超过保质期限的。

（10）含有未经国务院卫生行政部门批准使用的添加剂的或者农药残留超过国家规定容许量的。

（11）为防病等特殊需要,国务院卫生行政部门或者省、自治区、直辖市人民政府专门规定禁止出售的。

（12）其他不符合食品卫生标准和卫生要求的食品不得加入药物,但是按照传统既是食品又是药品的作为原料、调料或者营养强化剂的除外。

七、《劳动法》中与育婴师职业相关的知识

《劳动法》是劳动者从事劳动工作的法律依据,其根本目的是保护劳动者的合法权益,调整劳动关系,建立和维护适应社会主义市场经济的劳动制度,促进经济发展和社会进步。作为育婴师,应当了解一下关于《劳动法》的相关知识。

（1）劳动者就业,不因民族、种族、性别、宗教信仰不同而受歧视。

（2）妇女享有与男子平等的就业权利。在录用职工时,除国家规定的不适合妇女的工种或者岗位外,不得以性别为由拒绝录用或者提高对妇女的录用标准。

（3）残疾人、少数民族人员、退出现役的军人的就业,法律、法规有特别规定的,从其规定。

（4）禁止用人单位招用未满16周岁的未成年人。

（5）关于劳动合同的订立。

1)订立和变更劳动合同,应当遵循平等自愿、协商一致的原则,不得违反法律、行政法规的规定。劳动合同依法订立即具有法律约束力,当事人必须履行劳动合同规定的义务。

2)下列劳动合同无效:一是违反法律。行政法规的劳动合同;二是采取欺诈、威胁等手段订立的劳动合同。无效的劳动合同,从订立的时候起,就没有法律约束力。确认劳动合同部分无效的,如果不影响其余部分的效力,其余部分仍然有效。劳动合同的无效,有劳动仲裁委员会或者人民法院确认。

3)劳动合同应当以书面形式订立,并具备以下条款:劳动合同期限,工作内容,劳动保护和劳动条件,劳动报酬,劳动纪律,劳动合同终止的条件,违反劳动合同的责任。劳动合同除前款规定的必备条款外,当事人可以协商约定其他内容。

4)劳动合同的期限分为:固定期限、无固定期限和以完成一定的工作为期限。劳动者在同一用人单位连续工作满10年以上,当事人双方同一续延劳动合同的,如果劳动者提出订立无固定期限的劳动合同,应当订立无固定期限的劳动合同。

5)劳动合同可以约定试用期。试用期最长不得超过6个月。

6)劳动合同当事人可以在劳动合同中约定保守用人单位商业秘密的有关事项。

7)劳动合同期满或者当事人约定的劳动合同终止条件出现,劳动合同即行终止。

8)经劳动合同当事人协商一致,劳动合同可以解除。劳动者有下列情形之一的,用人单位可以解除劳动合同:在试用期间被申明不符合录用条件的;严重违反劳动纪律或者用人单位规章制度的;严重失职,营私舞弊,对用人单位利益造成重大损害的;被依法追究刑事责任的。

9)有下列情形之一的,用人单位可以解除劳动合同,但是应当提前30日以书面形式通知劳动者本人:劳动者患病或者非因工负伤,医疗期满后,不能从事原工作也不能从事由用人单位另行安排的工作的;劳动者不能胜任工作,经过培训或者调整工作岗位,仍不能胜任工作的;劳动合同订立时所依据的客观情况发生重大变化,致使原劳动合同无法履行,经当事人协商不能就变更劳动合同达成协议的。

(6)关于劳动报酬

1)工资是指基于劳动关系,用人单位根据劳动者提供的劳动数量和质量,按照劳动合同约定支付的货币报酬。

2)最低工资是指用人单位对单位时间劳动至少必须按法定最低标准支付的工资。

3)劳动者在法定休假日和婚丧假期间以及依法参加社会活动期间,用人单位应当依法支付工资。

(7)《劳动法》是劳动者从事劳动工作的法律依据,其根本目的是保护劳动者的合法权益,调整劳动关系,建立和维护适应社会主义市场经济的劳动制度,促进经济发展和社会进步。

(8)关于劳动合同的订立

1)订立和变更劳动合同,应当遵循平等自愿、协商一致的原则,不得违反法律、行政法规的规定。劳动合同依法订立即具有法律约束力,当事人必须履行劳动合同规定的义务。

2)下列劳动合同无效:一是违反法律。行政法规的劳动合同;二是采取欺诈、威胁等手段订立的劳动合同。无效的劳动合同,从订立的时候起,就没有法律约束力。确认劳动合同部分无效的,如果不影响其余部分的效力,其余部分仍然有效。劳动合同的无效,由劳动仲裁委员会或者人民法院确认。

3）劳动合同应当以书面形式订立，并具备以下条款：劳动合同期限，工作内容，劳动保护和劳动条件，劳动报酬，劳动纪律，劳动合同终止的条件，违反劳动合同的责任。劳动合同除前款规定的必备条款外，当事人可以协商约定其他内容。

4）劳动合同的期限分为：固定期限、无固定期限和以完成一定的工作为期限。劳动者在同一用人单位连续工作满10年以上，当事人双方同意续延劳动合同的，如果劳动者提出订立无固定期限的劳动合同，应当订立无固定期限的劳动合同。

5）劳动合同可以约定试用期。试用期最长不得超过6个月。

6）劳动合同当事人可以在劳动合同中约定保守用人单位商业秘密的有关事项。

7）劳动合同期满或者当事人约定的劳动合同终止条件出现，劳动合同即行终止。

8）经劳动合同当事人协商一致，劳动合同可以解除。劳动者有下列情形之一的，用人单位可以解除劳动合同：在试用期间被申明不符合录用条件的；严重违反劳动纪律或者用人单位规章制度的；严重失职，营私舞弊，对用人单位利益造成重大损害的；被依法追究刑事责任的。

9）有下列情形之一的，用人单位可以解除劳动合同，但是应当提前30日以书面形式通知劳动者本人：劳动者患病或者非因工负伤，医疗期满后，不能从事原工作也不能从事由用人单位另行安排的工作的；劳动者不能胜任工作，经过培训或者调整工作岗位，仍不能胜任工作的；劳动合同订立时所依据的客观情况发生重大变化，致使原劳动合同无法履行，经当事人协商不能就变更劳动合同达成协议的。

（9）关于劳动报酬

1）工资是指基于劳动关系，用人单位根据劳动者提供的劳动数量和质量，按照劳动合同约定支付的货币报酬。

2）最低工资是指用人单位对单位时间劳动至少必须按法定最低标准支付的工资。

3）劳动者在法定休假日和婚丧假期间以及依法参加社会活动期间，用人单位应当依法支付工资。

（10）关于劳动争议

1）用人单位与劳动者发生劳动争议，当事人可以依法申请调解、仲裁、提出诉讼，也可以协商解决。调解原则适用于仲裁和诉讼程序。

2）解决劳动争议，应当根据合法、公正、及时处理的原则，依法维护劳动争议当事人的合法权益。

3）劳动争议发生后，当事人可以向本单位劳动争议调解委员会申请调解；调解不成，当事人一方要求仲裁的，可以向劳动争议仲裁委员会申请仲裁。当事人一方亦可以直接向劳动争议仲裁委员会申请仲裁。对仲裁裁决不服的，可以向人民法院提出诉讼。

项 目 实 践

案例分析

网上偶有"黑心月嫂"或"无良育婴师"的帖子，有的网友还列举了个别育婴师的五大"罪状"，其中包括给孩子吃安眠药、护理技术差、偷钱、偷吃东西、挑拨家里人关系等。提供优质的服务与专业指导是育婴师的职责义务。作为经过专业培训的育婴师，我们在照顾和护理婴幼儿期间，应该清清白白做人、勤勤恳恳做事，充分体现我们的爱心、细心和职业责任感，严格按照相关的法律法规和育婴师职业道德与操作规范，认真履职并做好相关护理记录。一方面实现尽职乐业的人生价值；另一方面可以保护自己的权益与尊严。

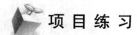 项目练习

一、选择题

1. 育婴行业的从业人员必须了解的有关法律、法规是
   A. 母婴保健法、未成年人保护法、儿童权利公约、交通法等
   B. 中国儿童发展纲要、食品卫生法、劳动法、经济法等
   C. 公民的基本权利、母婴保健法、未成年人保护法、儿童权利公约等
   D. 公民的基本权利、母婴保健法、税法、妇女保障权益、儿童权利公约等
   E. 儿童权利公约、交通法、母婴保健法、税法等

2. 目前从事育婴职业的人员存在
   A. 专业知识没有较大差异
   B. 工作态度都一样认真敬业
   C. 基础和文化水平不同
   D. 专业知识和实践经验相差不大
   E. 受教育程度几乎一致

3. 我国第一个把 0~3 岁育婴职业标准化、规范化管理的依据是
   A. 公民的基本权利
   B. 母婴保健法
   C. 未成年人保护法
   D.《育婴员国家职业标准》
   E. 儿童权利公约

4. 历史上规范儿童权利内容最丰富且最为广泛认可的法律文件是
   A.《母婴保健法》　　　B.《儿童权利公约》
   C.《未成年人保护法》　D.《中国儿童发展纲要》

E.《劳动法》

5. 不属于劳动合同中的内容的是
   A. 劳动合同期限、工作内容、劳动保护和劳动条件
   B. 劳动福利、社会保险、旅游活动、合同转让
   C. 违反劳动合同的责任
   D. 劳动合同终止条件
   E. 劳动纪律、劳动报酬终止条件

二、是非题

1. 提出"儿童健康"新概念的法律文件是《母婴保健法》。

2. 劳动福利、社会保险、旅游活动、合同转让等是劳动合同的内容。

3.《儿童权利公约》将"儿童"界定为"18 岁以下的任何人"。

4.《劳动法》规定：禁止用人单位招用未满18 周岁的未成年人。

5. 劳动合同期满或者当事人约定的劳动合同终止条件出现，劳动合同即行终止。

6. 专供婴幼儿的主、辅食品必须符合省、市级卫生行政部门的营养、卫生标准和管理办法的规定。

7. 育婴师应当尊重未成年人的人格尊严，不得对未成年人实施体罚、变相体罚，但为了教育可以暂时不管其尊严。

8.《宪法》规定：要关怀青少年和儿童成长，保护妇女权益。

三、简答题

1.《儿童权利公约》的基本原则是什么？

2. 保护未成年人的工作应当遵循什么原则？

 答　案

一、选择题　1. C　2. C　3. D　4. B　5. B
二、是非题　1. ×　2. √　3. √　4. ×　5. √　6. ×　7. ×　8. √
三、简答题　略

（廖烨纯）

参 考 文 献

丁昀．育婴师．北京：中国劳动社会出版社．2006

童秀珍．儿科护理学．北京：人民卫生出版社．2004

汪翼．儿科学．北京：人民卫生出版社．2006

谢鹏．育婴师职业资格培训教程．长沙：湖南科学技术出版社．2012

附录一　世界卫生组织(WHO)推荐0~6岁男、女儿童身高、体重参考值及评价标准

说明:

1. SD 表示统计学的标准差,表中用 S 表示。

2. 年龄身高低于-2SD 为生长迟缓;年龄体重低于-2SD 为低体重,身高体重低于-2SD 为消瘦,身高体重大于+2SD 为超重、肥胖。

附表1　WHO 0~36 个月男孩的年龄身高(cm)表(卧位)(均值±标准差,$\bar{x}\pm s$)

年龄(月)	-3s	-2s	-1s	平均值	+1s	+2s	+3s
0	43.6	45.9	48.2	50.5	52.8	55.1	57.4
1	47.2	49.7	52.1	54.6	57.0	59.5	61.9
2	50.4	52.9	55.5	58.1	60.7	63.2	65.8
3	53.2	55.8	58.5	61.1	63.7	66.4	69.0
4	55.6	58.3	61.0	63.7	66.4	69.1	71.7
5	57.8	60.5	63.2	65.9	68.6	71.3	74.0
6	59.8	62.4	65.1	67.8	70.5	73.2	75.9
7	61.5	64.1	66.8	69.5	72.2	74.8	77.5
8	63.0	65.7	68.3	71.0	73.6	76.3	78.9
9	64.4	67.0	69.7	72.3	75.0	77.6	80.3
10	65.7	68.3	71.0	73.6	78.3	78.9	91.6
11	66.9	69.6	72.2	74.9	77.5	80.2	82.9
12	68.0	70.7	73.4	76.1	78.8	81.5	84.2
13	69.0	71.8	74.5	77.2	80.0	82.7	85.5
14	70.0	72.8	75.6	78.3	81.1	83.9	86.7
15	70.9	73.7	76.6	79.4	82.3	85.1	88.0
16	71.7	74.6	77.5	80.4	83.4	86.3	89.2
17	72.5	75.5	78.5	81.4	84.4	87.4	90.4
18	73.3	76.3	79.4	82.4	85.4	88.5	91.5
19	74.0	77.1	80.2	83.3	86.4	89.5	92.7
20	74.7	77.9	81.1	84.2	87.4	90.6	93.8
21	75.4	78.7	81.9	85.1	88.4	91.6	94.8
22	76.1	79.4	82.7	86.0	89.3	92.5	95.8
23	76.8	80.2	83.5	86.8	90.2	93.5	96.8
24	77.5	80.9	84.3	87.6	91.0	94.4	97.7
25	78.3	81.7	85.1	88.5	91.8	95.2	98.6
26	79.0	82.4	85.8	89.2	92.7	96.1	99.5

续表

年龄（月）	-3s	-2s	-1s	平均值	+1s	+2s	+3s
27	79.8	83.2	86.6	90.0	93.4	96.9	100.3
28	80.5	83.9	87.4	90.8	94.2	97.6	101.1
29	81.3	84.7	88.1	91.6	95.0	98.4	101.8
30	82.0	85.4	88.9	92.3	95.7	99.2	102.6
31	82.7	86.2	89.6	93.0	96.5	99.9	103.3
32	83.4	86.9	90.3	93.7	97.2	100.6	104.1
33	84.1	87.6	91.0	94.5	97.9	101.4	104.8
34	84.7	88.2	91.7	95.2	98.6	102.1	105.6
35	85.4	88.8	92.3	95.8	99.3	102.8	106.3
36	85.9	89.4	93.0	96.5	100.1	103.6	107.1

附表 2 WHO 3～6 岁男孩的年龄身高（cm）表（立位）（均值±标准差，$\bar{x}\pm s$）

年龄（月）		-3s	-2s	-1s	平均值	+1s	+2s	+3s
3	0	83.5	87.3	91.1	94.9	98.7	102.5	106.3
3	1	83.5	87.3	91.1	94.9	98.7	102.5	107.2
3	2	84.1	87.9	91.8	95.6	99.5	103.3	108.0
3	3	84.7	88.6	92.4	96.3	100.2	104.1	108.8
3	4	85.2	89.2	93.1	97.0	101.0	104.9	109.7
3	5	85.8	89.8	93.8	97.7	101.7	105.7	110.5
3	6	86.4	90.4	94.4	98.4	102.4	106.4	111.2
3	7	86.9	91.0	95.0	99.1	103.1	107.2	112.0
3	8	87.5	91.6	95.7	99.7	103.8	107.9	112.8
3	9	88.0	92.1	96.3	100.4	104.5	108.7	113.5
3	10	88.6	92.7	96.9	101.0	105.2	109.4	113.5
3	11	89.6	93.9	98.1	102.3	106.6	110.8	115.0
4	0	90.2	94.4	98.7	102.9	107.2	111.5	115.7
4	1	90.7	95.0	99.3	103.6	107.9	112.2	116.5
4	2	91.2	95.5	99.9	104.5	108.5	112.8	117.2
4	3	91.7	96.1	100.4	104.8	109.1	113.5	117.8
4	4	92.2	96.6	101.0	105.4	109.8	114.2	118.5
4	5	92.7	97.1	101.6	106.0	110.4	114.8	119.2
4	6	93.2	97.7	102.1	106.6	111.0	115.4	119.9
4	7	93.7	98.2	102.7	107.1	111.6	116.1	120.5
4	8	94.2	98.7	103.2	107.7	112.2	116.7	121.2
4	9	94.7	99.2	103.7	108.3	112.8	117.3	121.8
4	10	95.2	99.7	104.3	108.8	113.4	117.9	122.5
4	11	95.7	100.2	104.8	109.4	114.0	118.5	123.1

年龄(月)	-3s	-2s	-1s	平均值	+1s	+2s	+3s
5 0	96.1	100.7	105.3	109.9	114.5	119.1	123.7
5 1	96.6	101.2	105.8	110.5	115.1	119.7	124.3
5 2	97.1	101.7	106.4	111.0	115.6	120.3	124.9
5 3	97.5	102.2	106.9	111.5	116.2	120.9	125.5
5 4	98.0	102.7	107.4	112.1	116.8	121.4	126.1
5 5	98.4	103.2	107.9	112.6	117.0	122.0	126.7
5 6	98.9	103.6	108.4	113.1	117.8	122.6	127.3
5 7	99.3	104.1	105.9	113.6	118.4	123.1	127.9
5 8	99.8	104.6	109.3	114.1	118.9	123.7	128.4
5 9	100.2	105.0	109.8	114.6	119.4	124.2	129.0
5 10	100.7	105.5	110.3	115.1	119.9	124.7	129.6
5 11	101.1	105.9	110.8	115.6	120.4	125.3	130.1
6 0	101.5	106.4	111.2	116.1	121.0	125.8	130.7
6 1	101.9	106.8	112.7	116.6	121.5	126.3	131.2
6 2	102.4	107.3	112.2	117.1	122.0	126.9	131.0
6 3	102.8	107.7	112.6	117.5	122.5	127.4	132.0
6 4	103.2	108.1	113.1	118.0	123.0	127.9	132.0
6 5	103.6	108.6	113.5	118.5	123.4	128.4	133.4
6 6	104.0	109.0	114.0	119.0	123.9	128.9	133.9
6 7	104.4	109.4	114.4	119.4	124.4	129.4	134.4
6 8	104.8	109.8	114.9	119.9	124.9	129.9	134.9
6 9	105.2	110.3	115.3	120.3	125.4	130.4	135.4
6 10	105.6	110.7	115.7	120.8	125.8	130.9	136.0
6 11	106.0	111.1	116.2	121.2	126.3	131.4	136.5

附表 3　WHO 0~36 个月女孩的年龄身高(cm)表(卧位)(均值±标准差, $\bar{x}\pm s$)

年龄(月)	-3s	-2s	-1s	平均值	+1s	+2s	+3s
0	43.4	45.5	47.4	49.9	52.0	54.2	56.4
1	46.7	49.0	51.2	53.5	55.8	58.1	60.4
2	49.6	52.0	54.4	56.8	59.2	61.6	64.0
3	52.1	54.6	57.1	59.5	62.0	64.5	67.0
4	54.3	56.9	59.4	62.0	64.5	67.1	69.6
5	56.3	58.9	51.5	64.1	66.7	69.3	71.9
6	58.0	60.6	63.3	65.9	68.6	71.2	73.9
7	59.5	62.2	64.9	67.6	70.2	72.9	75.6
8	60.9	63.7	66.4	69.1	71.8	74.5	77.2
9	62.2	65.0	67.7	70.4	73.2	75.9	78.7

续表

年龄(月)	-3s	-2s	-1s	平均值	+1s	+2s	+3s
10	63.5	66.2	69.0	71.8	74.5	77.3	80.1
11	64.7	87.5	70.3	73.1	75.9	78.7	81.5
12	65.8	68.6	71.5	74.3	77.1	80.0	82.8
13	66.9	69.8	72.6	75.5	78.4	81.2	84.1
14	67.9	70.8	73.7	76.7	79.6	82.5	85.4
15	68.9	71.9	74.8	77.8	80.7	83.7	86.6
16	69.9	72.9	75.9	78.9	81.8	84.8	87.8
17	70.8	73.8	76.9	79.9	82.9	86.0	89.0
18	71.7	74.8	77.9	80.9	84.0	87.1	90.1
19	72.6	75.7	78.8	81.9	85.0	88.1	91.2
20	73.4	76.6	79.7	82.9	86.0	89.2	92.3
21	74.3	77.4	80.6	83.8	87.0	90.2	93.4
22	75.1	78.3	81.5	84.7	87.9	91.1	94.4
23	75.9	79.1	82.4	85.6	88.9	92.1	95.3
24	76.6	79.9	83.2	86.5	89.8	93.0	96.3
25	77.4	80.7	84.0	87.3	90.6	93.9	97.3
26	78.2	81.5	84.8	88.2	91.5	94.8	98.1
27	78.9	82.3	85.6	89.0	92.3	95.7	99.0
28	79.7	83.0	86.4	89.8	93.1	96.5	99.9
29	80.4	83.8	87.2	90.6	93.9	97.3	100.7
30	81.1	84.5	87.9	91.3	94.7	98.1	101.5
31	81.8	85.2	88.6	92.1	95.5	98.9	102.4
32	82.4	85.9	89.3	92.8	96.3	99.7	103.2
33	83.1	86.8	90.0	93.5	97.0	100.5	104.0
34	83.7	87.2	90.7	94.2	97.7	101.2	104.7
35	84.3	87.8	91.4	94.9	98.4	102.0	105.5
36	84.8	88.4	92.0	95.6	99.1	102.7	106.3

附表 4　WHO 3~6 岁女孩的年龄身高(cm)表(立位)(均值±标准差, $\bar{x}\pm s$)

年龄(月)		-3s	-2s	-1s	平均值	+1s	+2s	+3s
3	0	82.8	86.5	90.2	93.9	97.6	101.4	105.1
3	1	83.4	87.1	90.9	94.6	98.4	102.1	105.9
3	2	84.0	87.7	91.5	95.3	99.1	102.9	106.6
3	3	84.5	88.4	92.2	96.0	99.8	103.6	107.4
3	4	85.1	89.0	92.8	96.6	100.5	104.3	108.2
3	5	85.7	89.6	93.4	97.3	101.2	105.0	108.9
3	6	86.3	90.2	94.0	97.9	101.8	105.7	109.6

续表

年龄(月)		-3s	-2s	-1s	平均值	+1s	+2s	+3s
3	7	86.8	90.7	94.7	98.6	102.5	106.4	110.3
3	8	87.4	91.3	95.3	99.2	103.1	107.1	111.0
3	9	87.9	91.9	95.8	99.8	103.8	107.8	111.7
3	10	88.4	92.4	96.4	100.4	104.4	108.4	112.4
3	11	89.0	93.0	97.0	101.0	105.1	109.1	113.1
4	0	89.5	93.5	97.6	101.6	105.7	109.7	113.8
4	1	90.0	94.1	98.1	102.2	106.3	110.4	114.4
4	2	90.5	94.6	98.7	102.8	106.9	111.0	115.1
4	3	91.0	95.1	99.3	103.4	107.5	111.6	115.8
4	4	91.5	95.6	99.8	104.0	108.1	112.3	116.4
4	5	92.0	96.1	100.3	104.5	108.7	112.9	117.1
4	6	92.4	96.7	100.9	105.1	109.3	113.5	117.7
4	7	92.9	97.1	101.4	105.6	109.9	114.1	118.4
4	8	93.4	97.6	101.9	106.2	110.5	114.8	119.0
4	9	93.8	98.1	102.4	106.7	111.1	115.4	119.7
4	10	94.3	98.6	102.9	107.3	111.6	116.0	120.3
4	11	94.7	99.1	103.5	107.8	112.2	116.6	121.0
5	0	95.1	99.5	104.0	108.4	112.8	117.2	121.6
5	1	95.5	100.0	104.5	108.9	113.4	117.8	122.3
5	2	96.0	100.5	105.0	109.5	113.9	118.4	122.9
5	3	96.4	100.9	105.4	110.0	114.5	119.1	123.6
5	4	96.8	101.4	105.9	110.5	115.1	119.7	124.2
5	5	97.2	101.8	106.4	111.0	115.7	120.3	124.9
5	6	97.6	102.2	106.9	111.6	116.2	120.9	125.5
5	7	98.0	102.7	107.4	112.1	116.8	121.5	126.2
5	8	98.4	103.1	107.9	112.6	117.3	122.1	126.8
5	9	98.8	103.5	108.3	113.1	117.9	122.7	127.5
5	10	99.1	104.0	108.8	113.6	118.4	123.3	128.1
5	11	99.5	104.4	109.3	114.1	119.0	123.9	128.7
6	0	99.9	104.8	109.7	114.6	119.6	124.5	129.4
6	1	100.2	105.2	110.2	115.1	120.1	125.1	130.0
6	2	100.6	105.6	110.6	115.6	120.6	125.7	130.7
6	3	101.0	106.0	111.1	116.1	121.2	126.3	131.3
6	4	101.3	106.4	111.5	116.6	121.7	126.8	131.9
6	5	101.7	106.8	112.0	117.1	122.3	127.4	132.6
6	6	102.0	107.2	112.4	117.6	122.8	128.0	133.2
6	7	102.4	107.6	112.9	118.1	123.4	128.6	133.9
6	8	102.7	108.0	113.3	118.6	123.9	129.2	134.5
6	9	103.1	108.4	113.8	119.1	124.4	129.8	135.1
6	10	103.4	108.8	114.2	119.6	125.0	130.4	135.8
6	11	103.8	109.2	114.7	120.1	125.5	131.0	136.4

附表 5　**WHO 0~36 个月男孩的年龄体重(kg)表(均值±标准差,$\bar{x}\pm s$)**

年龄(月)	-3s	-2s	-1s	平均值	+1s	+2s	+3s
0	2.0	2.4	2.9	3.3	3.8	4.3	4.8
1	2.2	2.9	3.6	4.3	5.0	5.6	6.3
2	2.6	3.5	4.3	5.2	6.0	6.8	7.6
3	3.1	4.1	5.0	6.0	6.9	7.7	8.6
4	3.7	4.7	5.7	6.7	7.6	8.5	9.4
5	4.3	5.3	6.3	7.3	8.2	9.2	10.1
6	4.9	5.9	6.9	7.8	8.8	9.8	10.8
7	5.4	6.4	7.4	8.3	9.3	10.3	11.3
8	5.9	6.9	7.8	8.8	9.8	10.8	11.8
9	6.3	7.2	8.2	9.2	10.2	11.3	12.3
10	6.6	7.6	8.6	9.5	10.6	11.7	12.7
11	6.9	7.9	8.9	9.9	10.9	12.0	13.1
12	7.1	8.1	9.1	10.2	11.3	12.4	13.5
13	7.3	8.3	9.4	10.4	11.5	12.7	13.8
14	7.5	8.5	9.6	10.7	11.8	13.0	14.1
15	7.6	8.7	9.8	10.9	12.0	13.2	14.4
16	7.7	8.8	10.0	11.1	12.3	13.5	14.7
17	7.8	9.0	10.1	11.3	12.5	13.7	14.9
18	7.9	9.1	10.3	11.5	12.7	13.9	15.2
19	8.0	9.2	10.5	11.7	12.9	14.1	15.4
20	8.1	9.4	10.6	11.8	13.1	14.4	15.6
21	8.3	9.5	10.8	12.0	13.3	14.6	15.8
22	8.4	9.7	10.9	12.2	13.5	14.8	16.0
23	8.5	9.8	11.1	12.4	13.7	15.0	16.3
24	8.6	9.9	11.3	12.6	13.9	15.2	16.5
25	8.7	10.1	11.4	12.8	14.1	15.4	16.7
26	8.8	10.2	11.6	13.0	14.3	15.6	16.9
27	8.9	10.3	11.7	13.1	14.5	15.8	17.1
28	9.1	10.5	11.9	13.3	14.6	16.0	17.3
29	9.2	10.6	12.1	13.5	14.8	16.2	17.5
30	9.3	10.8	12.2	13.7	15.0	16.4	17.7
31	9.4	10.9	12.4	13.8	15.2	16.6	17.9
32	9.5	11.0	12.5	14.0	15.4	16.8	18.2
33	9.7	11.2	12.7	14.2	15.6	17.0	18.4
34	9.8	11.3	12.8	14.4	15.8	17.2	18.6
35	9.9	11.4	13.0	14.5	16.0	17.4	18.9
36	10.0	11.6	13.1	14.7	16.2	17.7	19.1

附表 6　WHO 3~6 岁男孩的年龄体重(kg)表(均值±标准差, $\bar{x}\pm s$)

年龄(月)		-3s	-2s	-1s	平均值	+1s	+2s	+3s
3	0	9.8	11.4	13.0	14.6	16.4	18.3	20.1
3	1	9.9	11.5	13.2	14.8	16.6	18.5	20.3
3	2	10.0	11.7	13.3	15.0	16.8	18.7	20.5
3	3	10.1	11.8	13.5	15.2	17.0	18.9	20.7
3	4	10.2	11.9	13.6	15.3	17.2	19.1	21.0
3	5	10.3	12.0	13.8	15.5	17.4	19.3	21.2
3	6	10.4	12.1	13.9	15.7	17.6	19.5	21.4
3	7	10.5	12.3	14.1	15.8	17.8	19.7	21.7
3	8	10.6	12.4	14.2	16.0	18.0	19.9	21.9
3	9	10.7	12.5	14.4	16.2	18.2	20.1	22.1
3	10	10.8	12.6	14.5	16.4	18.4	20.4	22.4
3	11	10.9	12.8	14.6	16.5	18.6	20.6	22.6
4	0	11.0	12.9	14.8	16.7	18.7	20.8	22.8
4	1	11.1	13.0	14.9	16.9	18.9	21.0	23.1
4	2	11.2	13.1	15.1	17.0	19.1	21.2	23.3
4	3	11.3	13.3	15.2	17.2	19.3	21.4	23.6
4	4	11.4	13.4	15.4	17.4	19.5	21.7	23.8
4	5	11.5	13.5	15.5	17.5	19.7	21.9	24.1
4	6	11.6	13.7	15.7	17.7	19.9	22.1	24.3
4	7	11.8	13.8	15.8	17.9	20.1	22.3	24.6
4	8	11.9	13.9	16.0	18.0	20.3	22.6	24.8
4	9	12.0	14.0	16.1	18.2	20.5	22.8	25.1
4	10	12.1	14.2	16.3	18.3	20.7	23.0	25.4
4	11	12.2	14.3	16.4	18.5	20.9	23.3	25.6
5	0	12.3	14.4	16.6	18.7	21.1	23.5	25.9
5	1	12.4	14.6	16.7	18.8	21.3	23.7	26.2
5	2	12.6	14.7	16.9	19.0	21.5	24.0	26.5
5	3	12.7	14.8	17.0	19.2	21.7	24.2	26.7
5	4	12.8	15.0	17.1	19.3	21.9	24.5	27.0
5	5	12.9	15.1	17.3	19.5	22.1	24.7	27.3
5	6	13.0	15.2	17.4	19.7	22.3	25.0	27.6
5	7	13.1	15.4	17.6	19.8	22.5	25.2	27.9
5	8	13.2	15.5	17.7	20.0	22.7	25.5	28.2
5	9	13.4	15.6	17.9	20.2	23.0	25.7	28.5
5	10	13.5	15.8	18.0	20.3	23.2	26.0	28.9
5	11	13.6	15.9	18.2	20.8	23.4	26.3	29.2
6	0	13.7	16.0	18.4	20.7	23.6	26.6	29.5

续表

年龄(月)		-3s	-2s	-1s	平均值	+1s	+2s	+3s
6	1	13.8	16.2	18.5	20.9	23.8	26.8	29.8
6	2	13.9	16.3	18.7	21.0	24.1	27.1	30.2
6	3	14.0	16.4	18.8	21.2	24.3	27.4	30.5
6	4	14.1	16.5	19.0	21.4	24.5	27.7	30.9
6	5	14.2	16.7	19.1	21.6	24.8	28.0	31.2
6	6	14.3	16.8	19.3	21.7	25.0	28.0	31.6
6	7	14.4	16.9	19.4	21.9	25.3	28.6	31.9
6	8	14.6	17.1	19.6	22.1	25.5	28.9	32.3
6	9	14.7	17.2	19.7	22.3	25.8	29.2	32.7
6	10	14.8	17.3	19.9	22.5	26.0	29.5	33.1
6	11	14.9	17.5	20.1	22.7	26.3	29.9	33.5

附表7　WHO 0~36个月女孩的年龄体重(kg)表(均值±标准差,$\bar{x}\pm s$)

年龄(月)	-3s	-2s	-1s	平均值	+1s	+2s	+3s
0	1.8	2.2	2.7	3.2	3.6	4.0	4.3
1	2.2	2.8	3.4	4.0	4.5	5.1	5.6
2	2.7	3.3	4.0	4.7	5.4	6.1	6.7
3	3.2	3.9	4.7	5.4	6.2	7.0	7.7
4	3.7	4.5	5.3	6.0	6.9	7.7	8.6
5	4.1	5.0	5.8	6.7	7.5	8.4	9.3
6	4.6	5.5	6.3	7.2	8.1	9.0	10.0
7	5.0	5.9	6.8	7.7	8.7	9.6	10.5
8	5.3	6.3	7.2	7.2	9.1	10.1	11.1
9	5.7	6.6	7.6	8.6	9.6	10.5	11.5
10	5.9	6.9	7.9	8.9	9.9	10.9	11.9
11	6.2	7.2	8.2	9.2	10.3	11.3	12.3
12	6.4	7.4	8.5	9.5	10.6	11.6	12.7
13	6.6	7.6	8.7	9.8	10.8	11.9	13.0
14	6.7	7.8	8.9	10.0	11.1	12.2	13.2
15	6.9	8.0	9.1	10.2	11.3	12.4	13.5
16	7.0	8.2	9.3	10.4	11.5	12.6	13.7
17	7.2	8.3	9.5	10.6	11.8	12.9	14.0
18	7.3	8.5	9.7	10.8	12.0	13.1	14.2
19	7.5	8.6	9.8	11.0	12.2	13.3	14.5
20	7.6	8.8	10.0	11.2	12.4	13.5	14.7
21	7.7	9.0	10.2	11.4	12.6	13.8	15.0
22	7.9	9.1	10.3	11.5	12.8	14.0	15.2

续表

年龄(月)	-3s	-2s	-1s	平均值	+1s	+2s	+3s
23	8.0	9.3	10.5	11.7	13.0	14.2	15.5
24	8.2	9.4	10.7	11.9	13.2	14.5	15.8
25	8.3	9.6	10.8	12.1	13.4	14.7	16.0
26	8.5	9.7	11.0	12.3	13.6	14.9	16.3
27	8.6	9.9	11.2	12.4	13.8	15.2	16.6
28	8.8	10.1	11.3	12.6	14.0	15.4	16.8
29	8.9	10.2	11.5	12.8	14.2	15.6	17.1
30	9.1	10.3	11.6	12.9	14.4	15.9	17.3
31	9.2	10.5	11.8	13.1	14.6	16.1	17.6
32	9.3	10.6	11.9	13.3	14.8	16.3	17.8
33	9.4	10.7	12.1	13.4	15.0	16.5	18.1
34	9.5	10.9	12.2	13.6	15.2	16.7	18.3
35	9.6	11.0	12.4	13.8	15.4	16.9	18.5
36	9.7	11.1	12.5	13.9	15.5	17.1	18.8

附表8　WHO 3~6岁女孩的年龄体重(kg)表(均值±标准差, $\bar{x}\pm s$)

年龄(月)		-3s	-2s	-1s	平均值	+1s	+2s	+3s
3	0	9.7	11.2	12.6	14.1	16.1	18.0	20.0
3	1	9.8	11.3	12.8	14.3	16.3	18.3	20.2
3	2	9.9	11.4	12.9	14.4	16.5	18.5	20.5
3	3	10.0	11.5	13.1	14.6	16.7	18.7	20.8
3	4	10.1	11.6	13.2	14.8	16.9	19.0	21.1
3	5	10.2	11.8	13.3	14.9	17.0	19.2	21.3
3	6	10.3	11.9	13.5	15.1	17.2	19.4	21.6
3	7	10.4	12.0	13.6	15.2	17.4	19.6	21.8
3	8	10.5	12.1	13.7	15.4	17.6	19.8	22.1
3	9	10.6	12.2	13.9	15.5	17.8	20.1	22.3
3	10	10.7	12.3	14.0	15.7	18.0	20.3	22.6
3	11	10.8	12.4	14.1	15.8	18.1	20.5	22.8
4	0	10.9	12.6	14.3	16.0	18.3	20.7	23.1
4	1	10.9	12.7	14.4	16.1	18.5	20.9	23.3
4	2	11.0	12.8	14.5	16.2	18.7	21.1	23.5
4	3	11.1	12.9	14.6	16.4	18.9	21.3	23.8
4	4	11.2	13.0	14.8	16.5	19.0	21.5	24.0
4	5	11.3	13.1	14.9	16.7	19.2	21.7	24.3
4	6	11.4	13.2	15.0	16.8	19.4	21.9	24.5
4	7	11.5	13.3	15.1	17.0	19.6	22.2	24.8

续表

年龄(月)		-3s	-2s	-1s	平均值	+1s	+2s	+3s
4	8	11.5	13.4	15.2	17.1	19.7	22.4	25.0
4	9	11.6	13.5	15.4	17.2	19.9	22.6	25.3
4	10	11.7	13.6	15.5	17.4	20.1	22.8	25.5
4	11	11.8	13.7	15.6	17.5	20.3	23.0	25.8
5	0	11.9	13.8	15.7	17.7	20.4	23.2	26.0
5	1	11.9	13.9	15.9	17.8	20.6	23.5	26.3
5	2	12.0	14.0	16.0	18.0	20.0	23.7	26.5
5	3	12.1	14.1	16.1	18.1	21.0	23.9	26.8
5	4	12.2	14.2	16.2	18.3	21.2	24.1	27.1
5	5	12.2	14.3	16.4	18.4	21.4	24.4	27.4
5	6	12.3	14.4	16.5	18.6	21.6	24.6	27.7
5	7	12.4	14.5	16.6	18.7	21.6	24.9	28.0
5	8	12.5	14.6	16.7	18.9	22.0	25.1	28.3
5	9	12.5	14.7	16.9	19.0	22.2	25.4	28.6
5	10	12.6	14.8	17.0	19.2	22.4	25.7	28.9
5	11	12.7	14.9	17.1	19.4	22.6	25.9	29.2
6	0	12.8	15.0	17.3	19.5	22.9	26.2	29.3
6	1	12.8	15.1	17.4	19.7	23.1	26.5	29.9
6	2	12.9	15.2	17.5	19.9	23.3	26.8	30.2
6	3	13.0	15.3	17.7	20.0	23.6	27.1	30.6
6	4	13.0	15.4	17.8	20.2	23.6	27.4	31.0
6	5	13.1	15.5	18.0	20.4	24.1	27.7	31.4
6	6	13.2	15.7	18.1	20.6	24.3	28.0	31.8
6	7	13.2	15.8	18.3	20.8	24.6	28.4	32.2
6	8	13.3	15.9	18.4	21.0	24.9	28.7	32.6
6	9	13.4	16.0	18.6	21.2	25.1	29.1	33.0
6	10	13.4	16.1	18.8	21.4	25.4	29.4	33.5
6	11	13.5	16.2	18.9	21.6	25.7	29.8	33.9

附表 9　WHO 49～103cm 男孩的身高体重(kg)表(卧位)(均值±标准差,$\bar{x}±s$)

身高(cm)	-3s	-2s	-1s	平均值	+1s	+2s	+3s
49.0	2.1	2.5	2.8	3.1	3.7	4.2	4.7
49.5	2.1	2.5	2.9	3.2	3.8	4.3	4.8
50.0	2.2	2.5	2.9	3.3	3.8	4.4	4.9
50.5	2.2	2.6	3.0	3.4	3.9	4.5	5.0
51.0	2.2	2.6	3.1	3.5	4.0	4.6	5.1
51.5	2.3	2.7	3.1	3.6	4.1	4.7	5.4

续表

身高(cm)	-3s	-2s	-1s	平均值	+1s	+2s	+3s
52.0	2.3	2.8	3.2	3.7	4.2	4.8	5.4
52.5	2.4	2.8	3.3	3.8	4.3	4.9	5.5
53.0	2.4	2.9	3.4	3.9	4.5	5.0	5.6
53.5	2.5	3.0	3.5	4.0	4.6	5.2	5.8
54.0	2.6	3.1	3.6	4.1	4.7	5.3	5.9
54.5	2.6	3.2	3.7	4.2	4.8	5.4	6.0
55.0	2.7	3.3	3.8	4.3	5.0	5.6	6.2
55.5	2.8	3.3	3.9	4.5	5.1	5.7	6.3
56.0	2.9	3.5	4.0	4.6	5.2	5.9	6.5
56.5	3.0	3.6	4.1	4.7	5.4	6.0	6.6
57.0	3.1	3.7	4.3	4.8	5.5	6.1	6.8
57.5	3.2	3.8	4.4	5.0	5.6	6.3	7.0
58.0	3.3	3.9	4.5	5.1	5.8	6.4	7.1
58.5	3.4	4.0	4.6	5.2	5.9	6.5	7.3
59.0	3.5	4.1	4.8	5.4	6.1	6.7	7.4
59.5	3.6	4.2	4.9	5.5	6.2	6.9	7.6
60.0	3.7	4.4	5.0	5.7	6.4	7.1	7.8
60.5	3.8	4.5	5.1	5.8	6.5	7.2	7.9
61.0	4.0	4.6	5.3	5.9	6.7	7.4	8.1
61.5	4.1	4.8	5.4	6.1	6.8	7.5	8.3
62.0	4.2	4.9	5.6	6.2	7.0	7.7	8.4
62.5	4.3	5.0	5.7	6.4	7.1	7.8	8.6
63.0	4.5	5.2	5.8	6.5	7.3	8.0	8.8
63.5	4.6	5.3	6.0	6.7	7.4	8.2	8.9
64.0	4.7	5.4	6.1	6.8	7.6	8.3	9.1
64.5	4.9	5.6	6.3	7.0	7.7	8.5	9.3
65.0	5.0	5.7	6.4	7.1	7.9	8.7	9.4
65.5	5.1	5.8	6.5	7.3	8.0	8.8	9.6
66.0	5.3	6.0	6.7	7.4	8.2	9.0	9.9
66.5	5.4	6.1	6.8	7.6	8.3	9.1	9.9
67.0	5.5	6.2	7.0	7.7	8.5	9.3	10.1
67.5	5.7	6.4	7.1	7.8	8.6	9.5	10.3
68.0	5.8	6.5	7.3	8.0	8.8	9.6	10.4
68.5	5.9	6.6	7.4	8.1	8.9	9.8	10.6
69.0	6.0	6.8	7.5	8.3	9.1	9.9	10.7
69.5	6.2	6.9	7.7	8.4	9.2	10.1	10.9
70.0	6.3	7.0	7.8	8.5	9.4	10.2	11.1

续表

身高(cm)	-3s	-2s	-1s	平均值	+1s	+2s	+3s
70.5	6.4	7.2	7.9	8.7	9.5	10.4	11.2
71.0	6.5	7.3	8.1	8.8	9.7	10.5	11.4
71.5	6.7	7.4	8.2	8.9	9.8	10.7	11.5
72.0	6.8	7.5	8.3	9.1	9.9	10.8	11.7
72.5	6.9	7.7	8.4	9.2	10.1	11.0	11.8
73.0	7.0	7.8	8.6	9.3	10.2	11.1	12.0
73.5	7.1	7.9	8.7	9.5	10.3	11.2	12.1
74.0	7.2	8.0	8.8	9.6	10.5	11.4	12.3
74.5	7.3	8.1	8.9	9.7	10.6	11.5	12.4
75.0	7.4	8.2	9.0	9.8	10.7	11.6	12.5
75.5	7.5	8.3	9.1	9.9	10.8	11.8	12.7
76.0	7.6	8.4	9.2	10.0	11.0	11.9	12.8
76.5	7.7	8.5	9.3	10.2	11.1	12.0	12.9
77.0	7.9	8.6	9.4	10.3	11.2	12.1	13.1
77.5	7.9	8.7	9.5	10.4	11.3	12.3	13.2
78.0	8.0	8.8	9.7	10.5	11.4	12.4	13.3
78.5	8.1	8.9	9.8	10.6	11.6	12.5	13.5
79.0	8.2	9.0	9.9	10.7	11.7	12.6	13.6
79.5	8.2	9.1	10.0	10.8	11.8	12.7	13.7
80.0	8.3	9.2	10.1	10.9	11.9	12.9	13.8
80.5	8.4	9.3	10.1	11.0	12.0	13.0	14.0
81.0	8.5	9.4	10.2	11.1	12.1	13.1	14.1
81.5	8.6	9.5	10.3	11.2	12.2	13.2	14.2
82.0	8.7	9.6	10.4	11.3	12.3	13.3	14.3
82.5	8.8	9.6	10.5	11.4	12.4	13.4	14.4
83.0	8.8	9.7	10.6	11.5	12.5	13.5	14.6
83.5	8.9	9.8	10.7	11.6	12.6	13.7	14.7
84.0	9.0	9.9	10.8	11.7	12.8	13.8	14.8
84.5	9.1	10.0	10.9	11.8	12.9	13.9	14.9
85.0	9.2	10.1	11.0	11.9	13.0	14.0	15.0
85.5	9.3	10.2	11.1	12.0	13.1	14.1	15.1
86.0	9.3	10.3	11.2	12.1	13.2	14.2	15.3
86.5	9.4	10.4	11.3	12.2	13.3	14.3	15.4
87.0	9.5	10.5	11.4	12.3	13.4	14.4	15.4
87.5	9.6	10.5	11.5	12.4	13.5	14.6	15.6
88.0	9.7	10.6	11.6	12.5	13.6	14.7	15.7
88.5	9.8	10.7	11.7	12.7	13.7	14.8	15.8

身高(cm)	-3s	-2s	-1s	平均值	+1s	+2s	+3s
89.0	9.9	10.8	11.8	12.8	13.8	14.9	16.0
89.5	10.0	10.9	11.9	12.9	13.9	15.0	16.1
90.0	10.0	11.0	12.0	13.0	14.0	15.1	16.2
90.5	10.1	11.1	12.1	13.1	14.2	15.2	16.3
91.0	10.2	11.2	12.2	13.2	14.3	15.3	16.4
91.5	10.3	11.3	12.3	13.3	14.4	15.5	16.5
92.0	10.4	11.4	12.4	13.4	14.5	15.6	16.7
92.5	10.5	11.5	12.5	13.5	14.6	15.7	16.8
93.0	10.6	11.6	12.6	13.7	14.7	15.8	16.9
93.5	10.7	11.7	12.8	13.8	14.9	15.9	17.0
94.0	10.8	11.9	12.9	13.9	15.0	16.1	17.1
94.5	10.9	12.0	13.0	14.0	15.1	16.2	17.3
95.0	11.0	12.1	13.1	14.1	15.2	16.3	17.4
95.5	11.2	12.2	13.2	14.3	15.4	16.4	17.5
96.0	11.3	12.3	13.3	14.4	15.5	16.6	17.7
96.5	11.4	12.4	13.5	14.5	15.6	16.7	17.8
97.0	11.5	12.5	13.6	14.7	15.7	16.8	17.9
97.5	11.6	12.7	13.7	14.8	15.9	17.0	18.1
98.0	11.7	12.8	13.9	14.9	16.0	17.1	18.2
98.5	11.8	12.9	14.0	15.1	16.2	17.2	18.3
99.0	11.9	13.0	14.1	15.2	16.3	17.4	18.5
99.5	12.0	13.1	14.2	15.4	16.4	17.5	18.6
100.0	12.1	13.3	14.4	15.5	16.6	17.7	18.8
100.5	12.2	13.4	14.5	15.7	16.7	17.8	18.9
101.0	12.3	13.5	14.7	15.8	16.9	18.0	19.1
101.5	12.5	13.6	14.8	16.0	17.1	18.1	19.2
102.0	12.6	13.8	14.9	16.1	17.2	18.3	19.4
102.5	12.7	13.9	15.1	16.3	17.4	18.5	19.6
103.0	12.8	14.0	15.2	16.5	17.5	18.6	19.7

附表 10   WHO 55~145cm 男孩的身高体重(kg)表(立位)(均值±标准差,x̄±s)

身高(cm)	-3s	-2s	-1s	平均值	+1s	+2s	+3s
55.0	2.0	2.8	3.6	4.3	5.5	6.7	7.9
55.5	2.2	2.9	3.7	4.5	5.7	6.9	8.1
56.0	2.3	3.1	3.9	4.7	5.9	7.1	8.3
56.5	2.4	3.2	4.1	4.9	6.1	7.3	8.4
57.0	2.6	3.4	4.2	5.0	6.2	7.4	8.6

续表

身高(cm)	-3s	-2s	-1s	平均值	+1s	+2s	+3s
57.5	2.7	3.5	4.4	5.2	6.4	7.5	8.8
58.0	2.8	3.7	4.5	5.4	6.6	7.8	9.0
58.5	3.0	3.8	4.7	5.5	6.7	7.9	9.1
59.0	3.1	4.0	4.8	5.7	6.9	8.1	9.3
59.5	3.2	4.1	5.0	5.9	7.1	8.2	9.4
60.0	3.4	4.3	5.1	6.0	7.2	8.4	9.5
60.5	3.5	4.4	5.3	6.2	7.4	8.6	9.8
61.0	3.6	4.5	5.4	6.3	7.5	8.7	9.9
61.5	3.8	4.7	5.6	6.5	7.7	8.9	10.1
62.0	3.9	4.8	5.7	6.6	7.8	9.0	10.2
62.5	4.0	4.9	5.9	6.8	8.0	9.2	10.4
63.0	4.1	5.1	6.0	6.9	8.1	9.3	10.6
63.5	4.3	5.2	6.1	7.1	8.3	9.5	10.7
64.0	4.4	5.3	6.3	7.2	8.4	9.6	10.9
64.5	4.5	5.5	6.4	7.3	8.6	9.8	11.0
65.0	4.6	5.6	6.5	7.5	8.7	9.9	11.2
65.5	4.7	5.7	6.7	7.6	8.9	10.1	11.3
66.0	4.9	5.8	6.8	7.7	9.0	10.2	11.5
66.5	5.0	6.0	6.9	7.9	9.1	10.4	11.6
67.0	5.1	6.1	7.0	8.0	9.3	10.5	11.8
67.5	5.2	6.2	7.2	8.1	9.4	10.7	11.9
68.0	5.3	6.3	7.3	8.3	9.5	10.8	12.1
68.5	5.5	6.4	7.4	8.4	9.7	10.9	12.2
69.0	5.6	6.6	7.5	8.5	9.8	11.1	12.4
69.5	5.7	6.7	7.7	8.6	9.9	11.2	12.5
70.0	5.8	6.8	7.8	8.8	10.1	11.4	12.7
70.5	5.9	6.9	7.9	8.9	10.2	11.5	12.8
71.0	6.0	7.0	8.0	9.0	10.3	11.6	12.9
71.5	6.1	7.1	8.1	9.1	10.4	11.8	13.1
72.0	6.3	7.2	8.2	9.2	10.6	11.9	13.2
72.5	6.4	7.4	8.3	9.3	10.7	12.0	13.4
73.0	6.5	7.5	8.5	9.5	10.8	12.1	13.5
73.5	6.6	7.6	8.6	9.6	10.9	12.3	13.6
74.0	6.7	7.7	8.7	9.7	11.0	12.4	13.8
74.5	6.8	7.8	8.8	9.8	11.2	12.5	13.9
75.0	6.9	7.9	8.9	9.9	11.3	12.7	14.0
75.5	7.0	8.0	9.0	10.0	11.4	12.8	14.2

续表

身高(cm)	-3s	-2s	-1s	平均值	+1s	+2s	+3s
76.0	7.1	8.1	9.1	10.1	11.5	12.9	14.3
76.5	7.2	8.2	9.2	10.2	11.6	13.0	14.4
77.0	7.3	8.3	9.3	10.4	11.8	13.2	14.5
77.5	7.4	8.4	9.4	10.5	11.9	13.3	14.7
78.0	7.5	8.5	9.6	10.6	12.0	13.4	14.8
78.5	7.6	8.6	9.7	10.7	12.1	13.5	14.9
79.0	7.7	8.7	9.8	10.8	12.2	13.6	15.1
79.5	7.8	8.8	9.9	10.9	12.3	13.8	15.2
80.0	7.9	8.9	10.0	11.0	12.4	13.9	15.3
80.5	8.0	9.0	10.1	11.1	12.6	14.0	15.4
81.0	8.1	9.1	10.2	11.2	12.7	14.1	15.5
81.5	8.2	9.2	10.3	11.3	12.8	14.2	15.7
82.0	8.3	9.3	10.4	11.5	12.9	14.3	15.8
82.5	8.4	9.4	10.5	11.6	13.0	14.5	15.9
83.0	8.5	9.5	10.6	11.7	13.1	14.6	16.0
83.5	8.6	9.6	10.7	11.8	13.2	14.7	16.1
84.0	8.7	9.7	10.8	11.9	13.3	14.8	16.2
84.5	8.8	9.8	10.9	12.0	13.5	14.9	16.4
85.0	8.9	9.9	11.0	12.1	13.6	15.0	16.5
85.5	8.9	10.0	11.1	12.2	13.7	15.1	16.6
86.0	9.0	10.1	11.2	12.3	13.8	15.3	16.7
86.5	9.1	10.2	11.3	12.5	13.9	15.4	16.8
87.0	9.2	10.3	11.5	12.6	14.0	15.5	16.9
87.5	9.3	10.4	11.6	12.7	14.1	15.6	17.1
88.0	9.4	10.5	11.7	12.8	14.3	15.7	17.2
88.5	9.5	10.6	11.8	12.9	14.4	15.8	17.3
89.0	9.6	10.7	11.9	13.0	14.5	16.0	17.4
89.5	9.7	10.8	12.0	13.1	14.6	16.1	17.5
90.0	9.8	10.9	12.1	13.3	14.7	16.2	17.6
90.5	9.9	11.0	12.2	13.4	14.8	16.3	17.8
91.0	9.9	11.1	12.3	13.5	15.0	16.4	17.9
91.5	10.0	11.2	12.4	13.6	15.1	16.5	18.0
92.0	10.1	11.3	12.5	13.7	15.2	16.7	18.1
92.5	10.2	11.4	12.6	13.9	15.3	16.8	18.3
93.0	10.3	11.5	12.8	14.0	15.4	16.9	18.4
93.5	10.4	11.6	12.9	14.1	15.6	17.0	18.5
94.0	10.5	11.7	13.0	14.2	15.7	17.2	18.6

续表

身高(cm)	-3s	-2s	-1s	平均值	+1s	+2s	+3s
91.5	10.6	11.8	13.1	14.3	15.8	17.3	18.8
95.0	10.7	11.9	13.2	14.5	15.9	17.4	18.9
95.5	10.8	12.0	13.3	14.6	16.1	17.5	19.0
96.0	10.9	12.1	13.4	14.7	16.2	17.7	19.2
96.5	11.0	12.2	13.5	14.8	16.3	17.8	19.3
97.0	11.0	12.4	13.7	15.0	16.5	17.9	19.4
97.5	11.1	12.5	13.8	15.1	16.6	18.1	19.6
98.0	11.2	12.6	13.9	15.2	16.7	18.2	19.7
98.5	11.3	12.7	14.0	15.4	16.9	18.4	19.9
99.0	11.4	12.8	14.1	15.5	17.0	18.5	20.0
99.5	11.5	12.9	14.3	15.6	17.1	18.6	20.2
100.0	11.6	13.0	14.4	15.7	17.3	18.8	20.3
100.5	11.7	13.1	14.5	15.9	17.4	18.9	20.5
101.0	11.8	13.2	14.6	16.0	17.5	19.1	20.6
101.5	11.9	13.3	14.7	16.2	17.7	19.2	20.8
102.0	12.0	13.4	14.9	16.3	17.8	19.4	20.9
102.5	12.1	13.6	15.0	16.4	18.0	19.5	21.1
103.0	12.2	13.7	15.1	16.6	18.1	19.7	21.3
103.5	12.3	13.8	15.3	16.7	18.3	19.9	21.4
104.0	12.4	13.9	15.4	16.9	18.4	20.0	21.6
104.5	12.6	14.0	15.5	17.0	18.6	20.2	21.8
105.0	12.7	14.2	15.6	17.1	18.8	20.4	22.0
105.5	12.8	14.3	15.8	17.3	18.9	20.5	22.2
106.0	12.9	14.4	15.9	17.4	19.1	20.7	22.4
106.5	13.0	14.5	16.1	17.6	19.2	20.9	22.5
107.0	13.1	14.7	16.2	17.7	19.4	21.1	22.7
107.5	13.2	14.8	16.3	17.9	19.6	21.3	22.9
108.0	13.4	14.9	16.5	18.0	19.7	21.4	23.1
108.5	13.5	15.0	16.6	18.2	19.9	21.6	23.4
109.0	13.6	15.2	16.8	18.3	20.1	21.8	23.6
109.5	13.7	15.3	16.9	18.5	20.3	22.0	23.8
110.0	13.8	15.4	17.1	18.7	20.4	22.2	24.0
110.5	14.0	15.6	17.2	18.8	20.6	22.4	24.2
111.0	14.1	15.7	17.4	19.0	20.8	22.6	24.5
111.5	14.2	15.9	17.5	19.1	21.0	22.8	24.2
112.0	14.4	16.0	17.7	19.3	21.2	23.1	24.9
112.5	14.5	16.1	17.8	19.5	21.4	23.3	25.2

续表

身高(cm)	-3s	-2s	-1s	平均值	+1s	+2s	+3s
113.0	14.6	16.3	18.0	19.6	21.6	23.5	25.4
113.5	14.8	16.4	18.1	19.8	21.8	23.7	25.7
114.0	14.9	16.6	18.3	20.0	22.0	24.0	25.9
114.5	15.0	16.7	18.5	20.2	22.2	24.2	26.2
115.0	15.2	16.9	18.6	20.3	22.4	24.4	26.5
115.5	15.3	17.1	18.8	20.5	22.6	24.7	26.8
116.0	15.5	17.2	18.9	20.7	22.8	24.9	27.0
116.5	15.6	17.4	19.1	20.9	23.0	25.2	27.3
117.0	15.8	17.5	19.3	21.1	23.2	25.4	27.6
117.5	15.9	17.7	19.5	21.2	23.5	25.7	27.9
118.0	16.1	17.9	19.6	21.4	23.7	26.0	28.2
118.5	16.2	18.0	19.8	21.6	23.9	26.2	28.5
119.0	16.4	18.2	20.0	21.8	24.2	26.5	28.8
119.5	16.6	18.4	20.2	22.0	24.4	26.8	29.2
120.0	16.7	18.5	20.4	22.2	24.6	27.1	29.5
120.5	16.9	18.7	20.6	22.4	24.9	27.4	29.8
121.0	17.0	18.9	20.7	22.6	25.1	27.6	30.2
121.5	17.2	19.1	20.9	22.8	25.4	27.9	30.5
122.0	17.4	19.2	21.1	23.0	25.6	28.3	30.9
122.5	17.5	19.4	21.3	23.2	25.9	28.6	31.2
123.0	17.7	19.6	21.5	23.4	26.2	28.9	31.6
123.5	17.9	19.8	21.7	23.6	26.4	29.2	32.0
124.0	18.0	20.0	21.9	23.9	26.7	29.5	32.4
124.5	18.2	20.2	22.1	24.1	27.0	29.9	32.7
125.0	18.4	20.4	22.3	24.3	27.2	30.2	33.1
125.5	18.6	20.5	22.5	24.5	27.5	30.5	33.5
126.0	18.7	20.7	22.8	24.8	27.8	30.9	33.9
126.5	18.9	20.9	23.0	25.0	28.1	31.2	34.4
127.0	19.1	21.1	23.2	25.2	28.4	31.6	34.8
127.5	19.2	21.3	23.4	25.5	28.7	32.0	35.2
128.0	19.4	21.5	23.6	25.7	29.0	32.3	35.6
128.5	19.6	21.7	23.8	26.0	29.3	32.7	36.1
129.0	19.8	21.9	24.1	26.2	29.7	33.1	36.5
129.5	19.9	22.1	24.3	26.5	30.0	33.5	37.0
130.0	20.1	22.3	24.5	26.8	30.3	33.9	37.5
130.5	20.3	22.5	24.8	27.0	30.7	34.3	37.9
131.0	20.4	22.7	25.0	27.3	31.0	34.7	38.4

续表

身高(cm)	-3s	-2s	-1s	平均值	+1s	+2s	+3s
131.5	20.6	22.9	25.2	27.6	31.3	35.1	38.9
132.0	20.8	23.1	25.5	27.8	31.7	35.5	39.4
132.5	21.0	23.3	25.7	28.1	32.1	36.0	39.9
133.0	21.1	23.6	26.0	28.4	32.4	36.4	40.4
133.5	21.3	23.8	26.2	28.7	32.8	36.9	40.9
134.0	21.5	24.0	26.5	29.0	33.2	37.3	41.5
134.5	21.6	24.2	26.7	29.3	33.5	37.8	42.0
135.0	21.8	24.4	27.0	29.6	33.9	38.2	42.5
135.5	22.0	24.6	27.3	29.9	34.3	38.7	43.1
136.0	22.1	24.8	27.5	30.2	34.7	39.2	43.7
136.5	22.3	25.0	27.8	30.6	35.1	39.7	44.2
137.0	22.4	25.3	28.1	30.9	35.5	40.2	44.8
137.5	22.6	25.5	28.4	31.2	36.0	40.7	45.4
138.0	22.8	25.7	28.6	31.6	36.4	41.2	46.0
138.5	22.9	25.9	28.9	31.9	36.8	41.7	46.6

附表 11　WHO 49~101cm 女孩的身高体重(kg)表(卧位)(均值±标准差, $\bar{x}\pm s$)

身高(cm)	-3s	-2s	-1s	平均值	+1s	+2s	+3s
49.0	2.2	2.6	2.9	3.3	3.6	4.0	4.3
49.5	2.2	2.6	3.0	3.4	3.7	4.1	4.5
50.0	2.3	2.6	3.0	3.4	3.8	4.2	4.6
50.5	2.3	2.7	3.1	3.5	3.9	4.3	4.7
51.0	2.3	2.7	3.1	3.5	4.0	4.4	4.9
51.5	2.4	2.8	3.2	3.6	4.1	4.S	5.0
52.0	2.4	2.8	3.3	3.7	4.2	4.7	5.1
52.5	2.5	2.9	3.4	3.8	4.3	4.8	5.3
53.0	2.5	3.0	3.4	3.9	4.4	4.9	5.4
53.5	2.6	3.1	3.5	4.0	4.5	5.0	5.6
54.0	2.7	3.1	3.6	4.1	4.6	5.2	5.7
54.5	2.7	3.2	3.7	4.2	4.7	5.3	5.9
55.0	2.8	3.3	3.8	4.3	4.9	5.5	6.0
55.5	2.9	3.4	3.9	4.4	5.0	5.6	6.2
56.0	3.0	3.5	4.0	4.5	5.1	5.7	6.3
56.5	3.0	3.6	4.1	4.6	5.3	5.9	6.5
57.0	3.1	3.7	4.2	4.8	5.4	6.0	6.6
57.5	3.2	3.8	4.3	4.9	5.5	6.2	6.8
58.0	3.3	3.9	4.4	5.0	5.7	6.3	7.0

续表

身高(cm)	-3s	-2s	-1s	平均值	+1s	+2s	+3s
58. 5	3. 4	4. 0	4. 6	5. 1	5. 8	6. 5	7. 1
59. 0	3. 5	4. 1	4. 7	5. 3	5. 9	6. 6	7. 3
59. 5	3. 6	4. 2	4. 8	5. 4	6. 1	6. 8	7. 4
60. 0	3. 7	4. 3	4. 9	5. 5	6. 2	6. 9	7. 6
60. 5	3. 8	4. 4	5. 1	5. 7	6. 4	7. 1	7. 7
61. 0	3. 9	4. 6	5. 2	5. 8	6. 5	7. 2	7. 9
61. 5	4. 0	4. 7	5. 3	6. 0	6. 7	7. 4	8. 1
62. 0	4. 1	4. 8	5. 4	6. 1	6. 8	7. 5	8. 2
62. 5	4. 2	4. 9	5. 6	6. 2	7. 0	7. 7	8. 4
63. 0	4. 4	5. 0	5. 7	6. 4	7. 1	7. 8	8. 5
63. 5	4. 5	5. 2	5. 8	6. 5	7. 3	8. 0	8. 7
64. 0	4. 6	5. 3	6. 0	6. 7	7. 4	8. 1	8. 9
64. 5	4. 7	5. 4	6. 1	6. 8	7. 6	8. 3	9. 0
65. 0	4. 8	5. 5	6. 3	7. 0	7. 7	8. 4	9. 2
65. 5	4. 9	5. 7	6. 4	7. 1	7. 9	8. 6	9. 3
66. 0	5. 1	5. 8	6. 5	7. 3	8. 0	8. 7	9. 5
66. 5	5. 2	5. 9	6. 7	7. 4	8. 1	8. 9	9. 6
67. 0	5. 3	6. 0	6. 8	7. 5	8. 3	9. 0	9. 8
67. 5	5. 4	6. 2	6. 9	7. 7	8. 4	9. 2	9. 9
68. 0	5. 5	6. 3	7. 1	7. 8	8. 6	9. 3	10. 1
68. 5	5. 6	6. 4	7. 2	8. 0	8. 7	9. 5	10. 2
69. 0	5. 8	6. 5	7. 3	8. 1	8. 9	9. 6	10. 4
69. 5	5. 9	6. 7	7. 5	8. 2	9. 0	9. 8	10. 5
70. 0	6. 0	6. 8	7. 6	8. 4	9. 1	9. 9	10. 7
70. 5	6. 1	6. 9	7. 7	8. 5	9. 3	10. 1	10. 8
71. 0	6. 2	7. 0	7. 8	8. 6	9. 4	10. 2	11. 0
71. 5	6. 3	7. 1	8. 0	8. 8	9. 5	10. 3	11. 1
72. 0	6. 4	7. 2	8. 1	8. 9	9. 7	10. 5	11. 2
72. 5	6. 5	7. 4	8. 2	9. 0	9. 8	10. 5	11. 4
73. 0	6. 6	7. 5	8. 3	9. 1	9. 9	10. 7	11. 5
73. 5	6. 7	7. 6	8. 4	9. 3	10. 0	10. 8	11. 6
74. 0	6. 8	7. 7	8. 5	9. 4	10. 2	11. 0	11. 8
74. 5	6. 9	7. 8	8. 6	9. 5	10. 3	11. 1	11. 9
75. 0	7. 0	7. 9	8. 7	9. 6	10. 4	11. 2	12. 0
75. 5	7. 1	8. 0	8. 8	9. 7	10. 5	11. 3	12. 1
76. 0	7. 2	8. 1	8. 9	9. 8	10. 6	11. 4	12. 3
76. 5	7. 3	8. 2	9. 0	9. 9	10. 7	11. 6	12. 4

续表

身高(cm)	-3s	-2s	-1s	平均值	+1s	+2s	+3s
77.0	7.4	8.3	9.1	10.0	10.8	11.7	12.5
77.5	7.5	8.4	9.2	10.1	11.0	11.8	12.6
78.0	7.6	8.5	9.3	10.2	11.1	11.9	12.7
78.5	7.7	8.6	9.4	10.3	11.2	12.0	12.9
79.0	7.8	8.7	9.5	10.4	11.3	12.1	13.0
79.5	7.9	8.7	9.6	10.5	11.4	12.2	13.1
80.0	8.0	8.8	9.7	10.6	11.5	12.3	13.2
80.5	8.0	8.9	9.8	10.7	11.6	12.4	13.3
81.0	8.1	9.0	9.9	10.8	11.7	12.6	13.4
81.5	8.2	9.1	10.0	10.9	11.8	12.7	13.5
82.0	8.3	9.2	10.1	11.0	11.9	12.8	13.7
82.5	8.4	9.3	10.2	11.1	12.0	12.9	13.8
83.0	8.5	9.4	10.3	11.2	12.1	13.0	13.9
83.5	8.5	9.5	10.4	11.3	12.2	13.1	14.0
84.0	8.7	9.6	10.5	11.4	12.3	13.2	14.1
84.5	8.7	9.6	10.6	11.5	12.4	13.3	14.2
85.0	8.8	9.7	10.6	11.6	12.5	13.4	14.3
85.5	8.9	9.8	10.7	11.7	12.6	13.5	14.5
86.0	9.0	9.9	10.8	11.8	12.7	13.6	14.6
86.5	9.1	10.0	10.9	11.8	12.8	13.7	14.7
87.0	9.2	10.1	11.0	11.9	12.9	13.9	14.8
87.5	9.3	10.2	11.1	12.0	13.0	14.0	14.9
88.0	9.4	10.3	11.2	12.2	13.1	14.1	15.0
88.5	9.4	10.4	11.3	12.3	13.2	14.2	15.2
89.0	9.5	10.5	11.4	12.4	13.3	14.3	15.3
89.5	9.6	10.6	11.5	12.5	13.4	14.4	15.4
90.0	9.7	10.7	11.6	12.6	13.6	14.5	15.5
90.5	9.8	10.8	11.7	12.7	13.7	14.7	15.7
91.0	9.9	10.9	11.8	12.8	13.8	14.8	15.8
91.5	10.0	11.0	11.9	12.9	13.9	14.9	15.9
92.0	10.1	11.1	12.1	13.0	14.0	15.0	16.0
92.5	10.2	11.2	12.2	13.1	14.2	15.2	16.2
93.0	10.3	11.3	12.3	13.3	14.3	15.3	16.3
93.5	10.4	11.4	12.4	13.4	14.4	15.4	16.5
94.0	10.5	11.5	12.5	13.5	14.5	15.6	16.6
94.5	10.6	11.6	12.6	13.6	14.7	15.7	16.7
95.0	10.7	11.8	12.8	13.8	14.8	15.9	16.9

身高(cm)	-3s	-2s	-1s	平均值	+1s	+2s	+3s
95.5	10.9	11.9	12.9	13.9	15.0	16.0	17.0
96.0	11.0	12.0	13.0	14.0	15.1	16.1	17.2
96.5	11.1	12.1	13.1	14.2	15.2	16.3	17.4
97.0	11.2	12.2	13.3	14.3	15.4	16.5	17.6
97.5	11.3	12.4	13.4	14.4	15.5	16.6	17.7
98.0	11.5	12.5	13.5	14.6	15.7	16.8	17.9
98.5	11.6	12.6	13.7	14.7	15.8	16.9	18.0
99.0	11.7	12.8	13.8	14.9	16.0	17.1	18.2
99.5	11.9	12.9	14.0	15.0	16.1	17.3	18.4
100.0	12.0	13.1	14.1	15.2	16.3	17.4	18.6
100.5	12.1	13.2	14.3	15.3	16.5	17.6	18.8
101.0	12.3	13.3	14.4	15.5	16.6	17.8	19.0

附表 12 WHO 55 ~ 137cm 女孩的身高体重(kg)表(立位)(均值±标准差, $\bar{x} \pm s$)

身高(cm)	-3s	-2s	-1s	平均值	+1s	+2s	+3s
55.0	2.3	3.0	3.6	4.3	5.5	6.7	7.9
55.5	2.4	3.1	3.8	4.5	5.7	6.9	8.1
56.0	2.5	3.2	3.9	4.7	5.9	7.1	8.3
56.5	2.6	3.4	4.1	4.8	6.0	7.3	8.5
57.0	2.7	3.5	4.2	5.0	6.2	7.4	8.6
57.5	2.8	3.6	4.4	5.2	6.4	7.6	8.8
58.0	3.0	3.8	4.5	5.3	6.6	7.8	9.0
58.5	3.1	3.9	4.7	5.5	6.7	7.9	9.1
59.0	3.2	4.0	4.8	5.7	6.9	8.1	9.3
59.5	3.3	4.1	5.0	5.8	7.0	8.3	9.5
60.0	3.4	4.3	5.1	6.0	7.2	8.4	9.6
60.5	3.5	4.4	5.3	6.1	7.3	8.6	9.8
61.0	3.6	4.5	5.4	6.3	7.5	8.7	9.9
61.5	3.7	4.6	5.5	6.4	7.6	8.9	10.1
62.0	3.9	4.8	5.7	6.6	7.8	9.0	10.2
62.5	4.0	4.9	5.8	6.7	7.9	9.2	10.4
63.0	4.1	5.0	5.9	6.9	8.1	9.3	10.5
63.5	4.2	5.1	6.1	7.0	8.2	9.4	10.7
64.0	4.3	5.2	6.2	7.1	8.4	9.6	10.8
64.5	4.4	5.4	6.3	7.3	8.5	9.7	10.9
65.0	4.5	5.5	6.4	7.4	8.6	9.8	11.1
65.5	4.6	5.6	6.6	7.5	8.8	10.0	11.2

续表

身高(cm)	-3s	-2s	-1s	平均值	+1s	+2s	+3s
66.0	4.7	5.7	6.7	7.7	8.9	10.1	11.3
66.5	4.8	5.8	6.8	7.8	9.0	10.2	11.5
67.0	5.0	5.9	6.9	7.9	9.1	10.4	11.6
67.5	5.1	6.1	7.0	8.0	9.3	10.5	11.7
68.0	5.2	6.2	7.2	8.2	9.4	10.6	11.9
68.5	5.3	6.3	7.3	8.3	9.5	10.7	12.0
69.0	5.4	6.4	7.4	8.4	9.6	10.9	12.1
69.5	5.5	6.5	7.5	8.5	9.8	11.0	12.2
70.0	5.6	6.6	7.6	8.6	9.9	11.1	12.4
70.5	5.7	6.7	7.7	8.8	10.0	11.2	12.5
71.0	5.8	6.8	7.9	8.9	10.1	11.4	12.6
71.5	5.9	6.9	8.0	9.0	10.2	11.5	12.7
72.0	6.0	7.1	8.1	9.1	10.3	11.6	12.8
72.5	6.1	7.2	8.2	9.2	10.5	11.7	13.0
73.0	6.2	7.3	8.3	9.3	10.6	11.8	13.1
73.5	6.4	7.4	8.4	9.4	10.7	11.9	13.2
74.0	6.5	7.5	8.5	9.5	10.8	12.1	13.3
74.5	6.6	7.6	8.6	9.6	10.9	12.2	13.4
75.0	6.7	7.7	8.7	9.7	11.0	12.3	13.6
75.5	6.8	7.8	8.8	9.9	11.1	12.4	13.7
76.0	6.9	7.9	8.9	10.0	11.2	12.5	13.8
76.5	7.0	8.0	9.0	10.1	11.3	12.6	13.9
77.0	7.1	8.1	9.1	10.2	11.5	12.7	14.0
77.5	7.2	8.2	9.2	10.3	11.6	12.8	14.1
78.0	7.3	8.3	9.3	10.4	11.7	13.0	14.3
78.5	7.4	8.4	9.4	10.5	11.8	13.1	14.4
79.0	7.5	8.5	9.5	10.6	11.9	13.2	14.5
79.5	7.6	8.6	9.7	10.7	12.0	13.3	14.6
80.0	7.7	8.7	9.8	10.8	12.1	13.4	14.7
80.5	7.8	8.8	9.9	10.9	12.2	13.5	14.8
81.0	7.9	8.9	10.0	11.0	12.3	13.6	15.0
81.5	8.0	9.0	10.1	11.1	12.4	13.8	15.1
82.0	8.1	9.1	10.2	11.2	12.5	13.9	15.2
82.5	8.2	9.2	10.3	11.3	12.6	14.0	15.3
83.0	8.3	9.3	10.4	11.4	12.8	14.1	15.4
83.5	8.3	9.4	10.5	11.5	12.9	14.2	15.6
84.0	8.4	9.5	10.6	11.6	13.0	14.3	15.7

续表

身高(cm)	-3s	-2s	-1s	平均值	+1s	+2s	+3s
84.5	8.5	9.6	10.7	11.7	13.1	14.4	15.8
85.0	8.6	9.7	10.8	11.8	13.2	14.6	15.9
85.5	8.7	9.8	10.9	11.9	13.3	14.7	16.1
86.0	8.8	9.9	11.0	12.0	13.4	14.8	16.2
86.5	8.9	10.0	11.1	12.2	13.5	14.9	16.3
87.0	9.0	10.1	11.2	12.3	13.7	15.1	16.4
87.5	9.1	10.2	11.3	12.4	13.8	15.2	16.6
88.0	9.2	10.3	11.4	12.5	13.9	15.3	16.7
88.5	9.3	10.4	11.5	12.6	14.0	15.4	16.8
89.0	9.3	10.5	11.6	12.7	14.1	15.6	17.0
89.5	9.4	10.6	11.7	12.8	14.2	15.7	17.1
90.0	9.5	10.7	11.8	12.9	14.4	15.8	17.3
90.5	9.6	10.7	11.9	13.0	14.5	15.9	17.4
91.0	9.7	10.8	12.0	13.2	14.6	16.1	17.5
91.5	9.8	10.9	12.1	13.3	14.7	16.2	17.7
92.0	9.9	11.0	12.2	13.4	17.9	16.3	17.8
92.5	9.9	11.1	12.3	13.5	15.0	16.5	18.0
93.0	10.0	11.2	12.4	13.6	15.1	16.6	18.1
93.5	10.1	11.3	12.5	13.7	15.2	16.7	18.3
94.0	10.2	11.4	12.6	13.9	15.4	16.9	18.4
94.5	10.3	11.5	12.8	14.0	15.5	17.0	18.6
95.0	10.4	11.6	12.9	14.1	15.6	17.2	18.7
95.5	10.5	11.7	13.0	14.2	15.8	17.3	18.9
96.0	10.6	11.8	13.1	14.3	15.9	17.5	19.0
96.5	10.7	11.9	13.2	14.5	16.0	17.6	19.2
97.0	10.7	12.0	13.3	14.6	16.2	17.8	19.3
97.5	10.8	12.1	13.4	14.7	16.3	17.9	19.5
98.0	10.9	12.2	13.5	14.9	16.5	18.1	19.7
98.5	11.0	12.3	13.7	15.0	16.6	18.2	19.8
99.0	11.1	12.4	13.8	15.1	16.7	18.4	20.0
99.5	11.2	12.5	13.9	15.2	16.9	18.5	20.1
100.0	11.3	12.7	14.0	15.4	17.0	18.7	20.3
100.5	11.4	12.8	14.1	15.5	17.2	18.8	20.5
101.0	11.5	12.9	14.3	15.6	17.3	19.0	20.7
101.5	11.6	13.0	14.4	15.8	17.5	19.1	20.8
102.0	11.7	13.1	14.5	15.9	17.6	19.3	21.0
102.5	11.8	13.2	14.6	16.0	17.8	19.5	21.2

续表

身高(cm)	−3s	−2s	−1s	平均值	+1s	+2s	+3s
103.0	11.9	13.3	14.7	16.2	17.9	19.6	21.4
103.5	12.0	13.4	14.9	16.3	18.1	19.8	21.6
104.0	12.1	13.5	15.0	16.5	18.2	20.0	21.7
104.5	12.2	13.7	15.1	16.6	18.4	20.1	21.9
105.0	12.3	13.8	15.3	16.7	18.5	20.3	22.1
105.5	12.4	13.9	15.4	16.9	18.7	20.5	22.3
106.0	12.5	14.0	15.1	17.0	18.9	20.7	22.5
106.5	12.6	14.1	15.7	17.2	19.0	20.9	22.7
107.0	12.7	14.3	15.8	17.3	19.2	21.0	22.9
107.5	12.8	14.4	15.9	17.5	19.3	21.2	23.1
108.0	13.0	14.5	16.1	17.6	19.5	21.4	23.3
108.5	13.1	14.6	16.2	17.8	19.7	21.6	23.5
109.0	13.2	14.8	16.4	17.9	19.8	21.8	23.7
109.5	13.3	14.9	16.5	18.1	20.0	22.0	23.9
110.0	13.4	15.0	16.6	18.2	20.2	22.2	24.1
110.5	13.6	15.2	16.8	18.4	20.4	22.4	24.3
111.0	13.7	15.3	16.9	18.6	20.6	22.6	24.6
111.5	13.8	15.5	17.1	18.7	20.7	22.8	24.8
112.0	14.0	15.6	17.2	18.9	20.9	23.0	25.0
112.5	14.1	15.7	17.4	19.0	21.1	23.2	25.2
113.0	14.2	15.9	17.5	19.2	21.3	23.4	25.5
113.5	14.4	16.0	17.7	19.4	21.5	23.6	25.7
114.0	14.5	16.2	17.9	19.5	21.7	23.8	26.0
114.5	14.6	16.3	18.0	19.7	21.9	24.1	26.2
115.0	14.8	16.5	18.2	19.9	22.1	24.3	26.5
115.5	14.9	16.6	18.4	20.1	22.3	24.5	26.3
116.0	15.0	16.8	18.5	20.3	22.5	24.8	27.0
116.5	15.2	16.9	18.7	20.4	22.7	25.0	27.3
117.0	15.3	17.1	18.9	20.6	23.0	25.3	27.6
117.5	15.5	17.3	19.0	20.8	23.2	25.6	27.9
118.0	15.6	17.4	19.2	21.0	23.4	25.8	28.2
118.5	15.8	17.6	19.4	21.2	23.7	26.1	28.5
119.0	15.9	17.7	19.6	21.4	23.9	26.4	28.9
119.5	16.1	17.9	19.8	21.6	24.1	26.7	29.2
120.0	16.2	18.1	20.0	21.8	24.4	27.0	29.6
120.5	16.4	18.3	20.1	22.0	24.7	27.3	29.9
121.0	16.5	18.4	20.3	22.2	24.9	27.6	30.3

续表

身高(cm)	-3s	-2s	-1s	平均值	+1s	+2s	+3s
121.5	16.7	18.6	20.5	22.5	25.2	27.9	30.7
122.0	16.8	18.8	20.7	22.7	25.5	28.3	31.1
122.5	17.0	19.0	20.9	22.9	25.8	28.6	31.5
123.0	17.1	19.1	21.2	23.1	26.1	29.0	31.9
123.5	17.3	19.3	21.3	23.4	26.4	29.3	32.3
124.0	17.4	19.5	21.6	23.6	26.7	29.7	32.8
124.5	17.6	19.7	21.8	23.9	27.0	30.1	33.2
125.0	17.8	19.9	22.0	24.1	27.3	30.5	33.7
125.5	17.9	20.1	22.2	24.3	27.6	30.9	34.2
126.0	18.1	20.2	22.4	24.6	28.0	31.3	34.7
126.5	18.2	20.4	22.7	24.9	28.3	31.7	35.2
127.0	18.4	20.6	22.9	25.1	28.6	32.2	35.7
127.5	18.6	20.8	23.1	25.4	29.0	32.6	36.2
128.0	18.7	21.0	23.3	25.7	29.4	33.1	36.8
128.5	18.9	21.2	23.6	25.9	29.7	33.6	37.4
129.0	19.0	21.4	23.8	26.2	30.1	34.0	37.9
129.5	19.2	21.6	24.1	26.5	30.5	34.5	38.6
130.0	19.4	21.8	24.3	26.8	30.9	35.1	39.2
130.5	19.5	22.1	24.6	27.1	31.3	35.6	39.8
131.0	19.7	22.3	24.8	27.4	31.8	36.1	40.5
131.5	19.1	22.5	25.1	27.7	32.2	36.7	41.1
132.0	20.0	22.7	25.4	28.0	32.6	37.2	41.8
132.5	20.2	22.9	25.6	28.4	33.1	37.8	42.6
133.0	20.4	23.1	25.9	28.7	33.6	38.4	43.3
133.5	20.5	23.4	26.2	29.0	34.0	39.0	44.0
134.0	20.7	23.6	26.5	29.4	34.5	39.7	44.8
134.5	20.8	23.8	26.8	29.7	35.0	40.3	45.6
135.0	21.0	24.0	27.0	30.1	35.5	41.0	46.4
135.5	21.2	24.3	27.3	30.4	36.0	41.6	47.2
136.0	21.3	24.5	27.6	30.8	36.5	42.3	48.1
136.5	21.5	25.7	27.9	31.1	37.1	43.0	49.0
137.0	21.7	25.0	28.2	31.5	37.6	43.7	49.9

附录二　上海市0~3岁婴幼儿不同领域发育水平参考方案(试行)

观察对象:新生儿(0~1个月)

发育与健康	感知与运动	认知与语言	情感与社会性
·身高约增加2.5cm ·体重约增加0.8~1kg ·头围33~38cm ·胸围比头围小1~2cm ·皮肤饱满、红润 ·视力很模糊,眼有光感或眼前手动感,但20~30cm的东西看得比较清晰 ·大便有的2~3次/天,有的每块尿布上均有淡黄色粪渍 ·一昼夜睡18~20小时	·有很强的吮吸、拱头和握拳的本能反应 ·常常会很用力地踢脚和四肢活动 ·俯卧时尝试着要抬起头来	·无意识地对一两种味道有不同反应 ·眼睛能注视红球,但持续的时间很短 ·喜欢注视人脸 ·有不同的哭声 ·对说话声很敏感,尤其对高音很敏感	·当看见人的面部时活动减少 ·哭吵时听到母亲的呼唤声能安静 ·对婴幼儿讲话或抱着时表现安静,当抱着时,婴幼儿表现独特的有特征性的姿势(如紧紧的蜷曲像一个小猫)

观察对象:2~3个月

发育与健康	感知与运动	认知与语言	情感与社会性
·平均身高男孩为63.51cm,女孩为61.88cm ·平均体重男孩为7.23kg,女孩为6.55kg ·平均头围男孩为41.32cm,女孩为40.30cm ·平均胸围男孩为42.07cm,女孩为40.74cm ·大便次数较前明显减少 ·眼能追随活动的物体180度,视力标准为0.02 ·奶量的差异开始明显,平均700毫升/天左右 ·一昼夜睡16~18小时	·新生儿的生理反射开始消失 ·听力较前灵敏 ·直立位头可转移自如 ·头可随看到的物品或听到的声音转移180度 ·俯卧位能变为侧卧位 ·手指已放开,用手摸东西,能拉扯东西 ·能将两手碰在一起	·眼睛能立刻注意到大玩具,并追随着人走动 ·开始将声音和形象联系起来,试图找出声音的来源 ·对成人逗引有反应,会发出"咕咕"声音,而且会发a,o,e音 ·注视自己的手 ·能辨别不同人说话的声音及同一人带有不同情感的语调	·逗引时出现动嘴巴、伸舌头、微笑和摆放身体等情绪反应 ·能忍受喂奶的短时间停顿 ·自发微笑迎人,见人手足舞动表示欢乐,笑出声 ·哭的时间减少,哭声分化

观察对象:4～6个月

发育与健康	感知与运动	认知与语言	情感与社会性
· 平均身高男孩为 69.66cm,女孩为 68.17cm · 平均体重男孩为 8.77kg,女孩为 8.27kg · 平均头围男孩为 44.44cm,女孩为 43.31cm · 平均胸围男孩为 44.35cm,女孩为 43.57cm · 能固定视物,看约 75cm 远的物体,视力标准为 0.04 · 慢慢习惯用小勺喂吃逐渐添加的辅食 · 流相当多的唾液 · 大便 1～3 次/天 · 大多数婴幼儿开始后半夜不喂奶,能整个晚上睡觉 · 开始长出乳前牙 · 血色素≥110g/L	· 靠坐稳,独坐时身体稍前倾 · 俯卧抬头 90 度,能抬胸,双臂支撑会翻身至仰卧,不久又会做反向动作 · 扶腑下能站直,扶他(她)站起来时,能在站时间内自己支撑 · 双手能拿到面前玩具,能把玩具放入口中 · 玩具从一只手换到另一只手时仍稍显笨拙 · 会将拳头放在嘴里,喜欢把东西往嘴里塞 · 会撕纸 · 玩手、脚	· 会用很长的时间来审视物体和图形 · 开始辨认生熟人 · 会寻找东西,如手中玩具掉了,他(她)会用目光找寻它 · 咿呀作语,开始发辅音,如 d,n,m,b · 看见熟人、玩具能发出愉悦的声音 · 叫他(她)名字会转头看	· 会对着镜子中的镜像微笑、发音,会伸手试拍自己的镜像 · 随着看护者情绪的变化而变化自己的情绪 · 看到看护者时伸出两手举起期望抱他(她) · 能辨别陌生人,见陌生人盯看、躲避、哭等,开始怕羞,会害羞转开脸和身体 · 高兴时大笑 · 当将其独处或别人拿走他的小玩具时会表示反对 · 会用哭声、面部表情和姿势动作与人沟通

观察对象:7～9个月

发育与健康	感知与运动	认知与语言	情感与社会性
· 平均身高男孩为 72.85cm,女孩为 71.20cm · 平均体重男孩为 9.52kg,女孩为 8.90kg · 平均头围男孩为 45.43cm,女孩为 44.38cm · 平均胸围男孩是 45.52cm,女孩是 44.56cm · 视力标准为 0.1 · 需大小便时会有表情或反应 · 能自己拿着饼干咀嚼吞咽 · 会吃稀粥 · 上颌、下颌长出乳侧切牙 · 一昼夜睡 15 小时左右	· 独坐自如,自己坐起来能躺下去 · 扶双腕能站,站立时腰、髋、膝关节能伸直 · 自己会四肢撑起爬 · 用拇指、食指对指取物 · 能拨弄桌上的小东西(大米花、葡萄干等) · 将物换手 · 有意识地摇东西(如拨浪鼓、小铃等),双手拿两物对敲	会用眼睛审视某个物体,并不厌其烦地观察其特点和变化 · 注意观察大人行动,模仿大人动作,如拍手 · 会寻找隐藏起来的东西,如拿掉玩具的盖布 · 能分辨地点 · 正在尝试操作探索,试图找出事物间的某种联系 · 能重复发出某些元音和辅音,如"Ma-Ma"、"Ba-Ba"的音,但无所指 · 试着模仿声音,发音越来越像真正的语言 · 懂得几个词,如拍手、再见等	· 懂得成人面部表情,对成人说"不"有反应,受责骂不高兴时会哭 · 表现出喜爱家庭人员,对熟悉欢喜他(她)的成人伸出手臂要求抱 · 对陌生人表现出各种行为如怕羞、转过身、垂头、大哭、尖叫,拒绝玩或接受玩具,情绪不稳定,表现忧虑 · 喜欢玩躲猫猫一类的交际游戏,而且会笑得非常激动、投入 · 会注视,伸手去接触、摸另一个宝宝 · 会挥手再见、招手欢迎,玩拍手游戏 · 当从他(她)处拿走东西时,会遭到强烈的反抗 · 听到表扬会高兴地重复刚才的动作

观察对象:10～12 个月

发育与健康	感知与运动	认知与语言	情感与社会性
·平均身高男孩为 78.02cm,女孩为 76.36cm ·平均体重男孩为 10.42kg,女孩为 9.64kg ·平均头围男孩为 46.93cm,女孩为 45.64cm ·平均胸围男孩为 46.80cm,女孩为 45.43cm ·视力标准为 0.2～0.25 ·血红蛋白≥110g/L ·有规律地在固定时间大便,1～2 次/天 ·上、下颌开始长出第一乳磨牙 ·流涎的现象减少 ·一昼夜睡 14 小时左右	·会用四肢爬行,且腹部不贴地面 ·自己扶栏杆站起来 ·自己会坐下 ·自己扶手能蹲下取物,不会复位 ·独站稳,自己扶物可行走 ·独走几步即扑向大人怀里 ·手指协调能力更好,如打开包糖的纸	·会用手指向他(她)感兴趣的东西 ·故意把东西扔掉又拣起来,把球滚向别人 ·将大圆圈套在木棍上 ·从杯子中取物放物(如积木、勺子),试把小丸投入瓶中 ·喜欢看图画 ·能懂得一些词语的意义,如问:"灯在哪儿呢?"会看灯,向他索要东西知道给 ·能按要求指向自己的耳朵、眼睛和鼻子 ·能说出最基本的语言,如"爸爸"、"妈妈" ·出现难懂的话,自创一些词语来指称事物 ·用动作表示同意如(点头),或不同意如(摇头、摇手)	·会模仿手势,面部有表情地发出声音 ·喜欢重复的游戏,例如"再见"、玩拍手游戏、躲猫猫 ·显示出更强的独立性,不喜欢大人搀扶和被抱着 ·更喜欢情感交流活动,还懂得采取不同的方式 ·能玩简单的游戏,惊讶时发笑 ·准确地表示愤怒、害怕、感情嫉妒、焦急、同情、倔强 ·以哭引人注意 ·听从劝阻

观察对象:13～18 个月

发育与健康	感知与运动	认知与语言	情感与社会性
·18 个月时,平均身高男孩为 83.52cm,女孩为 82.51cm ·平均体重男孩为 11.55kg,女孩为 11.01kg ·平均头围男孩为 48.00cm,女孩为 46.76cm ·平均胸围男孩为 48.38cm,女孩为 47.22cm ·上下第一乳磨牙大多长出,乳尖牙开始萌出 ·会咀嚼像苹果、梨等这样的食品,并能很协调地在搅拌后咽下 ·前囟下闭合(正常为 12～18 个月) ·白天能控制小便	·走得稳 ·自己能蹲下,不扶物就能复位 ·扶着一手,能上下楼梯 2～3 级 ·会跑,但不稳 ·味觉、嗅觉更灵敏,对物品有了手感 ·会扔出球去,但无方向 ·会用 2～3 块积木垒高 ·能抓住一支蜡笔用来涂画 ·能双手端碗 ·会试着自己用小勺进食 ·模仿母亲(主要教养者)做家务,如扫地	·开始自发地玩功能性游戏,如用玩具电话做出打电话的样子 ·开始知道书的概念,如喜欢模仿翻书页 ·喜欢玩有空间关系的游戏,如把水从一个容器倒入另一个容器中等 ·理解简单的因果关系 ·抛出不同的物品 ·开始重复别人说过的话 ·开始对熟悉的物品和人说出名称和姓名,但还不能分得很细 ·会使用"动词",如抱、吃、喝 ·模仿常见动物叫声	·能在镜中辨认出自己,并能叫出自己镜像中的名字 ·对陌生人表示新奇 ·在很短的时间内表现出丰富的情绪变化,如兴高采烈、生气、悲伤等 ·看到别的小孩哭时,表现出痛苦的表情或跟着哭,表现出同情心 ·受挫折时常常发脾气 ·对选择玩具有偏爱 ·醒着躺在床上,四处张望 ·个别婴幼儿吮指习惯达到高峰,特别在睡觉时 ·喜欢单独玩或观看别人游戏活动 ·会依附安全的东西,如毯子 ·开始能理解并遵从成人简单的行为准则和规范 ·对常规的改变和所有的突然变迁表示反对,表现出情绪不稳定

观察对象:19~24个月

发育与健康	感知与运动	认知与语言	情感与社会性
· 24个月时,平均身高男孩为89.91cm,女孩为88.81cm · 平均体重男孩为12.89千克,女孩为12.33千克 · 平均头围男孩为48.57cm,女孩为47.42cm · 平均胸围男孩为49.89cm,女孩为48.84cm	· 连续跑3~4米,但不稳 · 自己上下床(矮床) · 会用脚尖走路(4~5步)但不稳 · 一手扶栏杆自己上下楼梯(5~8级)	· 开口表示个人需要 · 能记住生活中熟悉物置放的固定地方,如糖缸 · 喜欢看电视 · 口数1~5,口手一致能数1~3 · 开始理解事件发生的前后顺序 · 按指示办事(3件,连续的)	· 能区别成人的表情 · 当父母或看护人离开房间时会感到沮丧 · 在有提示的情况下,会说:"请"和"谢谢" · 与父母分离有恐惧
· 视力标准为0.5 · 会主动表示大小便,白天基本不尿湿裤子 · 开始长第二乳磨牙,牙齿大概16只 · 一昼夜睡12~13小时	· 开始做原地的跳跃动作,如双脚跳起(同时离开地面) · 能踢大球 · 能蹲着玩 · 能够双手举过头顶掷一个球 · 能够根据音乐的节奏做动作 · 用玻璃丝穿进扣子洞眼 · 会把5~6块积木搭成塔 · 能自己用汤匙吃东西	· 开始知道自己是女孩还是男孩 · 对声音的反应越来越强烈,并且喜欢这些声音的重复,如一遍又一遍地听一首歌、读一本书等 · 说3~5个名字的句子 · 开始用名字称呼自己,开始会用"我" · 说出常见东西的名称(50个)和用途 · 听完故事能说出讲的是什么人、什么事 · 随大人念几句儿歌 · 会回答生活上的问题	· 对自己的独立性和完成一些技能感到骄傲 · 不愿把东西给别人,只知道是"我的" · 情绪变化开始变慢,如能较长地延续某种情绪状态 · 交际性增强,较少表现出不友好和敌意 · 会帮忙做事,如学着把玩具收拾好 · 游戏时模仿父母的动作,如假装给娃娃喂饭、穿衣

观察对象:25~30个月

发育与健康	感知与运动	认知与语言	情感与社会性
· 30个月时,平均身高男孩为94.44cm,女孩为92.93cm · 平均体重男孩为13.87kg,女孩为13.41kg · 平均头围男孩为49.31cm,女孩为48.25cm · 平均胸围男孩为50.80cm,女孩为49.67cm · 20颗乳牙已全都出齐	· 能后退、侧着走和奔跑 · 能轻松地立定蹲下 · 会迈过低矮的障碍物 · 能交替双脚走楼梯 · 能从楼梯末层跳下 · 能独脚站2~5秒 · 能随意滚球 · 能控制活动方向 · 举起手臂投掷,有方向 · 会骑三轮车和其他大轮的玩具车 · 会自己洗手、擦脸 · 会转移把手开门,旋开瓶盖取物 · 能用大号蜡笔涂涂画画,自己画垂直线、水平线 · 一页一页五指抓翻书页 · 会穿鞋袜、会解衣扣、拉拉链	· 知道"大"、"小"、"多少""上"、"下",会比较多少、长短、大小 · 知道圆、方和三角形 · 知道红色 · 用积木搭桥、火车 · 用纸折长方形 · 能数到10 · 游戏时能用物体或自己的身体部位代表其他物体(如手指当牙刷) · 会用几个"形容词" · 会问"这是什么?" 会用"你"、"他"、"你们"、"他们",会用连续词:"和"、"跟" · 知道日用品名字(50个) · 会说简单的复合句,叙述经过的事 · 会背儿歌8~10首	· 有简单的是非观念,知道打人不好 · 仍会发脾气 · 喜欢玩弄外生殖器 · 知道自己的全名 · 和小朋友一起玩简单的角色游戏,会相互模仿,有模糊的角色装扮意识 · 开始意识到他人的情感 · 开始能讨论自己的情感

观察对象:31～36 个月

发育与健康	感知与运动	认知与语言	情感与社会性
·36 个月时,平均身高男孩为 97.26 厘米,女孩为 96.28 厘米 ·平均体重男孩为 14.73 千克,女孩为 14.22 千克 ·平均头围男孩为 49.63 厘米,女孩为 48.65 厘米 ·平均胸围男孩为 50.80 厘米,女孩为 49.91 厘米 ·视力标准为 0.6 ·晚上能控制大小便,不尿床	·单脚站(5～10 秒) ·能双脚离地腾空连续跳跃 2～3 次 ·能双脚交替灵活走楼梯 ·能走直线 ·能跨越一条短的平衡木 ·能将球扔出 3 米多 ·能按口令做操(4～8 节),动作较准确 ·用积木(积塑)搭(或插)成较形象的物体 ·能模仿画圆、十字形 ·会扣衣扣,会穿简单外衣 ·试用筷子	·让他画方形时,可能会画一个长方形 ·口数 6～10,口手合一能数 1～5 ·认识黄色、绿色 ·懂得"里""外" ·能用纸折小飞镖 ·会问一些关于"什么""何时"和"为什么"的问题 ·理解故事主要情节 ·认识并说出 100 张左右图片名称 ·通运用大约 500 个单词 ·能说出有 5～6 个字的复杂句子 ·开始运用"如果"、"和"、"但是"等词,知道一些礼貌用语,如"谢谢"和"请",并知道何时使用这些礼貌用语 ·知道家里人的名字和简单的情况	·知道自己的性别及性别的差异,能正确使用性别的玩具和参加属于自己性别群体的活动 ·和别人一起玩简单的游戏,如玩"过家家"游戏 ·能和同龄小朋友分享同一事件,如把玩具分给别人 ·知道等待轮流,但常常不耐心 ·害怕黑暗和动物 ·兄弟姐妹之间会比赛和产生忌妒 ·会整理玩具 ·自己上床睡觉 ·大吵大闹和发脾气已不常见,持续时间短 ·有时试图努力隐瞒自己的感情 ·对成功表现出积极的情感,对失败表现出消极的情感